国家自然科学基金青年项目"食物体系转型、一家两制与双重嵌入机制研究"（71903044）

国家社会科学基金重大项目"食品安全社会共治与跨界合作机制研究"（20&ZD116）

经济管理学术文库·经济类

食品安全中的多元理性与一家两制

Multiple Rationality and "One Family, Two Systems" in Food Safety Context

方　平／著

U0255193

经济管理出版社

ECONOMY & MANAGEMENT PUBLISHING HOUSE

图书在版编目（CIP）数据

食品安全中的多元理性与一家两制/方平著 . —北京：经济管理出版社，2021.4
ISBN 978 - 7 - 5096 - 7901 - 2

Ⅰ.①食…　Ⅱ.①方…　Ⅲ.①食品安全—质量管理体系—研究　Ⅳ.①TS207

中国版本图书馆 CIP 数据核字（2021）第 060285 号

组稿编辑：郭　飞
责任编辑：曹　靖　郭　飞
责任印制：黄章平
责任校对：王淑卿

出版发行：经济管理出版社
　　　　　（北京市海淀区北蜂窝 8 号中雅大厦 A 座 11 层　100038）
网　　　址：www. E - mp. com. cn
电　　　话：（010）51915602
印　　　刷：唐山玺诚印务有限公司
经　　　销：新华书店
开　　　本：720mm × 1000mm/16
印　　　张：19
字　　　数：362 千字
版　　　次：2021 年 5 月第 1 版　　2021 年 5 月第 1 次印刷
书　　　号：ISBN 978 - 7 - 5096 - 7901 - 2
定　　　价：88. 00 元

一家两制、农业逻辑倒置与多元化农业模式的兴起

（代序）

哲学家罗素说："须知参差多态，乃是幸福的本源。"

自然领域的参差多态，让我们感受到了幸福，因为有了生物多样性。

社会领域的参差多态，让我们体会到人生的酸甜苦辣，也因此而追寻生命的价值与意义，刨根问底，寻求解释。从这一点上看，这也带给人类幸福感，因为人类是唯一一个会追求价值与意义的生物。

食物体系的参差多态，不仅是生物多样性的结果，更是农作多样性以及"一方水土养一方人"的社会生活多样性的结合。生物多样性和社会多样性使我们餐桌上的食物也具有了多样性。食物的丰富多样，使舌尖上的中国，舌尖上的世界，带给人们从食物而来的幸福感。

然而，这一由参差多态带来的幸福感，正在面临系统性的侵蚀。

一、世界食物体系的故事

2007 年我在美国中北部做农场调研的时候，有一位食物研究者很郑重地告诉我：food is sacred（"食物是神圣的"）。他一脸严肃的表情，让我意识到中国人所言的"民以食为天"有了一个美国版本的表达。后来在不同国家和地区调研发现都有类似的表达。比如 2008 年我访问意大利有机农业生产者时，当地的农业生产者会用生产者、消费者、中间商、政府四个主角"你方唱罢我登场"的戏剧化方式，来演绎食物体系的发展逻辑，说明食物体系不断地被资本力量、国家力量所侵蚀，最终变得不再神圣，甚至不再干净，不再健康。这些故事，我写在了 2010 年出版的《极化的发展》一书中。

世界食物体系到底发生了什么故事？

回首数千年的农耕文明、游牧文明等不同类型的农业文明，"靠天吃饭"成了 1.0 版本农业的典型特征。"靠天吃饭"，一方面，表明了农业就是自然再生产

为主的过程，人类只是参与了食物的生产，而绝不是食物以及物质财富的创造者，人类只是参与者和分享者；另一方面，"靠天吃饭"的生产效率低下，食物来源的不稳定性，导致了人们连一日两餐、三餐制也无法实现。实际上，只有在农耕定居文明发展的条件下，食物供给才相对稳定，一日两餐、三餐定点吃饭才有可能实现。之前的刀耕火种、茹毛饮血、渔猎采集，食物并不充分。饥饿状态下的人们，得到食物马上就吃，不分时候。当时的大部分人如同当前的野生动物那样，绝大部分时候都处在饥饿状态，自然也不可能有稳定的食物供给来维持一日两餐或三餐制度。社会人类学家詹姆斯·斯科特最新出版了一本书《反谷》(*Against the Grain*)，一反关于人类文明不断进步、国家不断推动生产力发展的传统叙事，说明刀耕火种、渔猎采集时期人类的食物更加丰富，文明程度更高。有评论说，他把人类又重新带到《创世记》，带到人类的始祖亚当和夏娃所在的伊甸园里，描绘了农耕文明出现之前的田园牧歌。虽说斯科特的论证存在很大争议，但他促使我们认识食物多样性的宝贵，让我们看到了 1.0 版本农业的天然属性、食物的天然属性以及可能的食物来源的丰富性和多样性。

当人类进入工业文明时期，许多现代技术开始进入到农业领域。刀耕火种、渔猎采集等获取食物的活动都开始用机器来替代人力。良种培育以及化肥、农药、除草剂、转基因等各项技术，都陆陆续续进入农业生产过程。"靠地吃饭"的工业化农业，开始成为农业 2.0 版本的主要特征。在一块土地上密集投入各类所谓现代生产要素，就可以促进农业的点石成金。这是农业经济理论鼻祖、诺贝尔经济学奖获得者西奥多·W. 舒尔茨在《改造传统农业》(*Transforming Traditional Agriculture*) 中所描绘的农业场景。他提倡用工业化进程中各类新的现代要素去改造传统农业，"只要把增加生产的经济基础作为一门艺术，我就毫不奇怪实现农业生产增加的经济政策基本上仍然属于神话的领域。现在，在制定政策方面，一个接一个国家的政策制定者，就像过去按月亮的变化来播种谷物的农民那样老练了。"在一块土地上密集地投入各种现代生产要素，的确提高了劳动生产率，带来了资本替代劳动，或者资本与劳动的双重增密。看一看当前的山东寿光以及风行各地的大棚式农业，就可以知道这 2.0 版本农业的威力了。2.0 版本农业时期各类食物的加工品摆上了我们的餐桌。食物看起来更丰富了，但食物的原材料伴随着生物多样性减少和农产品商品化的有意选择，实际上被大大收窄了，只有经济可行的少数作物品种和养殖品种才会被大力推广。表面上光怪陆离的各类加工食品的背后，是餐桌上食物多样性的丧失以及人们日渐担心的食品安全问题。

当人类进入服务业社会时，第三产业开始成为主导产业，农业也开始发挥服务业的功能。由于农业一产化和二产化过程中的收益空间已经非常有限，各种类型的农家乐、农家游、自然教育、农事体验、全域旅教等农业服务业发展起来。一方面推动了农民和农业进城，另一方面促进了市民和服务下乡。农业服务化发挥了除农产品提供以外的文化教育、观光旅游、养老养生、调节社会冲突等多功能性，我常常将其称为是"四洗三慢两养"的新需求。"四洗三慢两养"是乡村满足人们美好生活需要的形象形容。由此伴随的是与农民进城反向而行的现象——市民下乡。

"四洗"，是指乡村社会可以帮助城市人洗净铅华：在乡村喝上天然的水，吃上生态的饭，可以"洗胃"；呼吸新鲜的空气，可以"洗肺"；看看青山绿水，可以"洗眼"；乡村生活比较闲适，能够舒缓城市人际关系带来的高度紧张，还能促进文化教育、亲子关系与家庭和睦，可以"洗心"。大规模的双休日和节假日出城旅游，就是这一需求的具体表达。市民下乡的"洗胃、洗肺、洗眼、洗心"，与国际上兴起的"三慢"运动密切相关。

"三慢"，是指乡村社会可以帮助城市人享受慢食、慢村、慢生活。与"快餐"文化相反的"慢食"运动，自1986年设在意大利的国际慢食协会推动之后，已经成为享受美食和美好生活的全球性运动。与慢食运动相关的"慢村"或"慢城"，也在各地星罗棋布地出现。慢食运动让人们不断反思自己的生活，关注食品、美食乐趣以及缓慢节奏的生活，并由此发展出一系列的"慢生活"方式：吃有慢餐，行有慢游，读有慢读……就是提醒人们要放缓脚步，享受美好生活。如今，国际慢食协会会员已经遍布全球160多个国家，越来越多的人加入以慢食为核心的生活实践。中国也已有"慢城"（如南京高淳、广东梅州国际慢城）、"慢村"（如国际慢食协会在中国发起的"慢村共建计划"，计划自2017年起10年内建成1000个慢村，首个慢村设在成都大邑县安仁古镇）。也有"乐活"（LOHAS）、"乐和乡村"、《有机慢生活》等推广平台。

"两养"，是指乡村提供养老、养生空间，帮助城市人安度退休和休闲时光，实现与自然共生、与社会和谐。生有所养、老有所依。中国有世界上规模最大的中等收入群体，超过3亿人；也有世界上规模最大的老年人口。中国65岁以上老年人口已经超过1.5亿，占总人口的10.87%。60岁及以上人口已达2.41亿，占总人口的17.3%。是世界上唯一一个老年人口超过2亿的国家。预计到2025年，60岁以上人口将达到3亿，成为超老年型国家。考虑到20世纪70年代末计划生育工作力度的加大，预计到2040年我国人口老龄化进程达到顶峰。随着老龄化社会的到来，大量家庭及老人渴望有宽敞、恬静的绿色养生养老场所，城市住房空间狭小、人群密集、交通堵塞、环境嘈杂，让许多人产生在乡村休闲养生、健康养老的向往。同时，伴随农村劳动力的转移，大量农村房屋闲置，农村土地陷入自己"用不上、用不好"的困局，不能给农民带来收益。需要将城市养生养老需求和农村闲置资源供给形成有效衔接。

农业三产化，导致"靠人吃饭"，成为农业 3.0 版本的主要特征。只有人来消费这种农业服务了，三产化农业才能发展起来。3.0 版本的农业，依托 1.0 版本农产品的天然品质和天然农业场景，2.0 版本的农产品加工和技术设施，并以其为基础发挥各类服务功能。

当人类进入信息社会时，信息化不可避免地进入农业，带来了信息化农业和农业被信息化。信息社会不仅改造了农业的 1.0 版本、2.0 版本和 3.0 版本，更加将前三个农业版本的内容进行重新整合，形成以"靠脸吃饭"为特征的农业 4.0 版本。之所以说"靠脸吃饭"，因为信息时代又可以重现"酒香不怕巷子深"，将"好事不出门"转化为"好事能出门"，但若做得不好，哪怕只有一个差评出现，也会"坏事传千里"，而且以光速般的速度瞬间传出。很多人称信息时代为"裸奔时代"，出现了"四全裸奔"：全透明、全留痕、全信用、全追责。农业 4.0 时代，信息技术促进了一二三产业融合的加法效应和乘法效应。由于无论是"1＋2＋3"，还是"1×2×3"，最终的结果都是 6。所以 4.0 版本的农业，就是农业的六产化，或者有时被称为六次产业。并且将 1.0 版本的天然品质，2.0 版本的技术特征，3.0 版本的服务定位进行重新整合，发挥出农业的生产、生活、生态和生命的"四生"功能。在农业 4.0 版本中，农民的角色不仅仅是生产者、技术员、服务员，还要成为网络时代的销售员，具有在信息时代统合资源的能力。

农业的相继一产化、二产化、三产化和六产化，带来了如上四个版本的农业。

可惜，农民在数千年面朝黄土背朝天的命运之下，往往被桎梏在 1.0 版本农业之中，2.0 版本、3.0 版本和 4.0 版本的农业，常常是资本所有者或有农业情怀的人去做的事。当 2.0 版本农业背离天然属性，带来各种类型的食品安全问题时，有能力辨别和自保的农民开始了为自家生产和为市场生产相分离的生产活动。一开始，我将这一现象称为"差别化生产"和"差别化消费"的 A 模式和 B 模式，后来，将其称为"一家两制"。

2007 年，我在美国中北部做农场调研，发现了美国版本的本地化食物运动以及背后的自我保护。写下了《美国的粮食政治与粮食武器》调研报告。回国后，在中国开始观察各种类型的一家两制。受莱斯特·布朗（Lester Brown）《B 模式》的影响，一开始我将这种为市场而生产，符合主流模式的体系称之为 A 模式，为自家而生产，属于社会自保行为的体系称之为 B 模式。在 AB 模式的分野下，2008 年陆续引入国际上的食物主权运动、莱斯特·布朗的 B 模式等。自 2010 年起，开始研究食品安全引发的"一家两制"现象，并申请到了国家自然科学基金支持。

莱斯特·布朗1994年发表了著名的《谁来养活中国?》（*Who Will Feed China?*）一文，使得中国的粮食安全问题成为了世界性话题。布朗命题曾引发激烈的论战，我也就此讨论过粮食主权、食物主权，参与了围绕布朗命题的论战并讨论了布朗命题的转换。我在2012年发表了《从"谁来养活中国"到"怎样养活中国"——粮食属性、AB模式与发展主义时代的食物主权》，重点讨论了AB模式的出现，以及食品安全和食物主权问题。在2005年，我曾接待和全程陪同了布朗在中国人民大学的两天学术访问，和他讨论过粮食安全命题。针对中国许多专家对他的挑战，和已经多年粮食自足的基本事实，作为未来学家和环境学家的布朗仍然坚持他的忧患意识：中国只是延缓了人口和环境紧张的危机，并没有真正解决粮食危机问题。需要承认，他忧虑的基础性因素，在21世纪已经过了20年后依然存在，布朗命题的挑战并未真正过去，很多新的挑战又摆在面前，我们需要重新回到布朗提出的"谁来养活中国"命题本身，走出布朗命题中过分注重粮食数量安全的困境，走向更广义的、国际化的、适应21世纪新挑战的新命题。由此，我们在2021年又写作发表了《谁来养活21世纪的中国? ——疫情危机、全球本土化与有组织地负起责任》，讨论面向整个21世纪的食物安全问题。

二、农业体系的逻辑倒置

为了能够介绍关于这一思考的演进，我把2012年《绿叶》杂志记者刘芳访问的一篇文稿《农业体系的逻辑倒置及多元化农业的兴起》录入此文，作为对食物体系探讨的回顾与展望。本文论证了：农业是唯一一个人与自然相交换的行业，农业逻辑应该是市场逻辑服从于社会逻辑，社会逻辑受制于自然逻辑。但在市场化进程中，农业体系的逻辑发生了倒置，市场逻辑脱嵌于社会逻辑，凌驾于社会逻辑和自然逻辑之上。这种倒置诱发了农业多功能性丧失、农产品安全危机等问题，也诱致了"一家两制"等社会自我保护运动，催生了多元化农业的潮流。然而，解决问题的一个根本方式还是在于如何认识和恢复被倒置的农业逻辑体系。

首先看农业体系的特殊性与逻辑倒置问题。

问：作为农业和农村发展问题的专家，您如何看待农业问题？

答：农业是唯一一个人与自然直接相交换的行业，在交换过程中各得其所，人类得到食物，延续生命，产生和巩固各种社会关系，自然的生态功能、物种的多样性功能等也得以保持。农业应该遵循的基本逻辑是：市场逻辑服从于社会逻辑，社会逻辑受制于自然逻辑。简单来说，市场逻辑就是价格调节机制，供不应求时价格高企，供大于求时价格下落，通过价格机制调节生产和消费。社会逻辑是指一个行业对于社会生活的影响，农业不仅是农民的生产经营活动，它包含了农民的生活方式、文化传承、种族延续、生命价值以及各种社会关系。作为一种劳动方式，农业决定了农村文化、村民交往、农民的人生意义和价值等社会因素。自然逻辑是农作物生长需要遵循基本的自然规律，需要合适的土壤、肥料、耕作方式和生命周期，农作方式的延续，是几千年来人与自然交换过程中遵循自然逻辑的必然结果。

农业首先需要遵守自然逻辑，在播种的季节播种、收获的时节收获。作物生长依赖于土地肥力，耕作过程中就需要考虑土地肥力的可持续利用。这种自然逻辑影响甚至决定了农业的社会逻辑，比如，日出而作，日落而息，农忙时相互帮忙，农闲时共同娱乐，等等。最后才是市场逻辑，农户出售农产品，获得生产和生活所需物资。由此，农业社会有一个可持续的循环体系，这得益于市场嵌入社会，社会依从自然的制度安排，在实现农产品供给的同时，兼顾了农业的生态、社会效益，实现了农业的多功能性。

农业具有多功能性且功能不可切割，是农业逻辑的另一个重要特征。除了农产品供给外，农业还具备生态功能，农业用地的主要形式是保持有一定的植被覆盖，所以农田事实上可以代行园林人工绿地的功能。其次，农业承担了国家的粮食安全、食品安全和食物主权三项国家安全功能。再者，农业还具备文化教育功能。中国社会经历了长期的农耕文明，各民族在自己的农耕环境里形成了极具地域特色的民族文化，这种文化的多样性对于人类社会的发展具有重要意义，越是多元越能提供多种选择，多种选择意味着自由权的扩大，也越具备发展潜力。同时，传统文化主要来自农耕文明，没有农业的传承与教育，我们的后代将无法体味历史是怎么演进的，无法体味和理解中华文化特有的人文情怀。而传统文化的传承和发展是非常关键的，它决定了一个民族的价值观念和思维方式，是一个民族繁荣发展的源泉。

除了生态、国家安全和文化教育功能外，我国的农业还具备就业和社会保障功能。我国的人口压力一直比较大，虽然农业人口向城镇迁移似乎是一个必然规律，以至于归纳出配第·克拉克定律。但吸纳劳动就业仍然是农业最强大的功能之一，未来半个世纪甚至更长的时间里，仍然需要农业来减少社会就业压力。举个例子，农业容纳隐性失业的能力很强。2008 年全球金融危机导致中国外需不振，外向型企业中的工人大面积失业，如果是城市工就很麻烦，农民工失业后可以在家待几个月，有饭吃也有活干，等到危机浪潮过了再重新回到城市。当然，农业的社会功能并不仅限于就业和社会保障，它还可以治愈很多城市现代病。在意大利，有一类农场叫"社会农场"，政府为这类农场提供免税、相应的技术或者市场支持，因为这些农场发挥了社会功能，比如不少雇佣一些身体有残疾、精神有一定障碍、网络成瘾、抑郁症或者轻微犯罪的人员在农场工作。农活较为简单，这些人都可以胜任，与自然靠近，可以舒缓一些精神病患的病症，在城市里被视为残疾人的劳动者，在这些农场也找到了自己的人生价值。

总体而言，农业是一个与工业完全不同的体系，它具备丰富的生态、社会和文化功能，发挥了正外部性。但这一点在工业化和城市化等现代化进程的推进中被严重忽视了。未来的农业需要朝着多功能的方向去发展，这不仅有利于农业自身的发展，也有利于社会整体发展，更加能够促进人与自然的和谐共生，是生态文明建设的最重要部分。

问：在您看来，当前的农业是一种什么状况？

答：农业的现实是，市场逻辑优于社会逻辑，社会逻辑优于自然逻辑，这是很危险的。事实上，食品安全危机的就是农业体系逻辑倒置之后的产物。农业生产被当做了一种纯市场行为，被单纯化为农民的谋生手段，不再是农民生活方式和社会价值体现形式，农业功能被单一化为经济功能，这使得社会逻辑屈从市场逻辑。在市场逻辑下，追求利益最大化是生产行为的唯一目标，为了高产量就使用化肥，为了早上市就使用催熟剂，为了卖相好没虫眼就使用农药和各种生物制剂，完全不再考虑自然逻辑，结果就导致了目前越来越严重的食品危机。

当然，如果说现代化是一个不可避免的趋势，农业体系的逻辑倒置就如同宿命一般，可以被理解为是一个不可避免的过程。不过，饶是如此，我们还是应该考虑到农业的特殊性。因为，社会并不是只会被动接受现状，当问题发生时，社会自然会产生自我保护行为，这些反应对社会可能产生良性推动，也可能带来负面影响，唯有采取一些措施来控制和解决问题才可能削弱或避免负面反应。例如，食品安全发生危机时，社会自我保护运动会产生，以规避食品危机带给自己的危害。对此，中国人民大学博士、清华大学博士后石嫣曾提到过市民的四类自我保护行为，一是公开利益诉求，直接要求食物的安全；二是居民直接与农民打交道，购买农产品，或者在自家阳台或院子里种菜；三是单位采取的团体保护，由单位进行集体购买安全农产品；四是特供体系。这些社会自我保护行动，有些会给社会带来正效益，产生一些多元化的农业生产模式，类似于CSA、都市农业、农夫市集、巢状市场等。但是，有些自我保护行为却可能增加社会成本甚至影响社会稳定，比如公开利益诉求和特供体系。所以，针对当前农业体系的逻辑倒置，我们必须予以认真考虑。

问：农业为什么会发生这种逻辑倒置的问题？

答：这有两方面的因素，我们将其分别称为背景性因素和过程性因素。

所谓背景性因素就是指商业化、城市化进程的推进。农业天然不亲资本，资本的天性是逐利，农业利润无法实现爆炸性增长，是最不容易扩张的一个部门，资本也就最容易抛弃农业。在缺乏资本注入的情况下，农业发展所需要的各种要素——土地、劳动、资本、技术、管理等都会离开农村。我在江西农村做调查时有一个20岁左右的姑娘说，方圆5千米范围内找不到5个与她同龄的人。在缺乏同龄人生活的环境里，她不可能在农村待下去。结果，在商业化和城市化进程中，农业就陷入了一个恶性循环：因为农业弱势，各种元素抽离农业，农业就更为弱势；越是弱势，商业化和城市化进程对于农业的挤压就越是显著，农业利润越低，农民越希望降低成本，以提高利润和收益，自然也就越看重市场逻辑。这是一个农业内卷化过程，慢慢地农业体系就开始发生逻辑倒置。事实上，这并不单纯是农民的选择，而是整个社会和国家政策的选择。我们可以看到，在商业化、城市化推进中，农业越弱，人们越强调农民要强化市场理念，要关注市场机制等，都是在将社会逻辑和自然逻辑滞后。

所谓过程性因素就是之前说的，当现代化成为一个不可避免趋势的时候，农业的各种生产要素集体"用脚投票"，离开农村。20世纪80年代我们传唱一首歌曲《我们的家乡在希望的田野上》，但90年代以来，农民们纷纷用脚唱出了"我们的家乡，在失望的田野上"，甚至在"绝望的田野上"，农村不再是农民价值观的归宿，农业不再是能够安身立命的职业。在这个演变过程中，农业体系的逻辑倒置变成了一个无法避免的宿命。

三、AB模式与一家两制

我们看看农业体系逻辑倒置的后果，是农产品供给开始出现的AB模式与一家两制现象。

问：农业逻辑体系倒置对于农业生产的影响是什么？

答：最显著的影响是农产品供给出现了"一家两制"。所谓"一家两制"是指，对自家吃的农产品和供给市场的农产品，农户会采取不同的耕种方式。对于前者，农户会采取有机耕作，少用或者不用农药、化肥的方式（B模式）；对于后者，农户则会采用"化学农业"的耕种方式，大量地施用化肥、农药、催熟剂等生物和化学制剂（A模式）。并且，这种差异化生产的状况正呈现扩大化的趋势。不过，追溯它的形成，则是一个慢慢演化的过程。

中国的传统农业一直是自给自足的小农经济。主流观念认为，这种小农经济在生产力上是落后的。但是，小农经济也有其好的，甚至是先进的一面，它形成一整套的农耕技术以及与农耕作业相符合的强调诚实守信、互帮互助的农耕文化，不仅实现了资源节约型、环境友好型的生产模式，而且食品的生产方式是无差异生产，城乡居民消费也是无差异的，有食品安全的社会共保机制。但是，当市场逻辑介入并开始主导农业生产之后，农民发现市场逻辑改变了他们的生存模式。

在市场逻辑里，你得按照消费者的需求来进行生产，消费者的需求无外乎"质优价廉"，但这其实是鱼和熊掌的关系，怎么可能质量又优价格又低？如果质量优却不能价格优，农户为什么要积极保证质量优呢？在这种情况下，农民开始面临两难选择，为了解除这个两难，农民的生产决策就是，把按照传统耕作方式种植的安全食品留给自己，把按照"化学农业"带来的高效率耕作生产出来的食品供给市场。慢慢地，就形成了"一家两制"的农产品供给模式。

最初，"一家两制"是农户解决自己餐桌安全的一种选择。近几年，随着食品安全危机的严重化，很多城市居民开始自己寻找安全食品的渠道，其中一种方式就是找到农户直接向农户提供一个合理价格来购买安全食品。这对"一家两制"的供给行为形成了巨大支撑，近几年"一家两制"的生产供给结构正呈现扩大化的趋势。

问：在体系逻辑倒置的情况下，农业处在一种怎样的发展趋势里？

答：虽然我们理想中的农业是能够保有多功能性，但现实是不会按照理想来运行的。在全球范围内，农业发展呈现的是A、B两种模式，究竟哪一种模式会成为农业发展的趋势很难定论，很可能是两种模式都会有自己的发展空间而逐步成熟。在这两种模式里，所谓A模式就是服从市场逻辑，为了利润最大化而经营农业，我称作"为钱而生产"（Food for Money）。在农业体系里，A模式是目前绝对主流的模式，并且在未来相当长的时期内，A模式恐怕也不会丧失主流地位。但是，在A模式占据主导的发展势态里，有一套作为替代方案的B模式诞生了。B模式遵循的是生命逻辑，意图找回A模式将农业功能单一化后的多种功能，我将其称作"为生活而生产"（Food for Life）。CSA、租地农场、都市农业、农夫市集、巢状市场等这些都属于B模式。B模式当然也得考虑经营利润，但并不将利润追求设定为唯一或者核心目标，或者说对于盈利的效率要求不高，保持财务的可持续即可。较之盈利，B模式更关注农业社会功能的发挥，其组织形式表现为开始兴起的社会企业。

问：B模式的发展会存在怎样的障碍和问题？

答：B模式能否健康成长的关键在于，究竟是想要有机农业还是想要有机农产品。在大部分人的理念里，这两者是一回事，但其实是不同的。农产品只是农业生产、销售链条终端的产物，如果只关心结果而不关心结果的由来，可能会在短期内得到有机农产品，也可能得不到，但长期内肯定是得不到。若只关心结果，就无法恢复农业和食品体系的应有功能，也无法保障整个生产、运营的链条都是有机的。在无法保障整个链条都是有机的情况下，确保最终产品的质量非常困难。比如，美国有一家Whole Foods食品公司，是美国目前最大的有机产品公司，这个公司完全服从于营利目标，用 A 模式经销 B 模式的产品，它的方式仍然是往前端挤压生产者，往后端诱导消费者。由于美国的食品监管制度以及与之相配套的社会制度体系比较完善，保障了 Whole Foods 目前的产品都是有机农产品。但是，就整个生产过程和长时期而言，它剥蚀了有机农业的基本基础，剥离了农业其他方面的功能。我们可以将其视为一种兼顾了 A、B 模式部分因素的农业模式，这种双轨运行合乎农业多元化发展的要求。然而长期内不可持续，如果社会监管出现问题，这种模式最终还是会走向不安全的食品体系，因为过程本身不安全，理念也不是可持续的。

因此，在 B 模式的选择和发展中，需要区分究竟要什么。如果从事 B 模式的人员和消费者只考虑有机农产品，那么，生产过程可以是反季节耕作导致土地肥力消耗，可以进行长途运输耗费更多的能源而没有充分使用本地资源。还可以采用雇工的方式，给农民工资，只要农民生产出符合有机标准的、检测合格的农产品就可以。当这种用 A 模式生产 B 模式的产品成为主导模式后，农民就是从事农业生产的工人，"乡村社会"也就不复存在了。这样的演化究竟意味着什么，我们很难断言。但至少有一点是可以预言的，这样的生产过程究其实质仍然贯穿着市场逻辑，最终无法实现农业逻辑的复归和农业体系的可持续维系。

四、消费者的消费责任

除了农业生产者的一家两制外，更应注意消费者的消费责任，因为是消费促进了生产，消费促成了生产。You are what you eat，你就是你所吃的，你怎么吃饭，你就是怎么样的人。

问：在 B 模式的问题里，您提到了消费者的责任，如何理解呢？

答：按照主流经济学的观点，消费者的选择带来厂商之间的竞争，通过竞争实现优胜劣汰。但是，这里面的一个前提是，消费者知道什么样的选择才是好的。如果，消费者并不清楚自己的选择究竟会带来什么，市场进行的可能是逆向选择。以前所有的农产品可以说都是有机的，而今天主流市场的农产品都多少含有不安全因素，就充分说明了这一问题，即消费者的逆向选择，最终淘选出了自己并不想要的市场结果。换言之，当消费者对自身的消费缺乏社会责任感时，生产者和企业家也不可能充分承担社会责任，自私的消费者最终淘选出来的是缺乏功德心的政府、企业家、农业生产者。由此，除了强调政府、企业家的社会责任，我们必须还要强调消费者的社会责任，而不能太迷信市场逻辑，认为只要关心自家餐桌的安全就能激励农户、企业家生产安全食品，现实世界告诉我们，并非如此。

问：如何理解消费者责任和消费者权益之间的关系呢？

答：消费者权益是一种个体权益，个体权益的概念可以追溯到个人主义，在中国传统文化中缺乏个人主义思想，它属于"西风东渐"。但是，在"渐"的过程中，思想发生了缺失。个人主义的内涵是权利与义务对等，个人自由和尊重他人自由对等，即自由、权益、责任是相辅相成的。如果单纯地强调个人自由和权益，就会出现费孝通先生在20世纪40年代分析的自我主义，进而会出现阎云翔先生20世纪90年代分析的"无公德的个人"。中国在引入西方个人主义的思潮中，割裂了权利和义务对等的个人主义基本内涵，自由、权益在民间被过度考量，而个体的责任意识被民间淡化了。这种淡化的结果作用到消费行为中，就是只追求满足个人的消费欲望，不考虑即使是消费自己购买的商品，也要有公平贸易、资源节约、环境保护等社会责任。所以，中国的消费者在世界各国都很难得到好评。

当然，我们可以看到即使在西方，个人主义也开始诱变为"无公德的个人"。比如，欧洲的债务危机，与欧洲民众过分伸张权利、拒绝履行义务有直接关系。普遍自私的社会公众，不会诱导出一个长期共赢的社会政策。习惯了高福利之后，任何消减福利的措施都会引致公众反对。政府为了讨好公众，只好通过债务的累积来换取当前公众的满意，最终引发了债台高筑的财政危机和政治经济危机。美国也开始出现这样一种倾向。但是，个人主义内生于西方文化，西方文化可以追本溯源地去寻求解决之道。然而，对于中国这样一个没有制度环境，却引入了相关概念的后发国家，如同没有天敌的生物入侵一般，想要内生出一套制衡机制来处理外来观念诱发的社会价值观失衡问题，非常困难。

五、多元化农业模式的兴起

需要改造现代农业，而不只是像舒尔茨提出的命题那样，只是改造传统农业。一元化的现代农业面孔，需要被改造为多元化的农业模式。使得农作形态，重新恢复参差多态。

问：您能够谈谈对当前中国农业的认识吗？

答：现代农业需考虑宜地性和多样性。中国农业处在一个发展的岔路口，有好的趋势，也有不好的趋势。不好的趋势是，伴随着工业化和城市化的推进，农业进一步弱势化。从事农业的人员越来越呈现出老人化和女性化趋势，而老人和中老年女性很难从事重体力劳动，被称为辅助劳动力，甚至可以说是具有劳动力残值的人。他们被称为农业劳动主体的一个自然结果就是要么耕地闲置，要么推动机械化耕作，加重对能源、外部环境和外部市场的依赖。因此，在农业进一步弱势化过程中，农业会进一步走向资本农业。资本替代劳动的一个结果，我们农村的劳动力被进一步推向城市，加重中国的结构性矛盾。农业的资本化趋势奉行的是市场逻辑优先，那么，食品安全问题得到彻底解决，恐怕是很困难的。通过采取一些措施，部分假冒伪劣、添加剂式的食品安全危机可以被消除，但是因农业体系的逻辑倒置诱发的农业与食品安全危机很难被消除，这类危机与资本化农业是相伴随的。

当然，在看到挑战的同时，我们也能看到机遇。一个好的趋势就是多元化农业的兴起，以及对农业的多种功能的认知和保护，也就是之前所说的 B 模式。虽然资本化趋势可能仍会主导农业发展潮流，但 B 模式也在不断发展，意图让市场重新嵌入社会，市场逻辑重新回到依从社会逻辑和自然逻辑之中，限制市场在农业、在食品领域的负面影响。所以，社区支持农业，有机农夫市集这些替代性市场的努力是非常有价值的。当然，要从根源上解决问题，还是需要考虑农业的逻辑倒置和多功能性，正视市场带给农业的一些负面影响，必须意识到无论是对于农业，还是对于社会，单纯迷信市场逻辑是行不通的。

问：对于中国农业的未来，您如何看得呢？

答：从我国提倡农业现代化开始，对于现代化农业的认识就锁定在了"产业化、规模化、大农场"的概念中，这是一个认识误区。日本、韩国、中国台湾始终是小农经济，但它们却是现代农业的非美国式典范。为什么呢？他们的"产业化、规模化"并不意味着一定要耕地面积的规模化，完全可以与小农经济的耕作模式相链接，他们的农协体系围绕农业生产的各个环节——种子供应、技术服务、病虫害防治、农产品销售等，形成了纵向一体化的运作体系，在这种体系运作下，日本、韩国的农产品获得了一个高价格的，使得本地农民依靠小块土地就能够得到足够的利润来生活，从而维系了农产品的质量。

根据中国农业的现实情况，东北和西北小部分地区适宜推动大农场，而大部分地区则会长期维系小农经济的基本现实，这需要向日本、韩国学习农产品价格体系和农业价格政策。当然，有些观点认为，我们应该增加农业补贴来解决农民收入。补贴肯定是需要的，但单纯依靠补贴，不仅增加财政负担，而且不能带给农民足够的效益。毕竟我们是拿一半人补另外一半人，而欧美日等农业发达国家是拿大部分国民的收入补贴 1% ~ 5% 的农民。考虑到整个农产品市场已经贸易开放、已经自由竞争的基本情况，仅靠增加补贴作用不大。所以，还是需要考虑农业生产自身的盈利问题，考虑农业模式的宜地性和多样性。

问：小农经济依旧要求农户间的合作，对于农户的合作经济，您是如何看得的？

答：农村内部的农民合作主要有两个方向：一是专业化，一是综合化。专业化是现在正在倡导的趋势，比如我们的合作社法就叫作《农民专业合作社法》，将农民当作专业农民，然后进行同类农产品、同类农业服务之间的合作。简单的理解就是，种苹果的与种苹果的合作，种梨的与种梨的合作。专业合作要求的是规模经济，规模越大合作的利润越大，同类农产品营销、服务等各方面的优势才能发挥出来。这种专业合作属于横向一体化，最明显的体现形式就是人民公社时期的合作社。

综合化的合作有纵向和横向两种。纵向综合类合作不仅仅是同类农产品单一领域的合作，而是全产业链条合作，从前端的农用物资购置，到生产、加工、深加工，以及最后的品牌推广与销售，形成纵向一体化的综合合作。横向的综合合作可能以村为单位，在经济上表现为村民生产的所有农产品进行合作。同时还有社会合作，如村民组织秧歌队、歌舞队、棋牌队等娱乐活动。还可以重建农村一些互助体系，甚至纳入比较现代的金融保险、教育、技术推广、农业器械的公共使用和购买等。

目前，上述三类的合作模式在农村都存在，主流模式还是专业合作。农户走向合作是一个基本趋势，但在发展中存在一些问题。首先是定位偏差。我国绝大部分农户是兼业农户，却将农民定义成专业农民，这不符合基本社会事实。美国的大部分农民是专业农民，他们的农民在几千亩的土地上要么都种小麦，要么都种玉米；养猪的全都养猪，养牛的就全都养牛，对于中国来说这样的专业农民极少。目前将合作社法定位为专业农民的合作，存在定位偏差。这种偏差会导致合作经济的主导方向仍是"专业合作社"，合作社的管理、运营都按专业合作的标准进行，偏离了我们2.4亿农户基本是兼业农户的基本事实。而兼业农户的合作方式主要是综合合作。

在城市化和工业化的推进过程中，农村那些能够合作的、有合作观念的精英分子几乎全都离开了农村，在城市里面被肢解为一个又一个的打工者，农村剩下的都是老幼妇孺，这是农村合作经济很难实现的关键原因。

从发达国家都市农业的发展经验来看，随着城市化的推进，会有一些资本和人员会回到农村从事农业。这些人多半不仅具有务农兴趣，并且学识素养较高，一些人还熟悉市场营销。这种趋势在中国大城市也开始初现端倪。市民农业的潮流和多元农业的兴起，正在改变农业经营主体和经营结构，我们乐见一个农业多元化时代的到来。

回首自2007年以来就食物体系研究做出的努力，很是感慨。相继有潘素梅、方平、李彦岩、奚云霄、马荟等博士生投入食物体系研究，开始了他们的独立研究。也有彭镜元、徐立成、李晓雨、王卉、杨轶尘、冷忠晓等同学在中国人民大学读研究生或本科生期间，着手食物体系的研究写作。如今，他们都已成长为各个领域的"国民表率、社会栋梁"，为他们高兴。也借着方平博士的《食品安全中的多元理性与一家两制》出版之际，说了如上的背景故事。

食为政首，粮安天下。手中有粮，心里不慌。数千年的饥饿经历，奠定了中国农耕文明的底层焦虑。盼望 21 世纪的中国和世界，不断能吃得饱、吃得好、吃得健康。走出食物匮乏、营养不均以及食物政治化和食物商品化的阴霾，享受参差多态，感受食物多样性的幸福。

2021 年 5 月 4 日于北京香山北麓

前　言

中国农户的实践赋予了理性概念怎样的意义？在不同研究预设下，这个问题会有不同的答案。本书从观察中国问题的"实践—理论—实践"范式出发，以田野调研中获取对农户一家两制的感性认识为起点，组织理论对话，梳理可能的分析路径，最终回归田野，通过建立跟踪观察案例库的方式，归纳与提炼多元理性，试图理解中国农户在食品安全危机和农业生态破坏的大背景下所进行的一系列自我保护行为。本书的结论对于社会科学研究中整体性与个体性连接之间的裂痕有深刻的关怀，并从三组命题的设计上逐一体现。

第一个命题，希望通过对中国食物体系转型的宏观描述，引出对现代化国家食物体系治理与发展路径的讨论。通过波兰尼的理论视野可以发现，食物体系的转型呈现出一个从双重脱嵌向双重回嵌发展的双重嵌入过程。而从宏观的视野则有助于将命题具体地与微观经验事实进行逻辑链接，即在食物体系转型的背景之下，如何理解每个行动者，尤其是农户的行为逻辑。

于是，就有了第二个命题，即在个体行动逻辑下，需要构建起多元理性的分析框架，借此阐释在现实当中观察到的一家两制现象。在食物体系双重脱嵌的演进当中，形成了一家两制，这一现象在既有的理论视野中，无论在模式还是历程上都充满悖论。因此，本书创新性地将其中的实践逻辑归纳为多元理性。通过数十年的跟踪观察，我们不仅希望去理解农户的一家两制，还需要从中看到一家两制的未来将会是什么样的模式？它的转型对于宏观层面的国家食物体系转型治理有何意义？

本书将在第三个命题当中对此进行分析，即从微观层面回到宏观层面。具体而言，设计一家两制及其社会自我保护研究所分析的目标，是希望通过多元理性这个概念，连接行动者的微观理性决策和宏观结构行动。

理性概念本身包含了多重张力。面对理性这个宏大而抽象的概念，我们尝试小心翼翼地从对话单一理性的认识论局限开始。在本书的成书过程中，多数批评者会觉得本书所提出的多元理性，无非就是经济理性在不同效用函数下的不同形式罢了。在早期的研究过程当中，我们也不自觉地陷入到了单一理性的陷阱，即生存理性指向以食品安全为目的的行动追求；社会理性则意味着获取社会利益。或者说，通过食物交换构筑自身关系网络，借助食物互惠形成社会互动，最终转化为一种社会理性函数；而经济理性直接引用了新自由主义的思考方式。这种表述，很容易让读者和我们的研究本身一同陷入误导。

随着研究的深入，我们已经能在理解一家两制的形成、变迁的分析和对比当中发展出不一样的思路。农户在食品安全危机之下，会通过差别化生产和消费来进行自我保护。在实践中，同时存在"为赚钱而生产"（Food for Money）的 A 模式（Mode A）和"为生活而生产"（Food for Life）的 B 模式（Mode B），在家庭内同时并行，本书将上述行为称为农户的一家两制。而多元理性需要承担的理论任务是理解为什么农户可以兼顾资本和生命两套几乎完全背离的行动逻辑。由此，直接引发了两个层面的反思。一个是农户在不同场域中所体现的"差序责任"机制，另一个则是关于农户行动中"合理审查"机制更深入的理解。

引用阿玛蒂亚·森的合理审查概念，是对于经济理性本身的一种提升。我们的研究希望借助阿玛蒂亚·森对于理性思考的四个层面当中的最深层面，去否定单一的经济理性"帝国主义"倾向。这种用学科内部去否定理论观察本身的习惯，一方面是希望让更多经济学视野下训练的同行能够更好地理解；另一方面也会被其他领域的同行所批评。包括社会学、历史学、人类学等诸多学科在内的社会科学研究者都认为，经济理性本身无论如何改进，都无法解释社会事实的运作，这种观点尤其体现在布迪厄对于场域、惯习与资本之间的互动分析当中。

由此，研究的思路得以进一步展开，在与经济理性对话的过程当中，本书不仅会引用西蒙对于有限理性的分析以及恰亚诺夫、舒尔茨、斯科特、波普金等一系列农民研究者所争论的小农理性，而且还会基于中国农户实践的视角，反思阿玛蒂亚·森对于合理审查的分析框架。由此，将更具实践意义的理解转折点设定在社会研究其他分析传统的引入，比如，使用布迪厄的实践理论。

实践理论可以更好地解释为什么在不同的情况下，农户会有不同的行为规则。这种行为规则源自于场域背后的惯习。每个社会行动者会对自身的行动进行思考，并适应具体的场域。这就很好地解释了那些我们看似没有任何理由或逻辑的悖论性行为，而这种行为规则的隐身恰恰是经济理性本身脱离历史话语，丧失历史感观察的重要原因。

在引入了惯习的重要分析之后，还可以进一步去判断惯习本身的研究是否有一种既定情况，而去论述既定情况的自我循环论证目的。布迪厄在自我分析时，常常觉得这个陷阱是他始终留意到并且有足够能力去跨越。在本书看来，布迪厄的场域和惯习之间的张力能给我们呈现出更重要的启示是，我们需要去观察当场域之间相互叠加的时候，农户食物生产和消费的实践是如何形成的以及怎样随着场域规则的变化而变化？抑或者，行动者在复杂的互动中，如何将理性的不同向度已经既定的场域以及他们内在的身体化行动融合在一起？

之所以要提出实践与身体的关系，是因为食物本身是连接身体和自然的重要桥梁。我们从食物的生产过程当中观察到，食物在人对于自然的关切和互动以及在互动当中所形成的文化思考中具有重要意义。农户的行动对于场域形成和惯习本身，有一种深刻的自觉，这是我们必须在生存理性当中所形成的论述。另外，则是关于食物本身的口味，口味背后的传统以及食物与传统和当地乡村文化之间所构成的复杂系统。它需要在案例当中得到体现。而这些部分，是进一步丰富我们对于生存理性思考的重要步骤。

基于本土经验研究的视角来看，我们需要引入差序格局和差序场，形成对应食品安全研究的"差序责任"。在本土化尝试当中，去理解通过关系怎样把不同的场域连接起来的关键。而一旦将经济理性、社会理性和生存理性三者同时引入讨论时，需要重新去看待三者之间已存在的丰富内涵联系。

"差序责任"是连接经验与理论的起点。在食物的具体生产和交互场域之间，相互能形成复合的关系。核心逻辑在于，基于食物，人与人之间存在了有差别的互动次序。这是由农户本身拥有的生产决定权所决定的。而这种生产决定权力的出现，首先就是反对经济理性本身所设定的那种价格主导的脱嵌市场构建过程。当 B 模式出现的时候，生产能力所蕴含的隐性的反抗权利，凸显出了农户对于生存原则、传统文化以及社区和社会关系的追求。它所蕴含的内在逻辑是经济理性无法观察和触及的。

虽然很多经济学家试图将这种逻辑通过数学化的理解并化约到金钱的层面。比如，陌生人是否能用钱去购买更高质量的食物？或者农户有没有因为能够高价出售而扩大生产意愿？但是我们在最新的观察当中发现，答案多数情况下是否定的。或者说，这是一种理论上的理解，与本书定义的社会自我保护相违背。比如，很多有机生产小农，他们所出售的食物的价格并不高；而在国外，有机食物的生产成本和它的售价也相对低廉。消费者在市场上买到的更高价格的优质或有机的食物，反而无法摆脱工业化农业的生产架构。虽然种养管理环节对自然注入了更多的关怀，但在这个过程当中，生命和社会本身的价值并没有得到完全的体现，因此，我们还是会将这一部分的生产归置为 A 模式之下。这种区别是我们反过来更深入去理解多元理性和一家两制关系的重要切入口。

总体而言，差序格局在食品和食物体系转型过程当中的应用，体现在了其中的责任层面。对于不同层级的关系，农户会有不同层级的对应。这种对应是最早期农户对食物体系双重脱嵌的反应。正如之前强调的，每个场域相应的行动逻辑有区别。它可以被理解为三类不同方向的行动意义。这三类不同意义，在场域的区隔中各自形成了一套实践，恰恰就构成了 A 模式和 B 模式两种行动模式。A 模式遵守市场逻辑，B 模式遵循生命逻辑。我们接下来要看，这 A 模式和 B 模式两种食物模式为什么可以同时存在以及它们未来的发展趋向将会如何？

对"A + B"模式并存的理解，既要基于中国现在的食物体系转型背景，也要基于小农生产本身的历史属性。食物体系的转型，让更多的农户参与到了市场化的进程中，竞争市场和它所带来的逐利性思考不可避免地加深。逐利不仅改变了经济学家对市场的认识，也改变了国家从法律和政策层面对市场的理解，还改变了消费者和农户本身的食物生产、交换和消费实践。在这个背景下，在食物生产和消费中所起到的重要桥梁作用也出现了改变。

在市场化食物体系占据主导的时代，食物逐渐脱嵌于社会和自然，引发对应的社会、生态乃至生存问题。在最初的社会形态中，人们获取食物需要投入劳动，却没有必要支付货币成本。人类从自然当中获取食物，最重要的渠道是通过自身的劳动，但当这种劳动被市场深入以及之后的技术进步所带来的资本化生产深刻地影响甚至彻底颠覆的时候，资本再生产过程中必需的逐利逻辑自然也就成为了食物场域中行动者赋予行动意义时不可避免的话题。因此，需要明确的是在市场深化的过程当中，社会宏观层面逐渐形成的思考方式改变确实能够影响农户对于食物的责任感。

农户对食物的责任，本身蕴含了市场对于食物属性的改变，比如，食物的品相；品种与产量之间的对应关系。但食物本身的属性应是多元而丰富的。其中，人与食物和自然本身所建立起来的长期的持续关系就非常值得探讨。为了获得口感更好的食物，农户需要更长的种植和养殖时间。为了在传统节庆上能够分享足够丰富且具有象征意义的食物，农户需要组织更多的劳动投入。但随着市场深化和资本逐利的日益凸显，这些出于生存理性和社会理性的行动意义逐渐弱化甚至消失。

在食品安全问题愈演愈烈以及农业生产环境逐渐退化的时代背景之下，食物本身的丰富意义开始逐渐被系统性拾回。当市面上无法购买到更优质的食物的时候，农户自然而然地为自家的餐桌进行了新的判断和审查。这种新的理性理解，并非简单重复之前的自给自足模式。后者的核心特点是，有意识地避免市场影响，尤其是刻意避免工业化和绿色革命所带来的影响。在自家的菜园里，农户尽一切可能不使用化肥、农药、激素，甚至连品种都是有意留存本地的老种子。当然，种植的范围却也仅限于自家的"一亩三分地"。而这些遵循生命逻辑的 B 模式食物，只能在对应的家计供应范围内，让自家人能够吃到。即使再扩大，也只有亲友、熟人、邻居才能够体会到。换句话说，只有"自家人才能吃上自家饭"。

令人感到兴奋的是，我们经过长期的调研，已经发现"有条件的外人也能吃上自家饭"。B 模式的食物存在市场空间，当食物的价值被市场逐渐理解之后，B 模式有了新改变的可能性。这种改变，同样也是依赖于农户自身对于市场观察以及和他们对于责任的理解。本书在最后一部分讨论中所提到的市场价格认同、社会的鼓励认同以及农户自身对于食物价值的认同，正是农户对于在地生产和 B 模式的重新认识。当三种认同形成一种新的链接，便可促进 B 模式向积极的方向拓展。

从这个意义上看，一家两制的演进过程赋予了多元理性一种历史性的理解视角。"合理审查"的行为生成机制，就是希望聚焦场域重叠的过程中，所出现的农户新的实践，在此之后，农户对食物生产可持续发展理解的内在化过程。从多案例的对比中能够看到，由于不同层级的差序责任之间的相互融合，B 模式的拓展正在发生（B′模式），它将"自家饭"的供给扩大到"熟人"甚至是"外人"场域。而这种融合是通过具体的实践过程来触发的。在推己及人的思考传统作用下，农户的"合理审查"具备了价值方向性。具体而言，"合理审查"的对象作为外在情境，一两次甚至多次出现，刺激农户发生改变并推动了农户的行动反思，不断进行对应的判断、理解和想象，最终生成拓展 B 模式的生产和交换实践。

从更宏观的层面理解，由于农户在反思和改变的过程当中，涉及其所在的社会网络和不同层次的成员，因此，这种关怀和改变，恰恰由成员之间的沟通和连接形成了一种对于农户所在的"差序责任"的改变。

淡化责任内外有别的改变和影响，可以用一幅水池与涟漪的图景来形象地类比。当平静的水面刚刚出现涟漪，就象征着第一层单独的"差序责任"场域。而涟漪之间产生复合和关联，正是食品安全问题冲击的体现，即第二层涟漪，说明当场域之间，有重叠和连接的时候，多个场域发生了联系。而复合处它所荡漾起来的新的波浪，是我们要描述的第三个层次，也就是农户的"个体自保"行为在结构化的层面出现，它的形式是零散、广泛且具有明显共性的行为转变。值得注意的是，B 模式在推己及人的作用下，还会跃迁为 B 模式的拓展形式。而第四个层次则是这种波浪波及到其他的场域的时候，它所引起的社会共振和共鸣，将会构成宏观层面的食品安全"社会共保"。

水池图景同样反映了一家两制的历史过程。在第一层次形成了一家两制最初的影响甚至是负面的影响。比如，新闻当中看到，农户对于市民的不信任以及市民对于农户的不信任。而第二层次的影响，则是当这种不信任反复激荡的时候农户所出现的自我认同、社会认同和市场认同。这些认同，恰恰促进 B 模式的拓展，即第三层次在食物的生产和消费过程当中，重新出现了对于社会和对于自然的关怀。虽然这种关怀最终会连接到收入和市场层面上，但它本身的起源并不是因为逐利，这一点我们需要去厘清和把握。四个层次的分析，则可以对应具体的农户具有改变意义的集体行动。

当这四个层次逐渐被论述出来之后，我们能看到多元理性是一个包含二重性的概念。多元理性同时具备"差序责任"与"合理审查"机制。"差序责任"机制在就是差序社会格局中，食物交换场域对农户行为方向所形成的规定。"合理审查"机制就是理性与场域之间的多对多映射关系。两类机制体现了多元理性的二重性，前者是对实践客观性、表面性的静态理解，后者是对实践主观能动性、深刻性的动态理解，两者之间存在紧密的互动关系。一方面，食物生产实践在不同场域中的内外有别，是由"差序责任"机制所决定的；另一方面，存在合理审查这个"黏合剂"，一是让农户在场域互动和环境改变时，对行为进行推己及人的反思；二是让农户完成对多元理性行为向度的价值的权衡，从而通过更新自身实践，反过来影响和改变"差序责任"机制，推动其在食物生产过程中可能出现的行为的自洽。

本书希望打开一家两制的生成和演进机制。当我们呈现出农户行为转型的历史瞬间的时候，他们的思考和反复的实践过程实际已经在认识论和方法论层面，具有了清晰的历史感。这种历史感呈现出来的图景，既是截然区分的差序责任行动，也是在相互叠加场域中形成的合理审查行动。最终，这两层充满张力的逻辑，共同形成具有实践感的多元理性概念。而这条探索具备实践感的概念路径本身，也在叙述一套具备历史感、实践感的学术话语。这种话语，是中国学派展开研究的必要基础。

目　录

第一部分　导　论

第一章　从单一理性到多元理性 ……………………………………… 3

第二部分　食物体系转型与多元理性

第二章　研究背景：食物体系转型 ……………………… 13

　第一节　从嵌入到脱嵌：食物体系转型 ……………… 13

　第二节　双向运动理论与双重嵌入机制 ……………… 20

　第三节　本章小结 ……………………………………… 27

第三章　食物体系转型中的一家两制 ………………… 28

　第一节　一家两制与差别化生产的概念 ……………… 28

　第二节　一家两制的研究前沿 ………………………… 30

　第三节　本章小结 ……………………………………… 34

第三部分　多元理性与一家两制

第四章　行为与理性：演进与分野 …………………… 37

　第一节　行动的意义 …………………………………… 37

　第二节　行为意义与理性 ……………………………… 40

第五章　多元理性：一个农户行动分析框架 ………… 45

　第一节　单一理性：塑造获利农户的幻象 …………… 45

第二节　认识转向：多元理性与混合场域 ………………… 47

第三节　理性、场域与实践 ………………………………… 57

第四节　研究评述 …………………………………………… 60

第六章　多元理性：概念与命题 …………………………… 64

第一节　多元理性分析框架 ………………………………… 64

第二节　"差序责任"的社会互动机制 …………………… 69

第三节　"合理审查"的行为生成机制 …………………… 72

第四节　多元理性与社会自我保护 ………………………… 77

第五节　本章小结 …………………………………………… 86

第七章　研究策略与经验材料 ……………………………… 88

第一节　农户研究的调研设计 ……………………………… 88

第二节　一家两制的经验材料 ……………………………… 102

第三节　本章小结 …………………………………………… 108

第八章　一家两制的区域案例 ……………………………… 110

第一节　结构层面的区域案例 ……………………………… 110

第二节　行动层面的区域案例 ……………………………… 128

第三节　本章小结 …………………………………………… 141

第九章　多元理性：农户自我保护行为的实践意义 ……… 143

第一节　多元理性的判别 …………………………………… 143

第二节　多元理性与农户差别化生产 ……………………… 150

第三节　"差序责任"社会互动机制 ……………………… 162

第四节　"合理审查"行为生成机制 ……………………… 167

第五节　更深入的讨论 ……………………………………… 189

第六节　本章小结 …………………………………………… 197

第四部分　一家两制与社会自我保护

第十章　社会自我保护的可能路径 ………………………… 205

第一节　社会自我保护：个体自保、集体共保与社会共保 ……… 205

第二节　多元理性与双重回嵌 ……………………………… 209

第三节 更大范围的社会自我保护的路径讨论 ……………………… 224

第四节 本章小结 ………………………………………………………… 228

第五部分 总 结

第十一章 结论与讨论 …………………………………………………… 233

第一节 主要结论 ………………………………………………………… 233

第二节 讨论与政策内涵 ………………………………………………… 234

参考文献 …………………………………………………………………… 239

附录1 农户基本信息调查表 ……………………………………………… 262

附录2 村庄基本信息调查表 ……………………………………………… 272

附录3 农户生产行为补充调研访问提纲 ………………………………… 274

第一部分

导　论

第一章　从单一理性到多元理性

导读：关于农户行为实践的研究，前设条件不同，能够展现的图景也不同。马克思主义、实体主义、新自由主义的思考为后续的研究者讨论农民行为提供了重要的启示，但同时却也阻碍了更全面的描绘农户行为。

本书将理性（Rationality）理解为"合理的行为意义"，并结合食物交换实践中的不同场域，将其区分为三类各有区别但紧密联系的向度。其中，包含为家庭消费生产的生存理性和为熟人社会生产的社会理性以及为匿名市场生产的经济理性。由此，构建多元理性概念。

多元理性作为农户行为的研究前设条件，相比于单一理性，更能把握理性的深刻内涵，也更能解释农民的生产生活实践。本书将多元理性作为基本理解框架，在结合以农户差别化生产为主要特征的一家两制的讨论中，理解农户实践在现代市场深化过程的演进。

任何研究都有前设条件。关于农户行为动机的研究，前设条件不同，能够展现的图景也不同。马克思主义能敏锐地观察到农民政治性的那一面，农户常常作为一个被剥削者，要么进行暴力革命，要么进行日常抗争。以新自由主义为核心的形式主义理论则更倾向于描述农民经济性的那一面，他们将农户当成一个经济理性人，参与农业生产，总在追求货币收入最大化。实体主义的研究，则从一些更新的角度解释了农户的行为动机。黄宗智（2000）将其综合为农民的"三幅面孔"；徐勇（2010）将其描述为"农民理性的扩张"。这些前设条件对后续的研究认识农民行为形成了重要的启示，但同时却又阻碍了更全面的描绘农户行为动机。

在有关农户的经济研究中，常常存在理性经济人的单一理性假定（Popkin S. L.，1979）。但实际上，早在2300多年前，在亚里士多德的《政治学》第一卷当中，就已将农业生产的动机区分为家计（House‐holding）和获利（Money‐making）。一方面，在传统的食物体系中，农户是生产与消费的统一体（恰亚诺夫，1996），同时存在家计和互惠两种生产行为（Wallerstein I.，1974）。由于生存的压力，农户的生产首先是为了满足家庭食物消费。韦伯（2010）认为，这是家计行为的主要表现。另一方面，农户生产行为"嵌入"（Embedded）村社的社会互动之中，则体现出以互惠为特征的理性行为动机（Polanyi K.，1944）。为所在的村社和集市贸易而生产，可以满足他们互惠和社区交换的需求，即卡尔·波兰尼（1944）所说的"附带性生产"。这种行动具有一定的区域市场特征。这两个方面互为补充，构成了长期以来农户生产动机中包含的两种导向。

在中国传统的食物体系中，也一样存在家计和获利两种生产行为向度。多数时候，他们的生活依靠这"两根拐杖"勉强维续。但随着市场经济的发展和人们收入水平的提高，中国的食品消费结构得到进一步优化，家庭餐桌上可供选择的食品不断丰富。与此同时，中国食物体系正在经历深刻的转型。从 20 世纪 80 年代至今，农户的生产行为动机也随之改变。

竞争性市场的深入发展，让农户与匿名市场之间的关联日益加深，农户生产动机呈现出以逐利为特点的经济理性趋势。中国社会仅用 30 年的时间，便完成从"伦理经济"到"社会市场"的深刻转型。匿名市场的加速发展，使其自身"脱嵌"（Disembedding）于社会（王绍光，2008）。在中国的农产品市场得到迅速发展的同时，农户的生产行为也受到匿名市场的深刻影响（程漱兰，1999）。资本逻辑主导的食物体系也在不断扩张，致使食物市场逐步"脱嵌"于社会这个过程，促使农户与匿名市场之间的关联日益紧密，家庭消费目的不断弱化，逐利日渐成为主要的生产动机，波兰尼所说的"附带性生产"开始逐渐成为主流。同时，也让学界对于传统农户的生产动机有了新的理论认识，农户在与匿名市场构成的紧密互动过程中，相关的农业生产行为受到经济理性支配，追求货币收入最大化成了主要农业生产的动机。

随着嵌入型的社会市场向脱嵌型的市场社会转换的食物体系转型，食物体系中的社会互动随之发生改变。由于匿名市场销售多以逐利为目的的食物，农户生产和消费逐渐分离，其生产过程中潜藏的食品安全威胁并不会被自身直接感知，而是通过漫长的食物渠道转移到消费者的餐桌上。这种趋势正加剧食品安全问题在社会的蔓延，食品安全问题日益凸显（周立等，2012）。

在食品安全威胁下，一家两制的食品安全个体自保开始出现。作为生产者的农户和消费者的城市居民，看似在行为上相互独立且分散，但作为食物体系转型背景下的直接利益相关者，两者实际上达成了类似集体无意识的联合，徐立成等（2013）将这种社会成员自我保护的"联合"状态称为"无合作的联合"（Combination without Cooperation）。其中，农户在生产中呈现出了一家两制的个体自保行为。农户为了既确保自家的食物质量安全，又能通过供给食物从匿名市场获利，开始有意识地针对不同的消费对象进行差别化的农业生产。

本书课题组在 2012～2020 年，共组织了 12 次农户调研（详见第七章）。在这些调研中，课题组观察到农户以差别化生产为主要特征的一家两制行为十分明显。它指农户为了既确保自家的食品质量安全，又能通过农产品从市场获利，而有意识地针对不同的消费对象进行的差别化农业生产（徐立成等，2013）。具体而言，农户有意识地在食物生产、储存、加工等环节，针对不同消费对象进行差别化对待，为匿名市场生产的食物贯彻资本逻辑（A 模式），为家庭消费和熟人互惠而生产的食物贯彻生命逻辑（B 模式）。其中，一方面需要为增加家庭收入，满足市场需求，进行遵循资本逻辑的生产；另一方面要为确保家庭成员的食品安全，进行遵循生命逻辑的生产。

中国食物体系转型的历史进程以及农户在食品安全威胁下的一家两制行为，为理解农户生产行为动机提供了重要的经验材料。实际上，在食物体系转型过程中，生存压力（食品安全威胁）、社会互动（熟人社会互惠）及市场经济（匿名市场交换）共同塑造了农户的理性行为，使其生产行为在不同的条件下，呈现出深刻的区别。

因此，农户的一家两制行为，对新古典经济学视角中的理性经济人假定，提出了挑战。在食品安全威胁下，从"用最小生产成本追求最大货币收入"的经济理性假定出发的理论认识已经与实践经验脱节，并不足以理解农户一家两制的生产动机。在食品安全一家两制自我保护行为中，农户家庭是基本行动主体，它重新定义了以差别化为核心特征的食物生产。实际上，农户的生产行为并非仅由追求货币收入最大化的经济理性所支配。在生产过程中，农户能够"合理"认识到，其经济行为嵌入在自然本能和社会互动之中。多元理性贯穿在家庭的食品生产、交换与消费中，其中，至少含有生存理性、社会理性经济理性这三个类型（周立、方平，2015）。

以此为基础，本书将理性（Rationality）这个被定义为"合理意义的行为动机"的概念①，按照行动所处不同的场域区分为三个基本向度。其中，包含为家庭消费生产的生存理性（Subsistence Rationality）和为熟人社会生产的社会理性

---

① 理性的概念内涵非常丰富。其发展的历史悠久且涉及的学科众多。作为最基础的行为意义理解前设条件，理性被包括哲学、经济学、社会学、人类学、行为学、脑神经学等几乎所有研究与人相关的学科高度重视。历史上，出现过许多关于理性的经典研究视角和概念界定。而且，这些相关的学科和研究范式之间，至今还存在着旷日持久的争论。为聚焦核心问题的讨论，本书仅在第二章对相关概念进行回顾性讨论，并聚焦马克斯·韦伯（Max Weber）、阿玛蒂亚·森（Amartya Sen）以及詹姆斯·科尔曼（James Coleman）对于理性概念的界定与研究。同时，在中国的农户研究中，理性动机还包括其他范畴。本书的多元理性也还未能包含如徐勇（2010）、建嵘等（2015）对于农户政治理性的阐释以及何慧丽等（2014）、温铁军和董筱丹（2010）对于社区（村社）理性的阐释。

(Socity Rationality) 以及为匿名市场生产的经济理性（Economic Rationality）。由此，构建多元理性（Multiple Rationality）概念。多元理性作为农户行为的研究前设条件和基础分析框架，相比于单一理性，能看到理性的更多内涵，也更加能够接近农民的生产生活实践。基于此，本书以多元理性为基本分析框架，理解以农户差别化生产为主要特征的一家两制（One Family Two Systems）行为。

进一步来看，虽然一家两制构成了农户在食品安全威胁下的个体自我保护（个体自保），但这样的状态既不是农户生产的初衷，也会带来可能的负面影响。农户的逐利生产行为可能进一步加剧食品的源头污染和农业生产环境的破坏（Yan Y.，2012）。因此，如何通过理解农户的生产动机，推动个体自保走向社会自我保护（社会共保①）成了本书的现实关怀。

本书将问题进一步聚焦在食物体系转型引发的食品安全威胁下，侧重讨论多元理性与农户差别化生产之间的关系。本书将在与经济理性对话的基础上，完成对多元理性和差别化生产概念的操作化，将其分别定义为农户在食品安全事件发生之后的安全意识与农户的一家两制差别化生产。侧重讨论社会互动场域与理性向度之间存在的概念区别、关联过程以及互动逻辑。首先，基于认识论的视角对话单一的经济理性。其次，通过多案例研究的方式，重现中国农户的生产场景，认识农户在实践中所体现的生产动机。最后，回答核心问题：农户怎样在多元理性之中，做出"合理"的权衡，并支配其一家两制行为？

社会科学研究的核心问题是解释社会系统的活动。因此，社会理论的分析结构为：首先说明系统对行动者的影响，其次分析行动者在系统内部的有目的行动，最后解释由行动者的行动结合成的系统行为。

科尔曼的社会选择理论，建立了连接整体主义和个体主义的方法论，并提出与上述思路一致的"宏观—微观—宏观"分析框架（Coleman J. S.，1990）。由此，突出了社会科学认识论、宏观问题与微观问题的相互连接（文军，2001）。本书的主要研究思路如图 1-1 所示，通过食品安全社会自我保护在该分析系统中的形成机制，可以展开研究分析，并提出具体命题。

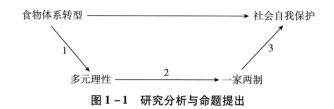

图 1-1　研究分析与命题提出

---

① 社会共保的定义，类同于在 2015 年和 2018 年两次修订的《食品安全法》中均强调和倡导的社会共治。

本书的研究目标是将农户的差别化生产动机的分析框架概括为多元理性。核心的问题意识是，各类理性在什么背景下，以何种机制相互结合、转换，完成对行为生成的"合理"解释。据此，本书的总体目标是解决"多元理性如何主导农户的一家两制行为？"这一问题。

在图 1-1 中，最上方的箭头表示宏观水平的命题，说明食物体系转型在系统层面促成了社会自我保护。余下的三个箭头则代表三个依次关联的命题，依次表达了宏观社会特征对个体特征的影响，自变量和因变量在微观层面的影响以及个体的特征将汇总并形成社会特征，对应本书的三个研究分目标。

命题 H1.1：随着食物体系转型的不断加深，农户开始将单一经济理性拓展为多元理性。

命题 H1.2：农户由多元理性主导，选择一家两制的个体自我保护。

命题 H1.3：当一家两制的趋势以相互依赖的行动结构出现在系统层面，便促成了食品安全社会自我保护现象的出现。

具体内容包括，第一部分：导论；第二部分：食物体系转型与多元理性；第三部分：多元理性与一家两制；第四部分：一家两制与社会自我保护；第五部分：总结。详细内容结构安排如图 1-2 所示。

本书提出中心问题为"多元理性如何主导'一家两制'行为？"。围绕这个问题意识，从三个方面入手：其一，在引言中尝试清晰地表达自己的问题意识。其二，在行文过程中紧扣这个问题意识组织语言和段落以及相关的论证与论据组织，必须与其他内容保持紧密的逻辑关系。其三，通过文献综述和理论框架的构建提出文章的中层概念，即多元理性。然后用计量分析和案例研究两个部分描述农户在实践中的生产行为，构成本书的经验材料。研究最终将在理论概念与经验材料的连接过程中解决核心问题。

本书将讨论在食物体系转型的过程中特别是在食品安全威胁下，中国农户所进行的差别化生产及其背后的理性行为生成机制。通过对农户案例的考察，发现仅基于经济理性无法对农户差别化生产做出恰当解释。因此，本书从认识论层面进行反思，聚焦农户生产中所存在的生存理性、社会理性和经济理性。通过分析社会互动场域与三类理性动机的结构性关联以及它们之间结合、转换的动态过程，可以发现，不同类型的理性之间，存在两种有区别但又紧密联系的机制："差序责任"（Distance Decay）的社会互动机制以及"合理审查"（Reasoned Scrutiny）的行为生成机制。在两者共同作用下，三类理性有机地构成多元理性并支配农户的差别化生产行为。

本书的核心意义是，对话以往对农户生产行为的单一理性假设，即理性经济人为基础的前设条件，并提出基于多元理性的农户行为分析框架，从更符合实践

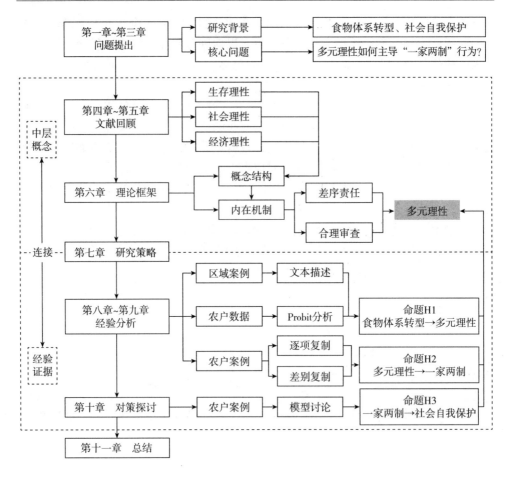

图 1-2　详细内容安排

的角度，去理解发展中国家小规模农业和农户生产行为，为重新理解农户的生产实践提供新的理解视角。本书预期的理论贡献表现在三个方面：

第一，创新性地提出多元理性分析框架。基于对中国食品安全问题的本土实践经验的长期调研，研究论证了包括生存理性、社会理性和经济理性在内的多元理性支配了农户的一家两制食品安全自我保护行为。多元理性的内在机制是，一方面，在"差序责任"的作用下，农户在食物体系转型中，因受到系统性的食品安全威胁，而不得已进行内外有别的一家两制；另一方面，"合理审查"机制让农户在推己及人的反思下，会尽可能利用条件，超越"自家人"与"外人"的分隔，向匿名市场提供优质食物。因此，多元理性的分析框架在中国食物体系和食品安全研究领域，具有一定创新见解。

第二，进一步认识食物体系概念，在理论上具有一定创新。通过回顾食物体系概念在全球研究中的发展历程，运用"脱嵌与回嵌""双向运动"等理论，认为中国正在经历从"嵌入"到"脱嵌"，并尝试"回嵌"的食物体系转型，中国的食物体系客观存在 A 模式与 B 模式。这为进一步分析农户的食品安全自我保护行为奠定了背景性的研究基础。

第三，为食品安全社会自我保护的政策制定，提供创新性的理论支撑。农户优先确保家庭成员和熟人社会获取安全食物的一家两制是其不得已的选择。研究认为，在具备食品安全自我认同、社会认同与合理价格支付等市场认同条件后，互动场域的行动规则和农户理性向度都会发生积极改变。农户的多元理性能支配其为匿名市场提供更优质的食物。这些讨论对相关的政策制定提供了理论研究依据。

本书预期的实践启示表现在两个方面：

第一，在实践价值层面，本书的研究基于本土实践，又引进国际食物体系转型经验，会带来本土经验国际化、国际经验本土化的双向互动，对全球普遍面临的食物体系可持续发展和食品安全治理难题，提供可供参照的解决方案。同时，通过对食品安全自我保护动机的讨论，希望提升食物体系中各类参与主体的食品安全意识，了解食品安全威胁背后更深刻的社会背景，并通过自身负责任的实际行动，共同构建安全、可持续的食物体系。长期以来，本书所在课题组依托的研究机构多次参与国家食品安全与食物体系重大决策，推动农村建设实践和调研基础上的经验总结和理论提升，对解决食物体系的系统性问题，会提供基于政策和实践经验的学术贡献。

第二，在政策含义层面，对农户一家两制的调研以及农户在这一过程中的行动主体的动机分析，会对中国食物体系的可持续发展、食品安全问题的解决等政策研究和政策制定，提供应用研究基础。一方面，针对食物体系转型的研究，从新的角度阐明解决食品安全问题的系统性与迫切性，并为政策研究和政策制定提供应用研究基础；另一方面，针对农户"合理审查"机制的讨论，说明农户在特定条件下能为匿名市场提供优质农产品，这为政府落实《食品安全法》，加强生产源头治理，体现社会共治原则，提供研究依据。同时，也能为中国推进乡村振兴战略，实现质量兴农，促进小农户发展生态农业，以提高农业现代化水平，提供重要的理论参考。

第二部分

食物体系转型与多元理性

第二章　研究背景：食物体系转型

导读：食物体系是基于人与食物之关系所构成的多元而复杂的体系。这一重要的概念界定方式，超越了农业生产以及食品安全等传统理解。本章将在分析市场发展过程中，从食物与市场、食物与社会以及市场与社会的互动这三个主要的研究层面，讨论中国食物体系的转型。基于理论认识和实践调研，本书尝试将食物体系转型引入管理科学领域，并尝试把波兰尼的双向运动理论及相关研究作为研究视角，用以描述食品安全威胁和生态环境危机下市场、社会和自然的相互关系，试图从更深刻和本质的层面讨论食物市场对于社会规范与自然环境的可持续互动机制。通过该机制在一家两制现象中的体现，将食物体系转型过程，凝练为从双重脱嵌到双重回嵌的双重嵌入过程。

第一节　从嵌入到脱嵌：食物体系转型

一、食物体系的概念聚焦

食物体系可以更好地侧重观察食物供给需求的结构，分析其中各个角色的权力，并讨论其背后的市场与社会关系（Tansey G. 和 Worsley A.，2014）。自 20 世纪 80 年代以来，人们熟知的食物体系正在发生新一轮深刻变化。在全球化和市场化的浪潮中，带着不同目的的行动主体建立了新的全球食物规则（Friedmann H. 和 McMichael P.，1989）。它改变了既有的食物生产、流通、分配和消费方式，重新塑造了食物体系的框架。

针对食物体系的讨论呈现出跨学科融合发展的特点，在经济学、管理学、社会学、人类学、政治学、历史学、伦理学等学科角度均形成了丰富的成果（Pilcher J. M.，2012）。本书根据之前问题聚焦的过程，针对基于管理科学视角中的食物体系问题讨论展开梳理，以人类食物生产和分配为中心，讨论其与市场、社会和自然的关系，据此划分为两个主要讨论层次，如表2－1所示。

表2－1　食物研究领域常见概念汇总

理论概念	常见定义	切入视角	代表性研究
粮食安全	食物数量与消费	政治、社会	Huang J. 等（2010），钟甫宁（2016）
食品安全	食物质量安全	技术、生态、社会、公共治理	周开国等（2016），周洁红等（2016），周应恒、王二朋（2013）
营养安全	食物营养结构	技术、政治	万宝瑞（2015）
食物制度	食物政治经济	全球化、政治	Bernstein H.（2016），Van Der Ploeg J. D.（2010）
食物主权	食物权利安全	可持续、全球化	Schiavoni C. M.（2017），周立等（2016）
食物体系	食物与社会发展	发展、社会、公共治理	周立等（2012），McMichael P.（2009）

资料来源：根据文献阅读整理。

第一层次的讨论，聚焦食物与市场的关系，讨论的核心是基于食物安全的消费结构升级问题。在这个层次的讨论中，食物体系等同于食物消费结构。这种解释的出现是由于人们意识到食物对于人类的基本功能是消费功能，由此引发基础关切则是提高食物供给数量。其基本概念界定涉及三个定义，即粮食数量安全（Food Security）、食品质量安全（Food Safety）、食物营养安全（Food Nutrition），三者对于食物的生产与消费，分别居于基础、枢纽和目标的分析层次（Hanning I. B. 等，2012）。根据中国问题研究的具体情境，本书将"粮食数量安全"和"食品质量安全"两个方面，对应称为"粮食安全"和"食品安全"。

第二层次的讨论，聚焦于食物与社会的关系，讨论的核心是基于食物权利的生产关系优化问题。其涉及的核心概念是食物制度（Food Regime）与食物主权（Food Sovereignty）。这些概念主要聚焦于食物在国家与国家之间，生产与消费之间所形成的权力结构。该方向的讨论源于有关食物体系全球化的文献（Bernstein H.，2016），它强调食物的生产和消费制度变革对于塑造全球竞争性市场制度起到关键作用，而这种制度反过来又与全球化进程相互作用，影响了各国的生产者和消费者行为，甚至改变了国家的战略决策。

下文进一步把食物体系的研究分类汇总为两个阶段：在第一个阶段，研究者主要从粮食安全和食品安全的角度出发，考虑食物消费结构对食物与社会的影响。在第二个阶段，将食物生产者、消费者、管理者、中间商等视为食物体系的内生变量，讨论食物的权力和由这种权力变化而引起的社会变化以及社会变化反过来对食物生产、消费带来的影响。

（一）食物与市场：消费结构的转型升级

市场的发展客观提升了食物消费数量，同时促进了食物消费结构的优化升级（黄宗智，2016；黄宗智、彭玉生，2007）。中国的食物消费模式显示出西方化的趋势，有力地迎合了消费者对于营养方面的高品质需求。中国目前正在经历从植物纤维为主向兼具动物脂肪和高蛋白的食物消费转型升级。消费结构升级的特点是，越来越多的消费者开始增加小麦、温带水果、蔬菜以及高蛋白质和能量密集类型食物的消费（Huang J. 等，2009；Pingali P.，2007）。2005~2015 年，中国的谷物需求份额下降了 12%，而肉类和鱼类需求份额增加了 8%，鸡蛋需求则增加 30%（Fan S. 等，2017）。

食物市场的发展对社会进步的贡献在于，食物消费升级为农业的转型发展和农户的收入增加提供了历史性的机遇。城市消费者对更多更好食物需求的增加，客观上为农村地区的食物产量增加和产品的多样化提供机会，最终改善农民的生计（Thanh H. X. 等，2005）。而从农业发展的层面看，食物消费升级让中国农业发展的"去内卷化"历史进程获得了前所未有的机遇（黄宗智，2010）。因此，市场的发展将给农业生产注入更多的活力，从实质上提高食物消费者的福利水平，并在这个过程中解决食物数量安全问题和农业发展问题。

在食物消费结构的讨论之中，食物体系在市场化过程中的生产和消费基本过程得到展示。然而，仅从市场和经济的角度讨论食品安全和农业生态问题，远远不够（叶敬忠、吴存玉，2019）。借助产业链的纵向垂直整合等技术策略，来应对食物供应的质量和环境问题，反而拉大了生产者和消费者的距离（许惠娇等，2017）。因此，食物与市场的关系不足以理解食品安全问题和农业生态破坏的根源。关于中国食物体系的讨论，需要在新时代的新问题以及国际相关领域研究中所提供的新范式之下进一步深化。

（二）食物与社会：市场主体的权力变化

中国面临的食物体系问题，不仅是"如何养活中国"的问题（Brown L. R.，1995），而且是"怎样养活中国"的问题（周立等，2012）。随着消费水平的提高，食品安全问题的讨论已经超越了数量范畴，需要兼顾质量，这种质量的体现，超越了食物与市场的关系，需要对食物、市场与社会的深层次互动进行理解和分析。

基于食物与社会的关系视角对食物体系转型展开反思，逐渐形成了食物制度分析范式。其理论根植于沃勒斯坦（Immanuel Wallerstein）的世界体系理论（Wallerstein I.，1974）。食物制度分析对资本主义农业生产关系有深刻的洞见，代表性文献详如表 2-2 所示。

表2-2 食物体系研究的代表性文献

作者	主题	关键词	年份	区域	对象	核心观点
Friedmann H. (1982)	全球食物生产和分配结构	粮食危机	1970	美国/欧洲/第三世界国家	国家与资本主义	政治主导的国际经济分工决定了全球食物的分配秩序
Friedmann H. 和 McMichael P. (1989)	全球食物的历史性生产和分配结构	工业化食物体系	1870	英国/美国/第三世界国家	国家、帝国主义与资本主义	自1870年以来的资本主义转型时期的积累形式与全球食物分配紧密相关
Goodman M. K. (2014)	食物工业化生产和分配结构	工业化食物体系	1970	美国/第三世界国家	国家、跨国企业、农民	工业结构调整为讨论全球食物体系提供架构
Lang T. (2003)	食物供应链与工业化食物体系	工业化食物体系	1980	美国/欧洲	国家、跨国企业	食物价值分配在工业化食物体系的影响下，向跨国企业迅速集中
Araghi F. (2003)	食物体系研究的概念再界定	发展话语中的食物体系	1870~2000	美国/欧洲/第三世界国家	国家、帝国主义、跨国企业、农民	将食物体系概念从殖民政治话语过渡到可持续发展话语
McMichael P. (2009)	全球食物体系的分段表现	食物体系概念拓展	1870~2000	美国/欧洲/第三世界国家	国家、跨国企业、农民	食物体系反过来深刻影响全球的政治、社会和生态的发展
Burch D. 和 Lawrence G. (2005)	第三代食物体系	工业化食物体系与超市供应链	1980	美国/第三世界国家	国家、跨国企业、农民	超市供应链与工业化食物生产者联合，并构成第三代食物体系
Tony W. (2007)	食物经济与食物体系变迁	食物消费升级	1980	美国/欧洲/第三世界国家	国家、跨国企业、农民	食物的生产与消费逐利性超过了供应，引发了食物经济与社会的矛盾
Burch D. 和 Lawrence G. (2009)	全球金融化背景下的食物体系	金融深化与全球食物供应链	2000	美国/欧洲/第三世界国家	国家、跨国企业、农民	工业化的食物体系形成了超市的供应链，借助金融工具，形成金融化的食物体系
Van der Ploeg J. D. (2009)	食物产业与食物帝国	食物帝国与再小农化	1970~2010	欧洲/拉丁美洲	国家、跨国企业、社会行动者、农民	食物体系的工业化和全球化进程，推进了食物帝国的建立，全球出现了再小农化的进程

续表

作者	主题	关键词	年份	区域	对象	核心观点
Dixon J. (2009)	食物消费转型升级与食物分配的政治经济关联	营养转型、富裕疾病与食物体系	2000	美国/欧洲	国家、跨国企业、社会行动者、农民	营养科学（权威）和跨国企业定义的食物营养化消费支配了食物消费
Campbell H. R. 和 Coombes B. L. (2010)	政治生态学与环保主义视角下的食物体系	食物生态里程与食物国际贸易	2000	新西兰	国家、跨国企业、社会行动者	食物供给与消费，需要考虑生态的视角，照顾本地生产者的利益
周立等 (2012)	政治经济学视角下的中国食物体系	食物体系的"A＋B"模式	2010	中国	国家、社会行动者、农民	中国食物体系的脱嵌是食品质量安全危机的政治经济学根源
Reynolds L. T. (2012)	全球食物市场的社会反向运动	全球公平贸易运动	2010	美国/欧洲/第三世界国家	国家、跨国企业、社会行动者、农民	公平贸易旨在通过促进食物生产者赋权和认证商品销售，以改变全球脱嵌的食物市场现状
Scott S. 等 (2014)	中国食物经济中的政府与社会合作	替代性食物体系在中国的出现	2010	中国	国家、社会行动者、农民	建设可持续的食物体系，不仅依靠政府和主流市场，也需要政府与社会有效合作
Bernstein H. (2016)	政治经济学中的食物体系研究	食物体系研究总结	2010	美国/欧洲/第三世界国家	国家、跨国企业、农民	食物体系的分析框架，对于全球农民行动分析，具有重要意义

资料来源：根据食物体系研究前沿文献整理。

Friedmann H.（1982）率先讨论全球的食物分配秩序问题。Friedmann H. 和 McMichael P.（1989）进一步通过资本主义体系观察实践问题，将世界体系的建立过程引入食物研究。现有研究将食物体系的发展分为三个阶段：即全球食物体系发展脉络，可以从"二战"后的美国对欧援助时期（1945～1973 年），向前追溯到英国和美国争夺全球霸权时代（1870～1914 年），向后延伸至 20 世纪 80 年代后的全球化食物体系发展进程（Bernstein H.，2016；McMichael P.，1994）。由此，可以基于更深刻的资本、权力与全球化视角，从三个不同的历史阶段分析全球食物体系的历史发展脉络，并刻画体系内不同势力的政治与经济争夺。

从全球范围来看，以新自由主义为主导的食物体系进一步得到巩固（McMichael P.，2009）。在以资本为主导的世界食物体系中，权力正在向大型企业集中并出现了固化的趋势。在这个体系中，农业企业作为资本和积累的一种新形式出现，并随着时间的推移形成了工业资本、商业资本、金融资本融合或互联的方式（Isakson S. R.，2014）。其后，跨国粮商掌握食物体系的核心利益，并借助国家食物援助、世贸组织、绿色革命、第二次绿色革命等契机巩固其在体系的权力（Mintz S. W.，1986）。在保证发达国家在全球竞争中的权力与地位的同时，牺牲包括其自身国民在内的食物生产者和消费者及其他国家的食物主权，由此带来了生态危机、食品市场和价格波动和越来越多且广泛的饥饿以及全球产业利润和积累的危机（Van Der Ploeg J. D.，2010）。由此，人与食物的关系发生了深刻的变化。

（三）从双重脱嵌视角去理解食物体系转型

综上所述，对食物与市场的讨论，可以呈现出食物体系中各个主体的价值链条；而对食物与社会的讨论，则强调了理解这些链条背后的权力分配，具有重要意义。基于现有研究，本书可以将中国的食品安全问题和农业生态环境破坏问题放入更为系统的分析框架，从以下两个方面进一步研究：

一方面，将食物体系转型视为重要研究背景。食品安全危机和农业生态破坏的背后是系统性的食物体系转型问题，本书认识到开放的复杂巨系统特征，进而将食物体系视进行整体把握。

另一方面，继承食物制度分析范式，基于系统的视角讨论食物为中心的市场、社会与自然的深层互动，建立食物生产与消费背后的价值分配分析框架。

二、食物体系的基本分析框架

食物体系是以人与食物的关系为主线，在经济、社会与自然的实践中构成的多元而复杂的体系，超越了农业生产，粮食安全与食品安全等传统概念（Tansey G. 和 Worsley A.，2014；Pilcher J. M.，2012；Koç M. 等，2016；Sage C.，

2011）。

在食物体系转型的背景下，新时代的中国在食物体系领域的新矛盾，可以通过两对关系的变化进行观察：一个是市场与社会的关系；另一个是市场与自然的关系。第一对关系是食物体系的"根"，食物的经济活动基本围绕政府、市场以及以生产者、消费者构成主体的社会关系展开；第二对关系是食物体系的"魂"，食物生产与消费的基本秩序围绕市场秩序和自然资源存续和发展规律的互动展开。

在1978年之前，中国处于计划经济阶段，经济是嵌入社会发展的，政府和经济的关系非常紧密，对农户的生产和城市消费者的消费都有重要的影响。在此期间，市场在食物体系当中难觅踪迹。但自1978年之后，随着农产品市场的出现，农户和城市消费者之间的关系被市场化的进程深刻地改变。

食物生产的特殊性决定在其商业化进程中，自由市场贸易方式会让拥有金融支撑的粮商通过价格波动的方式，对大量小农生产者的利益造成巨大冲击。在这样的食物体系结构中，食物企业商最为受益，而两端的生产者和消费者则处于被决定地位。食物市场脱嵌的趋势决定了竞争减少和垄断力量的增强。至此，食物体系形成了一个金字塔状的权力结构：跨国企业以及支撑其发展的银行系统和股票市场居于利益链的顶端，而生产者和消费者居于末端。

具体而言，食物体系内的各种参与主体都处在对食物生产与供应的操作权力的争夺当中。市场化的深入是食物体系转型的主要动力，带来的是更加巨大的风险挑战和更激烈的利益分配竞争（Bair J.，2008）。在转型之后的食物体系结构中，食物生产和流通的利润更多地流向供应商以及农户和消费者之间的中间商，而农户与消费者所得到的利益越来越少（黄宗智，2012；Dixon J.，2003），如图2－1所示。

图2－1展现了食物从来源、生产，到流通、管理，直至利益分配的完整图景，试图反映了自20世纪80年代以来，带着不同行动目标的食物体系参与主体，重新塑造的中国食物体系。该框架继承了食物与市场的分析视角，讨论食物生产、流通、分配和消费方式的更新，并进一步基于发展食物利益分配的视角，建构了现有食物体系的价值分配和过程。

至此，中国的食物体系出现了两个主要趋势：

第一，市场逻辑凌驾于社会规范之上，其突出表现是，一方面，食物企业居于食物体系的顶端。越来越少的企业掌握越来越多的市场份额。从农资供应商（如农用化学品、能源或者设备企业）到交易商、零售商和餐饮从业者，他们不断增长的经济影响力正在趋于集中。另一方面，农户和消费者居于食物体系金字塔末端（周立，2010）。地方市场的权力正在向区域和全球市场聚集。大型龙头

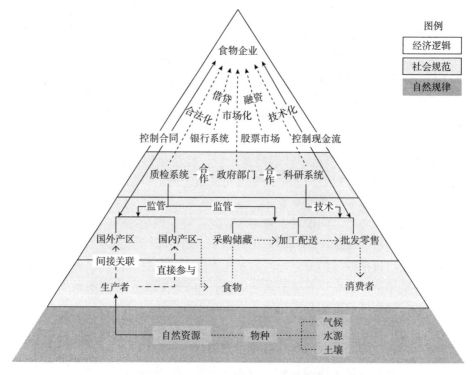

图 2 - 1 食物体系的基本分析框架

资料来源：根据周立等（2012）、Pilcher J. M.（2012）、许惠娇等（2017）、Van Der Ploeg J. D.（2009）的研究以及表 2 - 2 中的文献完成整理。

企业正在把世界视为一个统一的全球市场，而且逐渐具备了在其中完成资源优化配置的能力（王帅，2018）。但实际参与生产的农户和最终参与消费的市民则在这个市场中丧失了决策权。

第二，市场逻辑凌驾于自然逻辑之上，食物企业正在寻找更有把握的手段，控制自己的权利，把控风险，并获得最大利益。在食物生产与分配的各个环节，尝试改变将自然资源通过专利、知识产权等方式资本化，同时影响食物原本与自然之间紧密联系的生产方式。

第二节　双向运动理论与双重嵌入机制

波兰尼的双向运动理论在中国情境中的研究已经取得了一定成果。其对食物市场治理失灵的分析（徐立成等，2013），讨论农户与市场关系（黄增付，

2018），熟人食物交换与互动（陈义媛，2018）等方面都具有很强的解释力，并具备了清晰的操作化研究路径。下文将从双向运动理论与双重嵌入机制、双重脱嵌与双重回嵌的具体过程的三个方面介绍相关研究进展。

在波兰尼的著作《巨变》中，建立了观察"自然—社会—市场"关系的理论体系。以食物体系为例，其中的内涵包括：第一，市场逻辑。价格调节机制，食物供不应求时价格高企，供大于求时价格下落，通过价格机制调节生产和消费。第二，社会规范。社会实践当中的具体行为、关系和价值。农业生产不仅是农民的生产经营活动，它包含了农民的生活方式、文化传承、种族延续、生命价值，以及各种社会关系。作为一种劳动方式的载体，食物决定了农村文化、村民交往、农民的人生价值等社会意义。第三，自然规律。食物的生产和消费，需要遵循基本的自然规律，需要合适的气候、土壤、水源、物种、肥料、耕作方式和生命周期。可持续的农作方式是几千年来人与自然交换过程中遵循自然规律的必然结果。

波兰尼使用"嵌入"的概念描述以上三个部分的基本秩序，揭示其长期社会稳定发展的内在机制，即市场逻辑应服从社会秩序制约，而社会秩序则进一步服从自然规律（Polanyi K.，1944）。他进一步认为，当代的政治与经济的大转型是双向运动发展的结果。市场逻辑脱嵌于社会规范和自然规律，与此同时，以社会行动者和政府在内的社会成员尝试将市场逻辑回嵌社会规范和自然逻辑之中，两者共同构成双向运动（Polanyi K.，1944）（见图 2 - 2）。

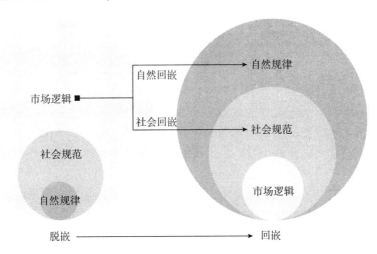

图 2 - 2 双重嵌入机制：从双重脱嵌到双重回嵌

资料来源：根据 Block F.（2003）和 Polanyi K.（1944）的主要研究完成整理。

市场逻辑本应服从于社会规范和自然规律，市场的经济行为首先以社会互动的需要和自然规律的边界为前提。而图 2 - 2 中左半部分的脱嵌状态是指社会与经济关系的倒置。它是一种隐喻的研究定义，并非存在一个真实且独立于社会存在之外的完全自由的市场，而是市场经济主导社会关系，所形成的社会市场状态（符平，2009；布洛克和萨默斯，2007）。相对于之前嵌入状态中所形成的社会经济治理机制，市场脱嵌状态（或者说社会市场状态）会对社会秩序和自然规律产生负面作用（王绍光，2008）。

因此，本书所定义的双重回嵌如图 2-2 中右半部分所示，指存在社会规范和自然规律重新主导市场上的食物交换实践。进而，可以将波兰尼所提出的经济社会治理状态，具体放置在食物体系的分析视角和中国情境的具体问题中，将重新支配的核心表现定义为食物基本秩序的重新建立。

一、双重脱嵌的内容与表现

（一）逻辑内涵

市场的脱嵌过程根源于虚拟商品的生产过程，而且是基于逐利动机而产生的买卖形式组织起来的单一化进程。食物市场要求所有的资源和产品都需要能够虚拟化为商品，以便用价格进行衡量。所有的要素和商品都有自己的市场，随着市场的扩展，货币的经济本质、人类的社会本质、土地、水源等生产要素的自然本质都将在这个虚拟化的过程中，被竞争性价格化约为利息、工资和租金。而在这个进程中，任何阻碍因素都不容存在。

对于双重脱嵌的概念，需要注意三点问题：

第一，多个市场根据食物生产消费的距离依次划分为熟人市场、半熟人市场和匿名市场，三者同时并存。农户在地方性市场中的行为以及在家庭中的家计行为依然同时存在（恰亚诺夫，1996）。与此同时，食物国际市场已经与国内市场一样成长起来，两者相互重叠（王水雄，2015）。

第二，政府关于食物的政策变动是孤立市场转型为市场经济的关键。全国性贸易虽存在竞争性，但政府塑造的色彩更为浓厚。而且，全国性贸易并不代表市场已经成为经济的控制力量。而市场想要成为一个自律的、主导经济的力量，需要基于理性经济人的假设（Zhou X. 等，2003）。在此基础上，市场中的要素和商品供给，需要与需求相等，由此形成价格。它反过来支配了市场经济中供给和需求的秩序，也就影响了生产和消费的秩序，加速了市场失灵和政府失灵。

第三，市场化的程度是判断市场逻辑是否脱嵌的关键。从市场与社会的关系角度来看，中国的食物体系开始进入既有传统生产，也有现代生产的状态，市场开始逐渐占据主导地位，并与现代生产相互结合，构成一个强势的以资本为主导的生产模式，推进食物体系的转型过程。

（二）具体表现

在全球化和市场化的背景下，中国社会市场的发展对其食物体系形成了深刻影响。食物市场的过快发展，经历了商品化、工业化到金融化的阶段，这些阶段逐渐巩固了食物的逐利生产模式，其结果是引发双重脱嵌。

一方面，市场逻辑脱嵌于社会规范，引发系统性的食品安全问题（张明华等，2017；张丽等，2017；谢康等，2015；高原和王怀明，2015）。经过1978年恢复农村集市贸易和1985年取消统购派购两次里程碑式的改革，中国的农产品市场得到了迅速发展，大量农户重新参与市场经营，食物商品化程度迅速加深[①]。农业进入全国性贸易，标志着自给自足、为生计而劳作的农户被纳入市场。

目前，农业领域的资本化已经成为了研究者关注的重点（Belesky P. 和 Lawrence G. ，2019；Zhang Q. F. ，2015；董正华，2014）。这种市场深化所带来的变化，在某种程度上回应了马克思（1974）当年所观察到的"农业资本主义"现象：农业和工业完全一样，受资本主义生产方式的统治。也就是说，农业是由资本家经营……如果说资本主义生产方式是以工人的劳动条件被剥削为前提，那么，在农业中……农业劳动者从属于一个为利润而经营农业的资本家为前提。

虽然农户在地方性市场中的行为以及在家庭中的家计行为依然同时存在，但农户的生产行为受到了匿名市场的深刻影响（程漱兰，1999），波兰尼所说的"附带性生产"也逐渐成为主流。在1978年之后，中国食物的商品化改革可以分为两个阶段：第一阶段的改革持续至2001年，总体上推进了中国食物供应水平（马晓河等，2018）。第二阶段的改革以2001年加入世界贸易组织和2004年取消农业税为标志，在这个过程中，食物商品化的国际化趋势日益明显，政府需要为食物生产提供更多的补贴（于晓华，2018；王帅，2018）。

另一方面，市场逻辑脱嵌于自然规律，引发农业生态环境的破坏问题（袁平和朱立志，2015；黄祖辉和米松华，2011；Cao S. 等，2010；唐丽霞和左停，2008）。工业化的食物生产是这一问题的突出表现。"二战"后，发达国家的工业化农业呈指数级增长，20世纪50年代和60年代的绿色革命将这一概念引入了许多发展中国家。全球粮食产量增加，增量达到250%（Lucas C. 等，2007）。农业中的化石燃料用于生产化肥和杀虫剂以及为农业机械和灌溉系统提供燃料。全球约有95%的食品在生产或加工过程中需要依赖石油，且生产、加工和运输食品中每1单位卡路里的能量平均需要7卡路里的化石燃料（Heller M. C. 和 Keoleian G. A. ，2000）。全球化的工业食品体系依赖于石油为农业机械提供燃料、

① 通过以下对比，可以直观地看出中国农产品市场已经达到了较高水平。在农产品商品化之初的1985年，中国在统计农业市场发展时应用的统计口径为城乡集贸市场，当年的数量仅为61337个，交易额为632.3亿元（中国农业年鉴编辑委员会，1987）。而到了2016年，中国在统计农业市场发展时应用的统计口径为专为农产品综合交易市场，这类超大型市场已经发展到681个，总摊位数达到481134个，遍及中国的所有省区，而年度的成交金额则高达11099.73亿元（国家统计局贸易外经统计司，2017）。

生产杀虫剂和运输货物，石油作为农业生产的必需品，其价格已经开始呈现食品价格挂钩的趋势（Neff R. A. 等，2011）。从食物供应链和价值链的分析角度来看，食物安全的标准建立正是工业化食物体系出现的标志（Hammoudi A. 等，2009）。基于此，食物的投入、生产、加工、流通、销售等各个价值环节，都开始了以资本和技术为标志的权力集中的趋势（洪银兴和郑江淮，2009）。以种子和农药为例，20 世纪 80 年代，全球农药销售 90% 份额由前 20 家公司控制，到了 2002 年，公司数量减少到了 7 家（Lang T.，2003）。

（三）双重脱嵌及其负面影响

本书以食物为主线，对与之相连的市场交易过程、社会互动行为和自然生态关系进行观察，认为食物体系存在双重脱嵌。

第一重脱嵌即市场逻辑脱嵌于社会秩序，强化了食物生产和消费的生产功能，淡化了农民和市民生活功能。市场脱嵌于社会意味着食物市场主体越强势，市场逻辑越有可能对社会规范形成负面影响。

在食物体系不断发展的过程中，食物市场呈现出金字塔的结构。食物企业和流通环节在食物生产和消费的组织，与生产关系的建立过程中，逐步取代生产者和消费者扮演核心角色。尤其是对于参与其中的社会成员的价值分配越发不公，多数参与者的利益逐渐被少数市场主体和资本所占据（Van der Ploeg J. D.，2009）。

市场脱嵌于社会的具体影响包括：

第一，食物信任危机。食物供给呈现出"没有农户的农业"的模式（Li T. M.，2015；Agarwal B.，2014；Borras Jr. S. M.，2008），食物消费中开始出现"没有选择的品种"的情况（McMichael P.，2013；Winders B.，2009）。食物供需双方不信任的结果便是食品市场失灵。加之政府在信息不对称条件下，出现监管失灵，最终诱发"劣食品驱逐良食品"的现象出现，逆向选择困境（Akerlof G. A.，1970），食品安全事件开始集中爆发。

第二，生产监督低效。食物质量标准和生产过程被单一化成为经济管理问题，各式科学技术、信息管理的知识产权，并巩固相关法律，形成有利于自己的规则体系（杰夫·坦西和泰思明·莱约特，2012），而农户对于食物质量的标准知之甚少，也缺乏参与规则与标准制定的能力。同时，消费者对于这些生产过程，也几乎没有监督的可能性（Yan Y.，2012）。

第三，农户从农业中增收困难。现有的食物体系虽然提高了农业的生产率，推进了人类进步，但在食物体系的生产变迁过程中，以机器代替人力、资本代替土地，引发的工农业产品"剪刀差"，导致农民难以从食物生产中获得更多利润（周立，2010）。

第二重脱嵌即市场逻辑脱嵌于自然规律，失去生态功能。市场脱嵌于自然，意味着食物市场主体越强势，市场逻辑越有可能对自然规律形成负面影响。市场主导的食物生产和消费模式，加速政府、市场和社会三方治理的失灵，引发了农业生态环境的系统性破坏。

市场脱嵌于自然的影响包括：

第一，化学农业技术失控，缺乏可持续的食物生产技术。在绿色革命之后，大量的外部物质能量尤其是化学投入品替代农业的自然营养循环，被视为现代农业的方向。但现有的食物生产对自然环境的压力不断增加（饶静等，2011）。在农业生产过程中，化肥、农药、激素和农膜等投入品的不当使用，使农业污染成为中国食物体系可持续发展的严重威胁。中国农业污染源达到28.9万个，占到全部污染源的48.9%。中国适合农业生产的达标水源数量正在下降，同时，约有40%的耕地正在退化，农业活动已成为土壤污染的主要原因。另外，在现有技术推广体系下，大量可持续的、适用于本地的技术被视为没有生产效率的典范。传统的农业技术及其可持续的生态循环理念没有及时找到用武之地（Fuller T. 和Qingwen M.，2013；Ruivenkamp G. T. P.，2003；King F. H.，1911）。

第二，农业生产环境破坏，农户从食物中获取的收入来源单一化。农业的多功能性被进一步单一化，仅剩下经济属性。食物沦为了经济价值的载体，连接食物体系参与者的关键不再是食物对于人类社会的价值，而是由经济利益主导的一系列市场价值（Bernstein H.，2016）。同时，乡村大量的自然景观被破坏（Sage C.，2011），乡村旅游和其他高附加值的第三产业无法发展。

在以上双重脱嵌的背景下，本书认为，食物体系中存在的双重回嵌，正在回应转型过程中出现食物市场的脱嵌趋势。食物体系转型所引发的问题，不仅是市场深化而引起的消费结构升级问题，更是一个由市场转型发展而引发的市场与社会关系，自然生态可持续的综合性问题（Henderson T. P.，2017）。本书将进入中国的具体实践场景，讨论双重回嵌的经验与路径。

二、双重回嵌的内容与表现

（一）逻辑内涵

根据波兰尼的双向运动理论，市场是重要的社会构件①（Block F.，2003）。因此，自我保护与市场的自我调节是相互共生的关系。社会成员面对市场脱嵌的各种后果，不会坐视不理，市场越发展社会就越试图保护自己，市场与社会之间

---

① 该观点使用"构件"一词，意在说明市场回嵌社会是必然且可行的。其明显区别于格兰诺维特对于社会与市场互动的观点。在格兰诺维特对于嵌入概念的观察中，市场始终存在社会互动无法干预的内核部分。该内核是理性经济人主导的行为模式，它使市场交换与社会交换存在本质区别，因此，市场是作为社会构建的重要部分而存在（符平，2009）。

存在着一种双向运动（Polanyi K.，1944）。因此，Friedmann H.（2016）认为，回嵌是尝试系统性解决食品安全问题和由此引发的食物生产环境破坏问题的重要理论。

结合波兰尼的概念所提出的经济社会治理状态，这种回嵌重新支配的核心表现是食物生产和交换的基本逻辑，需要重新建立，让市场逻辑重新尊重社会逻辑和生态逻辑，从而消除脱嵌带来的食品安全威胁及生态破坏危机。作为对于食物体系双重脱嵌的回应，食物体系开始出现 A 模式和 B 模式两种（周立等，2012）。A 模式以资本逻辑为主导，而 B 模式以生命逻辑为主导。后者的出现说明食物体系正在出现回嵌，回应转型过程中出现食物市场的脱嵌趋势（徐立成等，2013）。

进一步来看，波兰尼的双向运动理论从系统的角度分析了"市场—社会—自然"的关系，而格兰诺维特（Mark Granovetter）对于该理论进行了操作化的发展，对本书同样起到了重要的启示作用。

（二）具体表现

已有研究对市场的回嵌过程和机制有着丰富的类别划分（黄中伟和王宇露，2007），而聚焦到食物体系与农户行为的研究时，本书认为回嵌的过程可以具体为两个方面：

第一，社会回嵌，即农户和消费者的经济行为重新嵌入社会网络之中，从而将食物生产与消费行为的社会价值体现在经济活动之中。其测量的方式在于观察规则性期望、互惠原则以及信任的建立与维系、相互赞同原则以及通过公平贸易等方式的经济认同（Hess M.，2004；Granovetter M.，1985）。社会回嵌对行为主体的经济决策形成的影响（Zhou X. 等，2003；Hess M.，2004）。具体到食物生产和消费行为中，农户所在的社会网络与其他社会网络（如消费者网络）相互连接。这种连接的测量可以通过观察熟人市场的建立对于农户生产以及消费者选择等行动的实践特征、价值态度变化来实现（Jessop B.，2001）。

第二，自然回嵌，即农户和消费者的经济行为重新嵌入其所在的生态环境，从而将食物生产与消费行为的自然价值体现在经济活动之中。具体到食物在生产和消费过程中的自然回嵌，可以通过测量农户对生态和可持续发展的理解程度、绿色生产技术使用情况以及提高自身收入与保护生态环境的平衡能力来进一步分析（Chen W. 和 Scott S.，2014；Feagan R. B. 和 Morris D.，2009；Frenzen J. K. 和 Davis H. L.，1990）。

从主体的角度来看，食物体系中各类行动者，如以农户为代表的生产者和以市民为代表的消费者，已经自发地动员起来参与食品安全回嵌的系统共建，推动食物市场相对社会规范和自然规律的回嵌（Hinrichs C. C.，2000；Murdoch J.

等，2000）。而政府在食品安全和环境保护问题上，需要扮演重要的动员和监管角色，政府部门社会动员和立法监督、政策设计和推进改革就是其主要表现（王建华等，2016）。

第三节　本章小结

深化对双重嵌入机制的认识，对于解决双重脱嵌问题至关重要。现有的理论研究为分析社会经济系统转型提供了双向运动分析框架，并说明了在市场的双重脱嵌之后，双重回嵌产生、发展的必然性，为双重嵌入研究提供了理论分析的必要条件。本书将在上述研究基础上，在如下三个方面做出扩展和集成：

第一，本书继承脱嵌与回嵌的理论框架，对于粮食安全、食品安全等具体和现实问题进行解释，本质上是在更新且更深入的理论视角讨论食物体系转型问题。

第二，现有研究对双向运动的讨论，集中在市场脱嵌社会的层面，主要体现为对经典理论的系统性分析和重新阐发，而对于市场脱嵌自然的讨论亟待深化。本书将结合一家两制的研究进一步对现有的双重脱嵌的过程进行讨论，从而提升对该领域或问题的深入了解。

第三，现有研究对双重回嵌的研究，集中在经验材料的收集与概念的整理层面，本书将在此基础上从食物体系双重回嵌的角度切入，进行跨学科、跨领域的研究，展开对农户在食品安全威胁下的行动逻辑的系统分析。

第三章　食物体系转型中的一家两制

　　导读：本书的研究对象是食物体系转型中的一家两制。它为理解食品安全威胁和农业生态破坏背景中的农户行为，提供了有效的认识视角。一家两制的理论依据是农户生产中存在家计与获利二重性。当一个农户家庭既按照资本的逻辑为市场进行逐利性生产（A 模式），又按照生命的逻辑为自家进行家计性生产（B 模式）时，则该农户家庭就可以称为一家两制。

　　一家两制是从实践中抽象出来的概念，食物体系双重脱嵌是触发其中"A + B"模式间差别的关键因素，是一家两制的充分非必要条件。中国农户自给自足是历史的客观存在，但在食品安全危机之下，开始出现以保护自家食品安全为主要动机的差别化生产。随着市场的进一步深化和社会自我保护运动的兴起，一家两制的 B 模式也在随之发生改变。

第一节　一家两制与差别化生产的概念

　　一家两制是对现代食物体系分野的形象表述。其理论依据是亚里士多德所说的农户生产行为的家计与获利二重性。有学者使用一家两制这一概念对一些社会问题进行了分析。例如，郑杭生和洪大用（1996）研究了体制内计划就业与体制外市场就业并存的一家两制模式。具体而言，当一个家庭既按照资本的逻辑为市场进行逐利性生产（A 模式）（Friedmann H.，1993），又按照生命的逻辑为自家进行家计性生产（B 模式）时，这个农户家庭就可以称为一家两制（周立等，2012；徐立成等，2013）。

一、一家两制：从实践中提炼概念

一家两制概念为理解食品安全威胁下的社会自我保护提供了有效的认识手段。实际上，中国农户的一家两制是历史的客观存在。小农特质决定了即使在市场化的今天，农户生产与消费的不可分性依旧没有改变。在农业日趋工业化的时代，农户的生产将更专业，而食品消费也更多地依赖市场（A 模式）；但不可否认，他们仍然会进行自产自销的农业生产（B 模式）。

这里需要注意两点，一是这种区分本质上对应的是农户的生产消费合一特性，取消这种特性，就无法理解"A + B"模式同时存在的意义。二是这种区分更多的是在逻辑上进行的区分，并不包含农户必然在实践中对"A + B"模式进行区分，仅说明农户生产的逻辑和产品消费不同。而只有强调家庭在品种选择、产销和管理过程等方面存在的差别化行为，才是食品安全威胁下一家两制的真实内涵（彭军等，2015）。

在现实当中，资本的逻辑为市场进行逐利性生产（A 模式）的确引发了市场"脱嵌"，进而使社会处于食品安全问题凸显的环境中。而波兰尼的"双向运动"概念强调市场自我调节与社会自我保护的共生性，一方面表现为力图扩展市场影响范围的自由放任运动，另一方面则是社会试图阻止经济"脱嵌"的保护性反向运动（Polanyi K.，1944）。于是，在食品安全威胁下，该领域的社会自我保护必然会以多种多样的形式展开，其标志是首先确保自家能吃上安全食品为目标的"个体自保"，而只有在认识到一家两制现象的存在，才能理解家庭在品种选择、产销和管理过程等方面可能产生的差别化行为，正是社会自我保护的一种具体表现形式（倪国华等，2014）。具体到农户就是在 B 模式生产和消费中的差别化行为。当这种自我保护从数量上广泛存在，并逐渐形成一种结构性的社会互动时，便构成了社会层面的自我保护。

因此，一家两制是一个从实践中抽象出来的概念，食品安全的威胁是触发其中"A + B"模式间差别的关键因素，是一家两制的充分非必要条件。而一旦包含了这种差别，一家两制就可以视为家庭对食品安全威胁的自我保护反应。此时，一家两制便具有社会自我保护的意义。

二、差别化生产与一家两制

从宏观层面来看，食品安全威胁的基本背景是食物市场脱嵌于社会。由于传统的食品安全"社会共保"机制被以资本逻辑和市场原则主导的食品生产 A 模式逐渐破坏（周立等，2012），由此，在社会范围内出现了以一家两制为表现形式的自我保护运动（徐立成等，2013）。

从微观层面来看，社会行动的参与者可以被视作多元理性的社会人，其行为主要受到生存理性、经济理性与社会理性的驱动（文军，2001；熊波和石人炳，2009）。而在食物体系中，这种多元理性将推动生产者和消费者，不仅只算计经济方面的得失，而且更多考虑怎样在家庭的健康与食品安全、社会责任与义务以及金钱收支之间寻找平衡。

具体到农户的行为生成上，徐立成等（2013）认为，农户的一家两制主要表现在其生产、消费和销售方面。该概念中的"两制"指的是食物体系的 A 模式和 B 模式，只要能区分开 A 模式和 B 模式，无论采取何种生产、消费、销售方式，都可视为一家两制。具体而言：

第一，农户以 A 模式生产时，侧重考虑收入与产量，会选择产量和经济效益更高的单一品种，在生产管理阶段，采取增加化肥、农药、饲料、激素的投入，保证高产出的行为，在消费时，则考虑从市场购买自己无法生产的品种。

第二，农户以 B 模式生产时，侧重考虑自身安全与互惠利他等因素，会选择产量和经济效益一般的传统品种，多元化种养，在生产管理阶段，减少或取消化肥、农药、饲料、激素的投入确保产品的安全，在消费时，选择在自家小规模种养的产品，用于自家消费或基于社会网络的互惠交换。

第二节　一家两制的研究前沿

一家两制为理解食品安全威胁和农业生态破坏背景中的农户行为，提供了有效的认识手段。双重脱嵌食物体系的出现，让一家两制行为与农户传统自给自足形成了显著区别。在控制了年龄、性别、收入、教育等变量之后，农户食品安全威胁的感知越高，其选择一家两制行为的可能性越高（方平和周立，2018b）。一旦包含了这种差别，一家两制就可以视为家庭对食物体系双重脱嵌的反应。进一步地看，"A + B"模式的区分，本质上对应的是农户的生产与消费合一特性。取消这种特性，就无法理解"A + B"模式同时存在的意义。而只有强调家庭在品种选择、产销和管理过程等方面存在的差别化行为，才是食品安全威胁下一家两制的真实界定（彭军等，2015）。

一家两制的动机可以用多元理性概念进行说明，其至少包括三种类型的理性①。支配农户行为的动机，不是单一的经济理性，而是多元理性（周立和方平，2015）。农户生产需要与三个不同的交换对象同时发生联系，即家庭内部、熟人社会和匿名市场。在这个过程中，他们的经济行为不可避免地嵌入到自然本能及社会互动之中。第一类是生存理性，即农户满足自身生存需求的生产行为动机，具体包括了生活便利、口味偏好和食品安全方面的需求（Scott J. C.，1977）。其中，在食品安全威胁下，农户的生产将首先确保家庭成员能消费到安全的食物（方平和周立，2017）。第二类是社会理性，即农户要通过食物生产，满足社会交往的需求（Skinner G. W.，1964）。这包括对人际交往、感情增进以及关系维护需求等社会资本的追求（Anderson E. N.，1988）。第三类是经济理性，即农户生产要满足赚取货币收入的需求（Popkin S. L.，1979），其核心特征是商品化、规模化、专业化、组织化。经济理性伴随匿名市场的迅速发展，日渐成为农户生产的主要动机（Schultz T. W.，1964）。

讨论一家两制行为的影响和拓展 B 模式食物的消费范围是该现象研究的热点。在实践中，A 模式生产的食物一般会流向匿名市场，而 B 模式生产的食物只在为熟人市场和自家人内部消费。一方面，"自家人吃上自家饭"可以被视为农户在小范围内缓解了危机；另一方面，对于大多数在熟人市场之外的普通食物消费者而言，"外人无法吃上优质、健康和安全的自家饭"，其食物质量和所处的生态环境并没有改善（周立等，2016）。因此，如何扩大 B 模式的食物供应，让"外人吃上自家饭"，推动个体自保向社会共保的转型，成为讨论的焦点。

首先，讨论针对一家两制影响人口数量和经济规模的研究。本书负责人长期参与针对农户一家两制行为的跟踪调研，掌握了大量的一手资料②。2012 年 4 月至 2020 年 6 月，负责人所在的自然科学面上项目课题组根据分层抽样和理论抽样相结合的方式，选取分布于东部、中部、西部的 6 个省区的县级调研区域③，建立了一家两制研究资料库，包括 1939 份问卷数据，其中，农户 834 份，城市消费者 1105 份；同时，整理了 149 个典型农户家庭的食物生产与消费行为案例。

① 经典的农户行为研究理论认为，农户的生产动机具有多元的意义（Duara，1991）。以黄宗智（2000）对华北地区和长江三角洲地区的小农行为对比研究为例，他认为中国的农户存在"三副面孔"，其行为目的包括了追求生存利益、社会利益和经济利益。同时，针对农民行为的多元意义理论研究，也已经开始进入实证化的阶段（Benjamin，1992；Bowlus 和 Sicular，2003）。

② 本书中出现的一家两制调研数据均为一手数据，研究过程得到国家自然科学基金"食品安全威胁下的一家两制与社会自我保护研究"（71373269）以及"食物体系转型、一家两制与双重嵌入机制研究"（71903044）项目的资助，负责人全程参与了其调研设计、数据与案例收集工作以及资料汇总部分。

③ 6 省份的具体县市范围包括河北武强县、广西隆安县、湖南湘潭县、广东从化区、陕西定边县、山东寿光市。

调研数据说明的重要趋势是，农户一家两制现象越发普遍，且影响人群和涉及经济总量在不断扩大。课题负责人研究关注的核心问题是农户的一家两制行为发生率。调研结果显示，在过去10年的持续调查中，至少有超过62.4%的食物生产者存在一家两制行为，且这一比例呈现逐年上升趋势。2012年4月，最初在河北预调研60位农户，有30%左右采取一家两制。2015年12月，在课题组累计访问的378个受访农户家庭中，有56.61%的农户进行一家两制。2017年12月，在累计访问的827个受访农户家庭中，发生比例上升到62.39%。其中，新增加的449个农户样本中，有302位农户选择一家两制，占总体的67.26%，总体发生率上升5.77%。截止到2020年6月，在调研组拓展跟踪的15户典型农户中，一家两制的总体发生率为64.29%。至此，整体发生率变化为63.12%。根据2017年发布的中国第三次农业普查公报显示，中国的农户数量为2.07亿户（中国国家统计局，2017）。据此推算，至少有1.2亿的农户选择食品一家两制生产，涉及的食物生产和消费人口达到4亿~5亿人。

其次，讨论针对小农户作为发展提质导向的食物体系基本单位的研究。从实践中来看，目前，中国农户户均承包耕地7.8亩（仅为半公顷），10亩以下农户超过90%。故此，流转和单位经营规模扩大会是一个长期的过程。而2017年发布的中国第三次农业普查公报显示，在中国的2.07亿户中，规模经营农户398万户，仅占农户数量的1.9%。绝大部分仍是小农户，71.4%的耕地由小农户经营（中国国家统计局，2017）。小农户还将依托农业和农村以代际分工为基础的"半工半耕"家庭再生产模式也将长期存在（黄宗智，2016）。在当下及未来的中国农村发展中，依旧需要高度重视和深入挖掘这一基础性制度和本源型传统（徐勇，2013）。

从理论方面来看，习近平同志对姚洋（2017）在《北京日报》理论版上发表的小农经济文章做了重要批示，肯定了小农经济在中国长期存在的基本事实。在中国食物体系发展进程中，尽管"小农户"的提法一度被边缘化，但家庭经营是中国农业生产的主要方式（周应恒等，2015），农户是中国经济奇迹的重要创造者（徐勇，2010），也将长期是实践中农村发展的基本生产单位（叶敬忠等，2018）。因此，"小农户"是中国农业经营主体的基本面，并且不与中国食物体系发展站在对立面（陈锡文，2018）。

从政策方面来看，小农户在国家战略中的定位不断牢固，小农生产在国家食物战略中的地位稳步上升。可以观察到，中国国家政策对于小农的政策定位发生方向性转变。近两年，面对小农户长期存在的基本事实，国家开始出台政策，重视并不断强化小农户在中国农业发展中的基础地位。比如，自党的十八大以来，国家先后提出了一系列针对食物供给侧结构性改革的体制机制创新。2017年底的中共十九大报告第一次提出"促进小农户与现代农业发展有机衔接"。而我国于2017年出台并计划持续到2050年的乡村振兴战略，一方面更加强化了农户对土地价值的长远预期，不愿意轻易将土地转让出去；另一方面也通过产业兴旺的表述，明确了小农可以通过提高生产的附加值，就地就近实现发展的乡村振兴路径。更重要的是，2018年和2019年出台的中央一号文件都在落实小农户的基础地位。其中，2019年的中央一号文件还突出强调，中国的食物体系需要从增产导向转向提质导向，小农生产方式需要在其中扮演重要角色。

最后，讨论针对一家两制与社会共保的研究。方平和周立（2018）从实践中的跟踪观察，发现可以通过恰当的引导，促进农户对于优质食物的生产，实现一家两制B模式的拓展，让农户为匿名市场提供原本只为自家人提供的食物。它并不是一场轰轰烈烈的运动，而是一个个分散的农户在日常做出的细微改变。这种被现有讨论所忽视，但却会对中国食物体系的可持续转型，形成积极且深远影响的行动，定义为B′模式，即农户主动为匿名市场提供更多优质食物。其研究提出的分析框架认为，通过增加消费者与农户的有效互动，可以实现扩大B模式供给，构建食品安全社会共保的新局面，实现"外人吃上自家饭"。

从社会嵌入的角度来看，具体的路径可以归纳为以下三点：

第一，建立信任关系，把一家两制从个体自保的行为转化为社会共保的行为，其核心过程是通过信任机制的创新，把匿名市场的消费者转换为自己人，纳入熟人市场（Lin H.等，2019）。小农生产在农业生产率、劳动力转移和资源利用率等方面具有独特优势（胡鹏辉等，2016）。在一家两制行为中，从事优质农产品生产的农户提供了一个销售平台，也为有这类需求的消费者提供了购买途径，在食物体系双重回嵌的研究中，必须以农户与消费者的关系互动为重点进行相关讨论。

第二，创立质量共识，形成有效监督，通过有效的沟通将消费者对食物的消费标准与生产者的生产过程有效衔接，实现供需双方对食物质量的共识（Chen W.和Scott S.，2014；徐立成和周立，2016）。

第三，设立价格标准，形成利益共享的食物供应链。消费者对于B模式食物合理的支付意愿，会随着前两者的深入得到增强，由此实现食物在社会层面的价值体现，让农户在生产B模式的拓展过程中，得到更多的直接收益（Raynolds L. T.，2012）。

从自然嵌入的角度来看，具体的拓展过程可以归纳为以下两点：

第一，降低农户在B模式生产时采用生态农业技术的方式。比如，政府和社会增加对化学投入品使用方式的宣传和教学以及降低有机生产的技术门槛（Man Z.等，2017）。

第二，增加农户在 B 模式生产过程中的间接价值。比如，推进农业多功能性的实现。陈秋珍和 Sumelius J.（2007）将农业多功能性的基本含义概括为"农业除了提供食品、纤维等商品产出的经济功能外，还具有与农村环境、农村农业景观、生物多样性、农村生存与就业、食品质量卫生、国家粮食安全保障、农村农业文化传承以及动物福利等非商品产出相关的环境和社会功能"。而周立等（2012）的研究认为，食物也具有多重价值属性，不是单一的商品，食物在市场上的价格应该体现生产过程中的生态环境价值。

第三节　本章小结

以上研究表明，一家两制既是小农户在食品安全威胁和生态破坏危机下的社会自我保护运动，也是一类双重回嵌行动。这一现象在中国食物体系中普遍存在，涉及人口和经济总量的规模巨大。同时，小农户和小农生产在国家战略中的地位日渐突出。只有在认识到一家两制现象的存在，才能理解家庭在品种选择、产销和管理过程等方面可能产生的差别化行为，是食物体系双重回嵌的一种具体表现形式。具体到农户日常生活，就是在 B 模式生产和消费中的差别化行为。当这种自我保护从数量上广泛存在，并逐渐形成一种结构性的社会互动时，便构成了系统层面的食物体系双重回嵌。

未来中国的主要农产品由小农户来提供，农户一家两制现象对于中国食物体系转型方向起到重要作用。因此，有必要通过调研分析，一家两制中 B 模式在拓展中寻找双重回嵌的实践路径，才能形成具有中国特色的食物体系双重嵌入理论，从而进一步引导政策制定，并推动现实问题的解决。

因此，一家两制中的 B 模式拓展路径研究，对讨论食物体系双重回嵌具有重要意义。一方面，将一家两制作为研究对象，在继承一家两制概念界定和分析框架的基础上，对已有案例进行持续跟踪调研，刻画其变迁中的实践特征。另一方面，重点研究农户 B 模式生产和交换的拓展过程，关注个体自保向社会共保的转化过程，为下一步深化对其中的社会回嵌和自然回嵌的具体作用机制的认识，提炼双重嵌入机制提供经验材料和概念操作化路径。

第三部分

多元理性与一家两制

第四章　行为与理性：演进与分野

> 导读：多元理性的构建，需要对话单一理性。而在对有关行动意义讨论的经典研究脉络梳理之后，我们结合农户在食品安全威胁下的行动逻辑进行反思。认为多元理性的认识视角本质是需要将农户在这一背景下的理性行为进行恰当的"界定—分类—整合"。
>
> 农户的行为显然不仅是理性的效用层面，不是意图去发现行为的规律，而是尝试回归理性对行为本身意义的理解。因此，多元理性分析框架的建立是可行且有必要的。在一家两制的具体场景中，重新展开对理性分类的讨论，可以让理性分析框架恢复生机，实现理解和刻画行动意义的理论价值。

第一节　行动的意义

一、行动：认识社会的基本单位

行动是认识社会的基本单位。社会行动具有四种意义向度，包括了目的性的理性式、价值理性式、感情式、传统式。因此，"动机是主观意义的复合体，意指行动者本身，对于行为所提供的有妥当意义的'理由'"（韦伯，2013）。意义可以成为行为的动机，涉及合情推理，基于有限的信息完成分析与判断（Ringer F.，1997）。实际上，合情推理说明的是韦伯吸收了实证主义的体现，区别于康德哲学。具体而言，意义是作为驱动经验行动的意义，但它本身也来自客观环境。因此，行动的向度可以理解为行动者将行动指向具备意义的价值满足过程。

经济行动就是其中一种向度（韦伯，2013）。韦伯做出了非常详细的四类说明：一是经济，它是一种资助行动领域。二是经济行动，是行动者和平地运用控制资源的权力。三是经济经营，即持续的经济行动。四是理性的经济行动，是由目的理性推进的行动。更进一步的划分就是经济行动与行动的经济向度相互组合（韦伯，2013）。后者是指行动的传统向度和目的理性向度并存，并向后者过渡的进程。这意味着理性经济行动的展开，正在摆脱本能的觅食活动以及社会关系的传统习性，但并没有完全脱离经济与社会的关系。

从对行动的概念界定与讨论中，韦伯使用了非常清晰的认识与论述技巧。第一是完成对概念的界定，即行动背后一定有具体意义。第二是完成对概念的区分，根据不同的具体情况，区分理性的类型。第三是完成对区分后具体内容进行组合，完成理论概念与经验材料的连接。韦伯对行动的基本概念界定以及这种"界定—分类—整合"的认识方式，对本书构建多元理性的分析框架，同样有着重要的启示作用。

二、行动单位：农户家庭

本书选取最基本行动的分析单位是农户家庭。舒尔茨（1964）在讨论农业生产的过程中，认为家庭就是一个核心的分析单位，农户具有真不可分性。在很多情况下，集体与公司从事农业生产都没有体现出比家庭更强的成本或效率优势。这是定义真不可分性的关键。中国的农村是一个传统的乡土社会，村落往往是在家庭基础之上形成的。

农户家庭是乡村社区共同体构成的重要组成部分。这一界定与农耕的收获分配方式紧密相关。首先，在农耕没有出现之前，氏族和个人都有更大的权利。而在农耕技术高度发达的情况下，家庭逐渐成为社会的基本单位。其次，在自给自足的农耕社会，家庭是满足生存需要的基本共同体。在充满风险和紧急危机的时刻，家庭需要依赖邻人和社群共同体。韦伯对于邻人共同体的定义是因活动空间上接近而产生的长期慢性的共同利害关系。最后，在近代商业的兴起之后，它与之前的家计生产，最关键的区别在于把家计和营利在账本层面从法律上进行将家庭账目与经营账目完成了分离（韦伯，2011）。

在对农户家庭的重要性做出界定之后，需要进一步完成对家庭、家户（家庭户、户）和家的概念界定，进而为本书选择最核心的分析单位。这三个概念是目前主流研究观察和讨论民众生活单位、居住方式、亲属关系时最常使用的三个概念（王跃生，2016）。

在一般情况下，家庭被定义为核心家庭，由一对夫妇和其未婚子女构成。它是城市食物消费行为研究中常常触及的概念。而家户则是强调在家庭与社会的关系。"家"作为一个基本的社会单位存在，而"户"则反映了"家"所嵌入的熟人社会之间，存在生产、生活等诸多层面的丰富联系（彭希哲和胡湛，2015；金一虹，2010）。以家户经营为基础的农业经营组织是中国自古以来的传统，促成了中国延绵千年的小农经济。因此，家户既是中国农村社会经济发展的本源型传统，也构成了其未来发展的基础性制度（徐勇，2013）。在这一认识基础上，"家"在中国农村的研究中，具有家族的含义，延伸的范围和涉及的人群也最广泛。

因此，在三个概念中，家户是更为合适的分析单位。因为，在实际的农业生产决策以及食物流通、分配和消费的过程中，核心家庭的成员往往参与其中一个环节。比如，在农村的父母给在城市里生活的子女（已婚家庭，作为另一个核心家庭）的家庭，通过 B 模式生产相对安全可靠的食物。这时，已经涉及了两个核心家庭。而使用家族的概念则过于笼统和庞杂。在很多情况下，农户不会专门为大家族的成员专门生产食物。相比之下，家户的概念则可以更好地涵盖常见的家庭成员之间基于食物的互动行为。因此，本书中涉及的农户家庭将具体指经常通过食物为媒介，形成频繁社会联系的家庭成员（一般有直系血缘关系）所构成的农户家庭。

三、行动类型：家计与获利

家计包含两层含义，其一是为了本身的生计，其二是为了通过自身使用的目的而持续为他人生产或与他人交换。家计的基础就是家庭的预算，而预算这种行为本身就已经被纳入理性的分析范畴。

实际上，家计和获利不是排他性的选择，两者往往纠缠在一起。对于农户而言，他的经营是对于家计的维持，而不是家计的竞争与扩张式经营，而从活动的形态上看，这就是一种不带逐利目的的逐利经营。但家计与获利的区分倾向也不是偶然的。资本主义式的理性经营管理将人和事区分开，这是家计和获利的原则性区别（韦伯，2010）。韦伯认为，资本主义经营类型的特点是以自由劳动为基础的理性化资本主义组织。家计与经营的分离以及与此相关的理性化簿记方式的出现是这种组织出现的关键。应该说明的是，这种分离是个人财产与营业财产在法律上的分离。

这种区分的背后，标准着生存理性和经济理性的分化，而社会理性并没有分化。前者的分化一直可以追溯到两次生产方式的变革，第一次是亚里士多德所说的农业生产区分为家计和获利（苗力田等，1994）。长期以来，这两种导向并存于农户的生产行为之中（Wallerstein I.，1974）。第二次是韦伯所说的个人财产与经营财产的分离。韦伯所提及的内容又与黄宗智（2000）所提及的商品经济不必然导致资本主义反而在中国加速了小农经济的顽固性有关联。

第二节　行为意义与理性

一、目的理性与价值理性

理性是行为动机背后意义的关键概念。社会行动的动机包括目的理性、价值理性、感情和传统，它们之间有模糊的区别和紧密联系。这四类概念之间的关系，处于一个可以移动的谱系之上。谱系的主轴描绘了目的理性和价值理性的张力，而情感和传统行动在某种意义上，很接近价值理性。通过这种对谱系内部可能变化的方向进行分类讨论，就能描绘其中的移动方向，从而讨论行为意义的向度选择过程（韦伯，2013）。例如，在分析传统行为时，在这种行为的理性化过程中，可能把内在未经思索而留下来的风俗习惯变成一种深思熟虑的有计划的适用于利害关系的可能。有意识地继承其中的价值，会走向价值理性，而抛弃其中的情感、牺牲风俗，则会走向纯粹的目的理性（李猛，2010）。

在社会科学研究中，韦伯（2013）首先将理性视为具有合理意义的行为向度。他认为，理性是人类共同的内在特质，让本书能认识和理解行动者背后所体现的意义，或者识别出这种行动是被何种类型的理性所支配。由此，从认识论层面来看，理性成了理解行为动机的基础概念。

目的理性随后被新古典经济学所借用，其理性经济人假设，正源自这种认识基础。在马歇尔的推动下，剑桥学派在发展中借鉴了韦伯对目的理性的预设。然而，他们与韦伯对理性完整的理解存在关键区别，即更强调将理性视为假设，以此完成推理，最终找出某种经济规律。这一思路促进了对理性的公理化证明。随着贝克尔将经济人的概念引入社会行为分析，经济人假设成为现代社会科学研究的基本逻辑起点（Becker G. S.，1976）。它巩固了理性概念的"硬核"，并使其伴随着市场经济的发展，在更广的领域发挥影响。

在这样的对话过程中，本书得到三个重要启示：

首先，中国农户的行为是理性化的过程。韦伯认为就是理性化、价值理性和目的理性的张力。从手段——目的背后的标准，是一以贯之的原则。而从传统向两个方向的过渡，实际上就值得讨论，这是两个概念之间的空当，而本书已经具备相应的经验材料，可以将其连接与已有的理论概念进行连接。

其次，对于各个行为分类之间的联系和转换的可能，或者说是色谱的变化过程，完全可以移植到对多元理性任意类型的理解之上。本书甚至可以借鉴韦伯对于概念界定的方式，完成对多元理性分析框架的构建。同时，理性不仅是形式上的逐利，更多的是实体主义所强调的生存意义以及价值理性中的社会意义。当然，本书强调的是更具农户特点的行为，而不是普遍性的个体行为，因而更考虑农户在食物交换中所处的场域：家庭、市场以及其中的社会关系。

最后，理性本身也是人们赋予行为价值意义的方式，由此可以尝试用中国的经验去解释农户差别化生产行为的意义。理性在韦伯的定义中，等同于祛魅的一种性质。也就是今人相比于前人，理性让行动者更相信自己有能力通过知识，而不是神秘的宗教力量去了解世界。

需要注意的是，韦伯的理性概念界定，对于个体行动应该通过经验式的理解还是解释性的理解，给出了不同的回答。新古典经济学则沿用的经验式的理解，切合与韦伯形式主义的一面，即目的理性。这一思想发展到今天，也就是经济理性人的逐利性。

然而，当从更广泛的社会科学认识论层面，重新审视经济理性时，就会产生疑问：为什么理性分析方法越来越精妙，与真实经验的脱节却越来越明显？一个可能原因是，理性的概念已经发生了关键转变：从认识论层面强调人类行为合理性，逐渐转向理性经济人假设基础上的精巧数理推演和计量检验。这一转变，增加了理性对个体逐利行为解释力和逻辑自洽性，却缩小了理性概念的范畴，进而使理论解释与实践经验之间的冲突不断扩大。

为了弥合这种冲突，需要认识到仅基于理性经济人假设的经济学认识论存在不足。事实上，在认识真实世界的过程中，至少需要考虑两个关键问题：①是否符合历史背景（历史感）。②是否符合基本的实践经验（真实感）（黄宗智，2005）。因此，符合实践的认识论，就像一个坐标系，兼顾历史感和真实感。本书研究中国农户一家两制这一现象，就意图从实践出发，在食物体系转型背景下，讨论农户在差别化生产和消费背后的理性行为动机。

二、形式理性与实质理性

形式理性是行动中真正可以运用到的算计程度，实质理性则是行动者通过行动向度的价值判断。这两个概念与目的理性和价值理性类似，但又不完全对应，其中同样充满张力。

韦伯（2005）认为，提出实质理性更关键的目的是区分出形式理性，因为后者更容易界定和操作。以经济行动为例，一项经济行动的形式理性，最极致的表现就是货币形式的可计算化。韦伯认为，最关键的是形式理性，例如程序化的法律。实质理性则不仅考虑到纯粹形式上的目的理性，还要考虑其他的方面，包括伦理、政治、功利主义、身份等其他一系列要求，甚至包括了审美的判断。这些向度其实都可以来衡量经济行动的结果（韦伯，2013）。可见，实质理性隐含了目的理性和价值理性的概念，而目的理性在其中有可能还是"敌对状态"。

形式理性这种思路最后逐渐被新古典经济学所借用，并通过效用函数表现出市场社会下的农户逐利行为逻辑，其特点是通过逐利性和机械性构成的形式主义分析。但是，其基于抽象概念的过度演绎导致了理论与实际的偏离过多（黄宗智和高原，2015）。

而实体主义的实践论理性定义，有明显的几个特点。就本体论而言，农户的家庭而不是农民个人成为关键的分析单位，农户的行为逻辑是内部的生产和消费平衡（恰亚诺夫，1996）以及农户的生存行为和市场行为的区别。这种结论来自实体主义的方法论特点，即强调从经验证据中归纳概念，之后回到经验中去检验（黄宗智，2005）。由此，形成的农户分析方式更为立体，并存在传统和偶然性的行为意义（郑也夫，2000）。

因此，本书所界定多元理性更接近与实质理性。对于嵌入在市场社会之中的农户而言，只要他们在生产行动中，主观地为自己的行为注入了意义，那么作为观察者，就可以有机会观察到其中对应于农户行为意义的多元理性。

三、理性研究的理论谱系

韦伯是重要的古典社会理论家，他的社会理论和康德哲学有深厚渊源。社会理论从经典哲学中分离出来的标志是后者强调从经验中吸收新知识。韦伯将社会学看作阐释或理解社会学，其主要目的不是为了把人类社会化约为规律，而是去解释社会现象，说明社会行为的意义。从前文可知，在社会科学的研究传统中，行动的概念被定义为人们根据特定的意义，设置行动目标并按照目标进行实践的过程（韦伯，2013）。

更进一步来看，韦伯创设社会科学的问题意识是为了揭示出一种社会存在。具体而言，就是阐述社会行动的意义。卢曼进一步认为，关于意义的社会学处理的是社会系统的自我观察、自我指涉、自我反思。换句话说，社会最本质的存在是复杂性（尼尔和纳斯海，1998），社会科学既有弱规律的维度，也有意义的维度。在这种独特的研究对象被分离出来之后，韦伯的社会科学理论就逐渐区别于自然科学，也区别于弱规律性的社会科学。具体而言，一是研究目的上，意义与弱规律的区别；二是研究方法上，提炼概念与探寻规律的区别。

于是，从理性的概念角度去理解行动的意义存在两条路径：一是观察性的理解，侧重追求规律；二是解释性的理解，侧重追求意义。对行动意义的观察性理解更多地源于目的理性的定义。韦伯给出了四种理想类型，即目的理性、价值理性、传统型、情感型。观察性的理解以目的理性支配的行动为代表。行为主体首先要确立目的，然后找到手段，最后主观地设定一个判断行动成效的方法。实际上，相较于其他三类理想类型，目的理性更容易通过观察性的理解方式，从客观经验中被识别出来。换句话说，每个人都可以从观察中对行动的意义产生某种预设，而目的理性容易让人们在预设上达成共识。

而解释性的理解则将动机定义为一组意义的复合，并支配行动的发生。这些动机不是在现实中被直接观察到的，而是观察者从主观角度将意义赋予行动者的过程。这样的意义源于观察者和被观察的行动者都是有理性思考能力的人类。虽然不能直接观察到行为动机，但是理性思考的能力可以让观察者理解到行动背后的意义。

理性是康德哲学的核心，韦伯将意义指向一种独特的价值——理性。他的意义概念预设了一种普遍性、共同性和规范性（韦伯，2013）。因此，理性就是人类学意义上的一种共同的内在禀赋，是一种超于经验的判断[1]。只有预设了理性视角，研究才能阐释行动者背后所体现的理性，或者识别出这种行动是被理性驱动着而展现出来的。实际上，韦伯观察到一个经验，就会把它和一个高度抽象的概念联系在一起，这是其界定的社会科学区别于哲学之关键。之后，基于普遍理性的哲学研究，发展出了胡塞尔的互主体性，哈贝马斯的沟通理性，卢曼的双重偶联（尼尔和纳斯海，1998）。

值得注意的是，新古典经济学的理性假设也是脱胎于韦伯对于理性的预设，即观察性的理解。从概念的演进历史来看，韦伯与奥地利学派的新古典经济学的公理化联系密切。他曾与门格尔之间有关于理性的讨论。但这又不同于剑桥学派的代表人物马歇尔对于古典经济学的经验化研究。门格尔更强调边际分析，且奥地利学派的新古典经济学，使用存粹理性经济行为，从高度抽象的视角来解释经济行为的意义向度，即价值理性。这成就了启示性理论的新古典经济学，可见，其初衷不是为了确定经济规律。

但随着"二战"后美国的兴起，移居美国的奥地利学派逐渐被新古典的主流经济学所吞噬，开始汇流于新自由主义学派的经济学。科斯和弗里德曼是其中的重要代表。从这时开始，新古典经济学与新自由主义经济学完成了结合，并尝试从理性假设出发，推导出主导某种社会生活的经济规律，并得出自由市场至上的最终观点。从韦伯对理性概念和理解方式的划分出发，后续学者的理论发展研究谱系如图4-1所示。

通过对理性选择的两条理论路径的回顾，可以看出，作为韦伯构建解释社会理论的重要基石，理性是行动意义的来源。而之后的研究显然做出了不同方向的

---

[1] 最新的哲学、脑科学与神经元经济学理论成果对该观点持有批评态度。

继承，于是便有了现在对理性定义的争论。

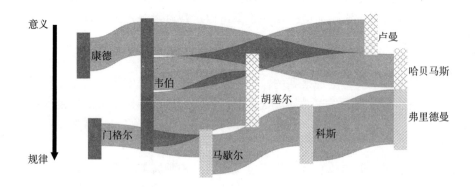

图4-1　理性概念的主要研究谱系

资料来源：根据文献阅读整理。

第五章　多元理性：一个农户
行动分析框架

　　导读：本书需要通过回顾农户行为研究的代表性观点，为解释食品安全社会自我保护现象找出恰当的分析框架。对于理性的界定，不同的思考范式和学科角度都持有不同的观点。我们试图从生存基本需求、社会互动惯习以及市场经济利益最大化三个主要过程出发，归纳出农户在食物体系转型背景下的基本行动意义。在此基础上，进一步了解这些意义在不同场域所形成的实践逻辑，它使多元理性框架严格区别于以效用最大化为核心的主流理解。可以说，对多元理性的讨论，不仅针对理性的某个侧面，而且是一种根据农户实践与场域而进行的类型区分。由此，本书可以进一步地引申出最核心的问题意识：在食品安全威胁下，农户在实践中将如何"合理"地进行生产和消费？

第一节　单一理性：塑造获利农户的幻象

　　自改革开放后，区域性的食物市场的建立需要复杂的资源投入。由于缺乏起始资金，农户在社会网络中的优势地位以及特殊的在地资源组织能力被赋予了重要的意义（陈义媛，2018；艾云和周雪光，2013）。随着全国性食物市场的兴起，城市消费者开始主导整个食物市场的话语，而最终的结果是超级市场中的食物销售重塑了消费者的食物观念，而区域性市场空间被进一步压缩（拉杰·帕特尔和詹森·摩尔，2018）。

　　在 A 模式形成过程中，农户将其生产和交换关系从本地化的非市场"生存与社会关系"和国家补贴计划中分离出来，并将这些关系纳入逐利农业的幻象中（波兰尼，2013；斯科特，2007）。这表明，A 模式不只是一项旨在促进粮食安全和减轻农村贫困的发展战略。从社会变迁意义来看，这更是一种市场深化的路径，它寻求通过把农户所赖以生存的自然资源和社会关系，通过商品化，重新塑造食物生产和交换的性质，让原本嵌入自然和社会的食物变为商品，并成为所有经济活动的基础（Lemon A.，1998）。市场化的过程不仅需要形成促进社会关系商品化的制度和法律安排以及由此产生的市场制度。这一转变还促使政策和政治形态合法化的条件重新调整。"逐利生产"被视为一种治理工具，旨在通过将农业生产和交换界定为商业活动，重新调整农民的行为，使之向市场化食物体系完成更广泛转变。

食物市场中的牟利机会，让越来越多的农民意识到"有市场头脑"的重要性。市场的扩大伴随着农户对食物的"去责任化"。这并不是农户缺乏道德基础，而是指在资源利用能力非常有限的情况下，优先消除食品生产和分配中的生态和社会复杂性而放大个人利益最大化。其间，经济政策和社会组织对食物生产责任的表述发生了重大变化，个人主义及其各种制度表达在结构调整时期被"效率至上"所取代。而这种自由主义和个体主义的表述，让学术话语开始将农户与现代化的结合过程化约为农户是"单一经济理性人"的假设，形成两类理论误读，并反过来进一步加深了市场脱嵌所引发的危机。

一方面，是对形式主义的理解"偏见"，认为"改造传统农业"等同于构建逐利市场（舒尔茨，2007）。在新自由主义的观点中，有两条平行的逻辑对农民存在"偏见"，而这种"偏见"很显然影响了包括发展中国家在内的政府决策：发展经济理论认为，经济增长需要将"非生产性"劳动力从农村转移到城市，从农业转移到工业；而现代主义理论明确主张消除传统的愚昧效应，而愚昧最明显的表现就是农民（Handy J.，2009）。但这样的理解显然缺乏对中国农业传统和基本国情的认识（温铁军，2005）。小农经济的韧性本质上反映出其内在的生产效率和可持续发展潜力（黄宗智，2000）。过度商品虚拟化的进程，将农户、食物与自然的命运转交给市场并导致整个社会面临食品安全威胁与农业生态破坏的双重危机（周立等，2012）。

另一方面，是对马克思主义中的农户前景理解局限，认为农民的前景可能只是被转化为资本主义农场和资本主义工业所需的廉价劳动力（马克思，2004）。但最新的理论进展表明，马克思对于农户分化和阶级分化的基本问题持有开放态度（Tichelman F. 和 Habib I.，1983；冯钢，2018），即便农村分化和土地集中，小农也依然未必因为破产走向资产阶级（White B.，2018）。

为了实现纠偏，我们有必要重新回到实体主义的农民学传统，借助一家两制的现象重读农民实践。需要意识到实体主义传统根植于马克思主义，并进一步具体化其对小农前景的判断（Van der Ploeg J. D.，2018），事实上，恰亚诺夫认为他的思想继承于马克思主义传统，因此，将这些传统视为相互冲突和不可调和本身可能是一种误读。从马克思主义和恰亚诺夫传统中衍生出来的概念既重要又相关。事实上，重读列宁、考茨基、恰亚诺夫和克里茨曼的农业马克思主义小组，在理解他们强调农民未来的看法上存在差异的原因的同时，我们可以像讨论其中的分歧一样，会被论点的相似性和互补性所打动。

第二节　认识转向：多元理性与混合场域

单一理性让农户处于一种虚拟的状态。它被定义为被动的劳动力要素，尽管这个视角可以解释农业的现代化生产以及它的逐利市场，但却忽视了农民实践活动当中的真实的内在逻辑和真挚的实践内涵。因此，我们进一步追问，究竟什么是农户实践的真实经验？我们需要用什么样的理论框架去理解小农的实践？

图5－1表示了小农理论空间中的多元理性框架。纵轴是理论焦点：一方面是多元理性，另一方面是单一理性；横轴是农户的实践，一方面是A模式的生产，另一方面是B模式的生产。我们需要使用多元理性的认识视角，去照亮那些现有的理论无法触及的空间。

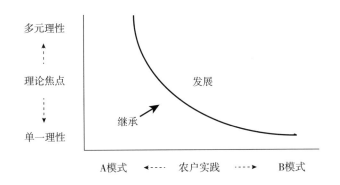

图5－1　小农理论空间中的多元理性框架

资料来源：根据文献阅读整理。

该空间被一个曲线所涵盖，展示了本书希望讨论的农户实践意义在理论空间中的位置。第一，在单一理性视角下，农户为自家生产的背景、意义和组织过程。第二，在多元理性的行动视角下，重新审视农户为市场生产的核心价值。第三，多元理性如何解释一家两制的生成与演进？我们将会构建两个既有区别又紧密联系的机制，说明多元理性主导下的 B 模式将如何实现自身的拓展。

20 世纪 70 年代，斯科特跟波普金有一个关于道义经济（Moral Economy）和理性小农（Rational Peasant）的辩论，被视为实体主义与形式主义对农民行为争辩的高峰（郭于华，2002）。它沿袭了恰亚诺夫和舒尔茨的讨论，为之后的研究者奠定了基于行动分析的视角（Long N.，2003），且农户具有多元而非单一的行为向度（陈庆德，2001）。

根据以上经典命题，我们可以具体将小农理性的研究划分为三个主要类型以及两个研究阶段。

在第一阶段，研究者围绕农户的行为动机展开讨论。第一个类型是以西奥多·舒尔茨为代表的形式主义研究，即农户的行为符合经济理性的假设，可以用新古典主义的发展理论，通过注入人力资本的方式，推动传统农业的改造（Schultz T. W.，1964）。Popkin S. L.（1979）进一步完善了舒尔茨的观点，认为农户的行为可以用追求最大货币收入进行描述。第二个类型是以威廉·施坚雅为代表的社会与经济行为研究。Skinner G. W.（1964）认为，中国农村的市场和社会结构密不可分，农户的社会行为是理性的。同一时期，布迪厄也开始针对自己在乡村的田野调研，讨论农民的行动意义，并引发了他对于场域、惯习、资本以及实践之间相互勾连的思考（迈克尔·格伦菲尔，2018；布迪厄，2009）。第三个类型是以恰亚诺夫和波兰尼代表的实体主义研究。恰亚诺夫（1996）认为，农户的行为明显区别于经济理性，它是生产和消费的统一体。农户家庭劳动力的自我开发程度，取决于劳动艰苦程度和消费满足程度之间的均衡状态，它是分析家庭农场组织特点及其对国民经济影响的核心问题。詹姆斯·斯科特（1977）则对东南亚的农民行为进行了政治经济的研究，同样证明农民的行为，并不是用经济理性就可以概况完全的。总体而言，在第一阶段，是三个动机类型的概念界定以及相互对话过程，以第三类与第一类的对话为主导，也就是生存理性与经济理性构成的"斯科特—波普金论题"（郭于华，2002）。

而在第二阶段，研究者开始认识到农户行为动机具有的多元意义（Duara P.，1991）。以黄宗智（2000）对华北地区和长江三角洲地区的小农行为对比研究为例，他认为中国的农户存在"三副面孔"，其行为目的包括了追求生存利益、社会利益和经济利益。同时，针对农民行为的多元意义理论研究，也已经开始进入实证化的阶段（Benjamin D.，1992；Bowlus A. J. 和 Sicular T.，2003）。相关理论发展的主要研究谱系如图 5-2 所示。

关于中国近代农民经济行为研究，始于 20 世纪 20 年代，但更多的讨论则是

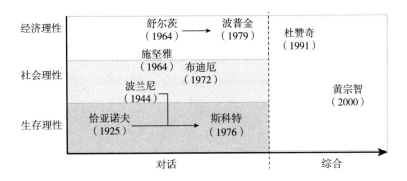

图 5 – 2 农户行为与多元理性的研究谱系

资料来源：根据文献阅读整理。

在80年代以后，至今已成为热门话题。必须承认的是，这一讨论主要是在国外农民经济行为理论的影响下开展的，总体上没有脱离经济理性和生存理性相互争论的基本框架。

在主流经济学视野中，市场主体都在依据经济理性行事。但该观点不仅削弱了理性作为人们行为动因的解释力，而且还诱发了盲目追求经济利益最大化的行为（Sen A.，1977）。具体到食品交换领域，一方面，当追求经济利益成为最主要的行动目的时，家庭按照其他动机进行自我保护会被认为是非理性的。很明显，这种基于单一理性经济考量的结论不符合农户家庭决策的基本实践。另一方面，单一的经济理性使食物的商品属性被过度强调，而生存必需品、准公共物品、信任品等自然、经济和社会消费属性却被系统忽视，从而引起人们盲目追求经济利益的生产和消费行为，诱发食品安全问题（周立等，2012）。

当然，在此基础上也有发展。一是无论赞成哪一派别，基本上都认为农民是理性的，其行为意义具有合理性（徐勇，2010；晋洪涛，2015；郑风田，2000；徐勇，2018）。二是有的学者已突破两个派别的壁垒，试图从更多维度打开农民行为的复杂性问题（周立和方平，2015）。而所有这些观点，都与学者对中国农村经济和农民生活的研究和判断相关（陈庆德，2001；李金铮，2015）。

因此，针对农民理性行为的针对性研究，可以从两个方向进行：一是专门就此问题进行研究的个案仍然不多，尤其缺乏不同时期、不同区域、不同层次、不同经济类型的农民的个案研究。但也只有如此，才能扩大视野，提升理论的说服力。二是在进入西方话语的同时，应当回归中国情景，尝试结合中国农村社会经济的实际，突破单方面的生存理性、社会理性、经济理性概念，提炼适用性和概况性更强的新理论和新概念，为农民经济学做出实质性的贡献。正如黄宗智（2005）所建议研究方向，我们应该注意到农户的"三副面孔"怎样并存以及它们之间的互动和隔离，而不会去坚持把片面的真实当作唯一和全面的真实。显然，这是更高的学术追求，也是更难企及的学术高度。

但一家两制的实践的确提供了一个重要契机，让我们从现实中找到了理论的突破口。本书借此拓展人类交换行为的单一经济理性假设，使社会科学研究更符合实践逻辑。被誉为经济学良心的诺奖得主森认为，人们具有对自身行动目的、偏好、价值的"合理审查"能力。因此，理性不仅是为了追求既定目标，而且是为了用于评价目标本身的"合理性"（Rational）（Sen A.，2004）。而科尔曼（1990）进一步使用"合理性"论证人们的"有目的的行动"（Purposive Action），即个体在社会互动中，尽可能"合理"获取包括社会、政治、文化、经济在内的多元效益的行为过程。同时，本书试图沿着以上农户行为研究谱系，重新梳理并说明熟人间消费的道义经济与匿名市场买卖时的理性行为，其实可以矛盾地共存。换句话说，道义经济中的道德约束只在某种具体形态的熟人社区之内，才会相对牢固地存在；而脱离了熟人社区，市场交易脱嵌社会伦理和自然法则，理性行为就不一定受到关系、责任和道德的密切约束。

综上所述，本书所指的理性，是农户具有合理意义的行为向度。在食物体系转型背景下，农户生产需要与三个不同的场域同时发生联系，即家庭内部、熟人社会和匿名市场（周立和方平，2015）。在这个过程中，他们的经济行为不可避免地嵌入到自然本能及社会互动之中（Polanyi K.，1944）。因此，支配农户行为的动机不是单一的经济理性，而是多元理性（周立和方平，2015）。其中，至少包括生存、社会与经济三种类型的理性向度。

一、生存理性：农户家庭的基本生存动机

第一类是生存理性，即农户满足自身生存需求的生产行为动机。生存理性强调，在任何环境中，农户生产行为的出发点都是本能地满足家庭食物需求。这既包括数量上的满足——吃得饱足，也包括质量上的满足——吃得健康。人类历史的绝大部分时期都处在食物短缺的状态中。因此，对食物获得的问题，学术界从行为动机上已做了必要说明。但在食物进入过剩时期后，对食物质量满足问题的理性行为分析则显得不足。

虽然生存理性因并未体现经济利益最大化的诉求，而往往被认为是偏离"经济人"假设的非理性行为（Boeke J. H.，1978）。但实际上，斯科特（1977）的研究认为，只要能保证最基本食物需求，在社会底层的人们就可以承受那些与传统经济理性行为相左的技术使用方法、社会制度和道德安排。因此，农户维持生存的行为，同样体现了人类的理性选择（刘金源，2001；王春超，2009）。

恰亚诺夫（1996）通过建立家庭周期理论和劳动消费均衡理论来说明农户生

存理性的基本生产逻辑，为生存理性的概念奠定了重要的理论基础。劳动消费均衡理论的核心观点是：农民家庭劳动力的自我开发程度取决于劳动艰苦程度和消费满足程度之间的均衡状态。这一观点的基石为农户是生产消费统一体，并被随后的一系列研究继承，形成了更具体的微观发展模型（Hunt D.，1979；Mellor J. W.，1963）①。该理论的讨论范围是农户家庭经济活动，其目的是确定这类经济活动的基础特性。这类活动可以用农民劳动生产率进行衡量。其具体数值取决于两个方面，一方面是全年劳动的集约程度，另一方面是单位劳动的生产率。他进一步聚焦讨论第一个因素，又称为"自我开发程度"。因此，恰亚诺夫所提出的生存理性，目的在于说明农户生产过程中存在基于食物家计生产合理的最优化，而不是货币算计收入最大化。其研究对话对象是当时主流的农业生产规模"越大越有效"的论调（Shanin T.，1986）。

结合上文对理性概念发展路径的回顾，有助于本书反思经济理性作为分析假设的局限性。农户在生产实践中的行为的确存在经济理性动机。然而，这样的动机不足以让本书理解农户的差别化生产行为动机。我们需要认识到理性概念的起点是理解行动的意义，在此基础上，才能超越对农户生产行为的逐利性理解，进而转向其中的多元意义。

首先，生存理性的概念源于实体主义对农户生产与消费不可分性的论证。实体主义的研究说明了农户家庭作为行动单位的重要性，并且将农户为自家进行的生产行为视为一种合理的存在。在目前，虽然为市场生产已经是农户的主要生产形式，但为满足自家消费而进行的生产从来没有消失。且从最基础的常识来看，人的生存首先需要足够的食物。在亚伯拉罕·马斯洛（2007）的需求金字塔中，人类最基本的行为目标就是满足食物需求。当人们被饥饿感完全控制时，所有的合理行动都本能地指向如何得到维续生存的食物。恩格尔定理也表明，食物是生存的必需品，人类对食物的消费具有刚性。可见，将"吃饱"视为行动起点的生存理性行为在现实中广泛存在。在一般情况下，农户会出于消费方便和饮食偏好等方面的考虑，保留小规模的土地为自家进行生产。

其次，生存理性主导的为自家生产行为，是农户规避生产风险的表现。在斯科特（1977）看来，农户在严酷的生存环境中逐渐形成生存理性，并最终构成他们特有的社会公正、权利义务和互利互惠的观念。在多元的行动目标面前，处于外在环境威胁中的农户，首先要满足生存的需要。因此，保障家庭的基本食品消

---

① 对此，有学者敏锐地指出，恰亚诺夫的理论是基于边际方法来推演其理论的核心观点，容易被后续的研究实现模型化和计量化分析，因此，它很难归为实体主义研究者。但在本书中，还将根据传统分类，将恰亚诺夫视为实体主义研究范式的重要奠基者之一（Haswell M. 和 Hunt D.，1991；Shanin T.，1984；秦晖，1994；熊春文，2017；郑杭生和汪雁，2005）。

费被置于行为意义的中心。

最后，在食品安全威胁下，农户对食品安全的追求为生存理性赋予了另一层新意。在食品安全威胁下，生存理性可以完成从"民以食为天"到"食以安为先"的转变。随着市场食品供给的逐渐丰富，农户开始有了更多的选择空间，并开始更多地考虑"吃得安全放心"，进而理性地提出对食品安全的要求。本书进一步认为，由于理性能在现实中不断演化（汪丁丁和叶航，2004），生存理性同样可以在食品安全威胁下，完成从"民以食为天"到"食以安为先"的转变。随着饮食结构的改善，人们更多地开始考虑"吃得健康"，进而理性地提出对食品安全的要求。因此，家庭对有机蔬菜和进口奶粉等食品所表现出的偏好，已超越了单一的经济理性。其中的决策机制应被视作生存理性的高级表现。

据此，本书将进一步讨论农户生存理性的概念起源与演进。农户在生产过程中，形成了适应生存环境的理性行为（文军，2001）。它既是农户对长期生活经验和习惯的理性选择与反思，也是本书能把握农户在食品安全威胁下所进行的差别化生产行为意义的前提条件。在充斥着食品安全威胁的社会环境中，农户作为消费者对市场上的农产品信任减弱。而食品安全一家两制的出现，说明同时作为生产者的农户，为自家的生产正在经历从传统生产向自保生产转变的过程。换句话说，在食品安全威胁下，农户逐渐提高了食品安全意识，并开始重视食品的安全性与环境的可持续性。

综上所述，生存理性将被进一步定义为以下三类行为动机，并用于本书接下来的讨论。第一，农户的生产需要以最便利的方式保障家庭的基本食品消费。第二，农户对于食物的更高需求。包括口味、口感、新鲜以及对传统和本地的食物有更强烈的认同感。第三，农户因感受到食品安全威胁，而逐渐提高了食品安全意识，为自家生产安全食品。

二、社会理性：从家庭到社会的互惠动机

第二类是社会理性，即农户生产要满足社会交往需求。农户的食物生产不仅为提高货币收益，同样亦能满足多样化的信息交换功能以及对声望、荣誉等社会资本的追求（Anderson E. N.，1988）。实际上，在以食物生产和交换为主线的农户行为变迁过程中，斯科特（2007）的生存理性，投射到了自然环境和社会关系网这两个不同的场域之中，被社会伦理所具体化。

社会理性认为，人们在社会网络中所采取的互惠行为，是为了维持人际之间的有序交往（Blau P. M.，1997）。行为主体的互惠动机，既是受社会结构影响的结果，也能主动地反过来对社会结构产生影响（Granovetter M.，1985）。在此过程中，互惠行为的向度不仅是自利诉求，而且还会表现为对公平、正义、爱国等

利他价值的追求（郑也夫，2000）。在现实中，互惠行为具有边界性。根据个人与社群联系的紧密程度，可将其分为"亲缘利他"与"互惠利他"（叶航等，2005；陈叶烽等，2012）。

基于食物的互惠行为，在人类社会发展的过程中扮演了重要角色，而其背后的动机则与经济理性所强调的效用不可等同。哈贝马斯（1984）在分析糖和乳制品的社会历史时，揭示了两种替代形式的理性之间的经典过渡。前者与社会行为的客观主义和工具性观点相一致。它被认为是价值中立的，"以证据为基础"，支持资源使用和分配的效率。生活世界的理性或"交往"理性的世界，不能简化为意味着计算，因为它涉及习俗、情感和其他"非理性"行为。这种形式的合理性只能根据特定背景下的价值承诺来判断。

马歇尔·萨林斯（2002）讨论了美国食物体系构成所依赖的文化传统。他大胆假设，若是美国人不尊重与狗的关系，反而以狗肉为食物，其实在经济上未尝不可。但事实上，美国人把狗视为"神圣"的一部分。选择不吃狗肉，关键在于文化禁忌所构筑的社会规范。而正是基于这个社会规范，才衍生出了美国以牛肉为核心的食物体系。在这个还原了历史事实的解构过程中，应重新把握经济理性人在认识论层面的局限性。"理性人"概念的局限，不在于它在非西方社会的解释困境，而在于它在文化张力强化过程中的效力。文化相对论的缺陷，不在于它在制造非西方文化他化中的效力，而在于它在回到西方之后所面临的挑战（王铭铭，1996）。

对于农户来说，其在熟人社会的行为是理性行为。这些行为与所嵌入的熟人社会网络、社区、村庄以及村庄市场存在紧密而深刻的互动关系（Skinner G. W.，1964）。1949年，美国学者威廉·施坚雅（1964）在中国成都东南25千米的集市高店子完成超过3个月的实地调查。他发现，中国的农户在集市交易之余，都会在茶馆里聊天消磨一段时间，"几乎所有的农民，都在茶馆内与远处村庄的小农朋友社交往来。上集市的人很少不在一两个茶馆内消磨至少一个钟头。在好客和联谊的礼俗下，任何进门的村民，都可以立即成为座上客。在茶馆里消磨的一个钟头，无可避免地扩大了个人的交际圈子，也加深了他对这共同体社会其他部分的认识"。由此，施坚雅向世人展示了一个典型的中国农村社会，其本质是熟人社会。

在熟人社会中，蕴藏着很多资源。具体而言，包括以下四大类：第一，共有的社区信息；第二，千丝万缕的复杂关系，比如人情、亲情、友情、地缘、血缘、人缘等（Gintis H.，2003；阎云翔，2000；Akerlof G. A.，1982）；第三，共同的价值观，比如，对一件物品的近似相同的估价，家族、亲朋好友的连带责任、共同的习惯、共有的文化传统与文化价值等；第四，生产交易以及各类交换等社会联系（周立，2005）。在此基础上，考虑到中国社会网络的差序格局特征，"利他"的社会理性动机也可以进一步分类。

第一，理性主体的"亲缘利他"主导下的人际交往动机，将是本书关注的重点。它指有血缘关系的主体为其亲属提供的无私帮助。由于共享基因的关系，个人将减少与亲属的竞争（黄少安和韦倩，2008；Bowles S. 和 Gintis H.，2011）。在这个层次的理解中，社会理性表现为个体出于种群生存繁衍的考虑而产生的合理化行为（Veen E. J. 等，2015；Milinski M. 等，2002；Hechter M. 和 Kanazawa S.，1997）。具体到食品交换中，在家庭范围内，个人对于安全食品的追求都有基于"亲缘利他"的考虑。由此，也就定义了"自己人"的范围和边界。

第二，在村落、社区以及类似的熟人社会中所存在的"互惠利他"则强调，人们出于未来回报的考虑，提供当下的投资性帮助，增进人际交往关系（Guth W. 等，B.，1982）。Lin N.（2002）的研究表明，这种投资性的互动能获得两类汇报，其一是工具性行动回报，即获得行动者在未来拥有的资源，比如经济资本、政治资本、社会资本等；其二是情感性行动回报，即维持行动者现在拥有的资源（身体与心理健康、生活满意度）。在差序格局中，"自己"和"他人"的距离会影响这类投资性帮助的回报预期。贺雪峰（2004）认为，在熟人社会的内部互动中，任何一个具体的参与主体都会进行"由近及远"的人群划分。与自己关系最近的是"自家人"，与自己关系稍远的是"有条件的自家人"，而在熟人之外的可以被定义为"外人"。这三类人群都是熟人社会的成员，一方面需要共同完成熟人社会内部的义务，另一方面却又因为"由近及远"的"差序"而不能平等地享有完全相等的回报（陈少明，2016）。

第三，"互惠利他"行为是人类求生与进化的本能反应（Simon H. A.，1990）。针对农户在熟人社会进行社会合作、财富分配决策等行为的研究表明，农户渴望在社会网络中得到公平与正义。因此，行动者在追求利他的同时，也主动为个体与群体间的沟通合作搭建"桥梁"（Camerer C. F.，1997），维系自己在熟人社会的关系。进而在行为上兼顾他人的需要（王德福，2013；Fehr E. 和 Schmidt K. M.，1999）。本书将基于利他的动机，讨论在场域互动过程中农户的社会理性和其他类型的理性同时发生融合，形成行为的改进推动食品安全个体自保向社会共保转变的合理性。

需要补充的是，社会理性是一个隐性的表达，它并不在新古典或新自由主义经济学视野之内。实际上，在访谈过程中，通过明显的目的来表现出自己的社会理性也是少见的。因此，需要跟踪调查，并深刻地了解受访者的社会网络，由此去才有可能揭示受访者在行动过程中的思考方式。

综上所述，社会理性将被进一步定义为以下三类行为动机，并用于本书的讨论。一是人际交往需求。农户需要"借助"食物生产、交换等方式，维持其在社区的人际交往。二是增进情感需求。农户借助食物，促进人际交往，实现更高层次的心理满足。比如，增进熟人社会内部人与人之间情感的需求。三是维系关系需求。农户通过食物交换，增加自己的"面子"，维系和"经营"自己和家人在熟人社会的关系。

三、经济理性：市场经济中的逐利动机

第三类是经济理性，即农户生产要满足赚取货币收入的需求（Schultz T. W.，1964）。经济理性虽然最晚出现，但伴随着匿名市场的迅速发展，经济理性日渐成为农户生产的主要动机。在中国市场深化的具体背景下，Popkin S. L.（1979）所定义的农民经济理性影响业已形成。

经济理性是主流经济学对农户理性行为的解读（Ellis F.，1993；陈和午，2004）。在"目标—手段"范式下，经济理性指在自由竞争的市场中，在一定条件约束下，自利的"经济人"希望自己的经济利益越大越好（钱颖一，2002）。农民也是经济人，他们的行为生成充分体现了经济理性（Schultz T. W.，1964；林毅夫，1988；罗必良，2004）。经济行为是指在一定的社会经济环境中，农户为了实现自身的经济利益而对外部经济信号做出的反应（宋洪远，1994）。

在这个过程中，市场要求所有的产品都需要能够虚拟化为商品，以便用价格进行衡量。也就是说，所有的要素和商品都有自己的市场。货币的经济本质、人类的社会本质和原料的自然本质都将在这个虚拟化的过程中，被价格定义为利息、工资和租金。而在这个进程中，任何阻碍因素都不容存在。因为这威胁到了市场的自律性，也就是价格的独立存在性（Polanyi K.，1944）。因此，市场经济极端的逐利，根源于它的生产过程，这个过程仅是基于逐利动机而产生的买卖形式组织起来的。

诸如"理性人"一类的基本假设应用过度泛滥，虽可以顺着这一思路解释某些经济现象，但如果能站在更广阔的思维平台上看，便会发现这个前设条件的弱点颇多。数学工具的应用对于强化经济理性的逻辑与实证的特点很有帮助，但在现行的学术发表体系下，很有可能会让原本可以简单的方法便可以表述完整的经济学思想复杂化（Romer P. M.，2015）。

作为回应，经济理性完成了很多重要的调整。其中，代表性基础概念是由Simon H. A.（1955）提出的有限理性。即认为人的理性选择受到种种条件的制约，不可能完全实现帕累托最优。这样的反思有利于理性选择理论在更广阔的范围得到应用，延展了理性概念在实践中的讨论价值。

最新的现代行为经济学的研究已经表明，人们的实际决策与"经济人"模型并不一致（Hamilton D.，1980；Kahneman D.，1994；Smith V. L.，2003）。传统假定理性人的偏好是稳定的。在针对农户与风险的研究中，农民在不确定的风险环境下，违反货币收入最大化的经济理性行为时有发生（Roumasset J. A.，1976）。最新的期望效用理论对此的补充解释是，行动者在不确定的环境中会选择改变偏好以规避可能带来损失的行为（Bernoulli D.，2011）。而在 Kahneman D. 和 Tversky A.（1979）的前景理论视角下，农户改变选择偏好的目标不是为满足绝对效用，而是为迎合相对存在的某一个价值参考点。Tversky A. 和 Kahneman D.（1992）进一步提出累积性前景理论，认为随着风险概率的递减，决策者的偏好并非线性递增，而是随着参考点的变化而变化（Starmer C.，2000）。此外，农户作为行为决策者，在一定的心理参考点形成后存在损失厌恶的心理。这种评价是基于一定的价值参考点而言的，且对短期利益的损失厌恶更为突出（Della Vigna S.，2009）。

目前，经济学理性概念界定已经借助哲学和脑神经科学发展到了"生态进化"的研究范式（王国成，2012；叶航等，2007）。其核心贡献在于将理性从一个虚拟的前设条件变为一个生成的行动过程，将经济学的演绎范式转化为综合了归纳和演绎双重方法的复杂范式。一方面，经济选择的环境以根本的不确定性为特点，且个体的知识是有限的（汤吉军，2013）。因此，"经济人"要不断进化出适应性的经济行为（汪丁丁，2003）。这客观上加快了逐利的经济活动"脱嵌"于社会关系的进程。另一方面，市场社会环境的形成会进一步刺激人们的逐利动机。来自实验经济学的观察认为，市场结构的建立甚至可以让零智力的虚拟交易者产生追求自身利益最大化的行为组合（Gode D. D. K. 等，2012）。

随着中国的发展进入市场社会阶段，许多家庭已将获取经济收益视为食品交换的重要动机，这深刻影响了中国农户生产行为动机，经济理性也日益进入中国学者的研究视野。中国农村进入波兰尼和王绍光所说的社会市场阶段已经超过30年，农户微观行为受市场影响的程度正在不断加深。在漫长的市场化过程中，有效的激励让农户生产提高了食物的供给水平（Ali M. 和 Byerlee D.，1991），改善了农民的生活质量（Huang J. 等，2007），但也带来了不可避免的弊端。一方面主动将食品与自然环境以及社会系统的联系割断；另一方面逐利性食品体系的建立又反过来深刻地改变着人们对食品本质属性的理解以及对农产品生产和消费的认识。

综上所述，经济理性将被进一步定义为以下四类行为动机，即农户为市场而进行的逐利农业生产，其商品化、规模化、专业化、组织化的行动目标，是经济理性的核心特征。例如，在生产实践中，农户除了使用机械之外，还会通过增加以化学投入品为代表的资本替代劳动的方式，以提高农业生产效率，获取最大收益。这类生产行为中的逐利目标和"算计"过程，也相对容易地被研究者观察。因此，新古典主义定义的经济理性，说明了逐利已成为农户生产的重要行为动机（方平和周立，2017）。因而，本书将经济理性视为多元理性的一部分，以此对家庭在市场中的逐利性食品交换行为进行合理化说明。

第三节 理性、场域与实践

一、实践视野中的农户理性

在场域和习性等因素的互相作用下，农户行动遵循着实践的准则。它更为全貌和广泛地涉及农户活动的意图。而这种意图的归纳，指向的是实践背后多元的方向性含义。因此，对理性更准确的理解应结合农户的实践来讨论。一方面是由丰富多彩的行为、语言形式归结而成；另一方面恰恰也决定了人类的实践活动并不是受机械呆板的因素所驱动，更不是出于自己的意图，最大化自己的效用，进而服从于某种经济理性（布赫迪厄和华康德，2008）。

在布迪厄（2009）看来，实践逻辑的一致性和模糊性得以共存，源于时间产生了实践的序列性，这使实践在场域中具有策略的性质。实践在时间中展开，同时，实践在不同的场域内展开。因此，描述农户实践需要借助综合化视角，一方面完成同时化，向人们展示在同一时刻看到仅仅在连续过程中存在的事实；另一方面完成总体化，将不同情境下、不同话语范围和不同功能的产物进行综合与解码，而又不改变其实践性质。

在综合化的过程中，农户的实践体现了其内在的一种不是逻辑的实践逻辑，它在客观上是连贯且系统的，能借助一些彼此密切关联且在实践中形成整体的生成原则，组织起各种思想、感知和行为（布赫迪厄和华康德，2008）。而在不同情景和时间序列中的实践，又包含了非连贯性和模糊性。

实践感涵盖了农户行动中，从习性到身体化的实践形成过程。凡是历史中自然发生的事实都隐含一种严密性，由此形成的实践感赋予每个人以同等的判断力，使其在不同的实践领域做出风格一致的理解。因此，实践感对农户合目的性的选择有导向作用，能将行为人无法名状而又显示其主观图式系统的部分变为合理的实践活动。与此同时，实践感也包含了随机性，没有明晰的原则。最终，实践感通过农户实践行为表现了其严密性和随机性的相容，因而也在被归纳时伴随着潜在的矛盾性。

二、场域的边界、运动与场域重叠的再生成

场域的概念有助于构建多元理性所处的客观结构空间。将食物场域的边界形成、内在变化动力以及场域重叠后的规则再生产这三个层次，再结合理性的向度，可作为理解农户在食物生产和交换的重要线索。

第一，食物场域的边界需要结合经验材料才能加以理解。布迪厄（2012）认为，场域是那些参与场域活动的社会行动者的实践行动，与周围的社会经济条件之间所需要发现的一个关键性的中介环节。参与游戏的行动者是考虑此刻他所拥有的资本质量数量和结构，与他能够确保获得的游戏机会之间的函数（迈克尔·格伦菲尔，2018）。可见，场域是一个主观和客观的互动关系。食物交换的场域有固有的规则，但是在农户的改变过程中，它的固有规则或者结构会形成新变化。因此，食物场域的边界只能通过具体的经验研究来确定。

第二，食物场域的内在动力来自行动者之间互动所带来的系统性影响，并构成混合的场域。场域运动的动力核心在于每个行动者在其中的互动以及这种活动所形成的一种历史性的结论。农户为了更好地占据资本或者结构位置而进行的斗争运动，引发出来的是场域变化的动力讨论。它需要的是找到改变场域关系的过程，而这就体现出场域的历史性。具体来看，家庭内部、熟人社会与匿名市场的边界划定，实际上是动态的生成过程。或者说，场域的结构和运作的过程所体现出来的是必然性。它是不断推进集体创造的历史进程的产物，而这种历史进程，不遵循某个计划，也不是固有理性的结果。它是一种综合的互动和社会形成的过程（布赫迪厄和华康德，2008）。布迪厄的研究结果为我们在经验材料中界定"自家人"，进而打开何以成为"自家人"的具体条件问题，提供了基本的理论视野。

第三，混合食物场域的复合部分和复合过程是复杂却也富有生机的。这种复合，主要是指在市场深化的背景下，农户不可避免地需要同时与三个场域打交道。首先，布迪厄认为，行动者进入新的场域需要"入场费"。只有识别那些能够发挥作用的禀赋和特征，或者是资本的形式，才能够确定哪个农户或者消费者能够进入到特定场域当中。其次，场域改变的原动力是特殊力量之间的关系。场域间的鸿沟和不对称的关系是极其复杂的问题。这意味着农户行动的变化是在动态当中进行分析的，而变化必然会处理场域之间的相互关系，改变场域重叠部分的行动规则。因此，场域的复合实际上就是一个非常重要的行动理解过程。

值得注意的是，随着农户逐渐理解食物场域重叠处的行动规则，他们逐渐形成了新的实践意义（Van der Ploeg J. D., 2009）：第一，农户重新构建了与市场

的关联，形成有界的替代性社区市场。通过农消对接、农夫市集、社区支持农业、公共采购计划等具体的创新尝试，农户建立新的市场联结，分解竞争性市场所垄断的产品分配结构。第二，重新实现技术创新。通过传统技艺与机械记忆的结合，构成不断更新的在地知识和可持续技术体系。第三，这两类实践，构成了一个价值的生成过程。在社会层面，通过重建信任与提升价值，食物的质量提升优化了农户的直接收入水平。另外，通过可持续的生产技术，将在地知识转化为对环境的综合保护与对资源的综合利用，由此所带来系统性的间接收入。

三、农户在场域中理性的实践

本书将理性选择理论与场域概念相结合，旨在讨论农户在具体的食物互动场域中，如何"合理"地进行行为生成，进而影响和改变生计、生产等方面的诸多实践行为。这一视角和方法的核心思想是将对所有行动的理解嵌入生产者日常的农业活动中，因此，可以规避从宏大抽象的概念入手来理解人类行动。在场域的实践中，行为人面临理性的可证明性和理性计算的逻辑必然性的双重制约。因此，农户在生产实践活动中的表现，如果不服从于客观可能性，就是犯下主观选择错误。或者说，在机械决定论看来，实践中的差异仅来自客观条件的不同。本书始于农户分析，即以农户为导向的视角。在农户之外，食物体系显然还有其他因素，但是农户导向的分析更关注的，是人与人之间的互动、沟通与其他活动（布赫迪厄和华康德，2008）。

农户生活的场域往往是由在历史中形成的具体组织形式，由家庭、熟人社会和匿名市场所构成（布赫迪厄，2015）。在其中，农户在熟人社会的行动，从来都不具备个人层面的意义，而是以农户家庭为单位，与其他社会成员共同互动而形成的结果。强调农户的理性选择与场域的意义，是在强调"内部"因素与"外部"因素的紧密关系和相互影响。这两者并不是隔离的，而是互锁（Interlocking）和相关的关系（Long N.，2003）。因此，在观察农户在场域互动的诸多维度中，本书需要运用理性概念来解释这个过程，即每一个普通人都能够对自身实践行为进行"有意义"的加工和处理，并对自己的生活在各个场域中完成规划。

农户在参与食物的生产、分配、交换和消费等不同的社会互动实践时，在相同或者类似的场域中，会形成有差别的行为。而这种动机层面的差别，将会带来截然不同的行为表现。因此，引入理性和场域相结合，对农户实践进行分析的方式，将更好地讨论农户在食品安全威胁下的一家两制行为，总结并归纳不同农户在不同场域的行为向度以及这些动机背后的行为逻辑产生的条件，讨论不同类型的理性向度之间是如何完成联系，并与实践中的场域进行互动，形成对应的"合理"行为组合，并讨论这种行为组合的社会影响，由此，分析一家两制背后复杂的社会关系与社会实践。

具体而言，在食物市场当中，农户实际上是需要提供严格符合标准要求的食物。但是我们看到，"A + B"模式的相互矛盾由此反映出来。农户是在用食物本质上所拥有的生命逻辑，去质疑食物市场对于食物本质的扭曲。我们把这个过程视为社会个体自我保护的过程。实际上是农户行为当中的一种自主性的干预，它是对市场的反抗。由此可见，经济理性和我们所述的生存理性和社会理性并不存在相互化约的空间（布赫迪厄，2015）。进一步来看，农户的理性非常自主地从根源上说明，食物的价值既取决于食物本身与生命、土地、乡村的关联；也取决于它们在市场当中的定位。这种相互的暗喻过程实际上超脱了单一理性所规定的一个既定的行动目标，而是扩充了理性理解的张力。食物场域给农户的职责，就是让他们不再拘泥于市场的阻力，或者是食物本身的价值，而是去理解我们就是为了食物而食物。这是一种重要的行动演进趋势，它能够让我们更深层次地去理解场域的复合处所形成的一种变化过程。

总之，本书讨论的多元理性，实质上是尝试解决农户差序格局和场域之间，如何进行权衡的问题。在充满现代性的工业化食物体系影响下，农户被市场价格所影响，一方面被裹挟和牵制，另一方面则激发了农户的反思，并引出一家两制实践。差序格局在不同的食物交换中，先是被淡化，随后被强烈地有意识的自我保护行为重塑。

第四节　研究评述

多元理性可以理解为，多个向度的行为意图在不同的场域中，所表现出的实践意义。在主流经济学看来，理性行为是一样的，就是趋利避害、个人利益最大化。但多元理性试图从实践中说明，农户不仅卖给市场的菜用农药以增产、而自己吃的或卖给熟人吃的不用农药以保证安全和关系。其中不仅包含了利益最大化的理性行为，还有生存理性、社会理性等其他维度的价值向度和行为含义。关于人的理性行为，在经济学、人类学、社会学特别是理性选择流派里有无数的经典文献，而本书将这些文献聚焦在农户食物生产交换行为独特性质的讨论中。

一方面，是关于理性与新自由主义定义的理性经济人的区别。从经济学的发展过程中很容易发现两者的区别越发模糊。但从多学科的视角下，即可发现它们对于实践意义的理解的确存在严苛的区别，即理性经济人的选择是基于效用最优，将农户的差别化生产视作追求利益的选择。事实上，本书希望回归韦伯对意义层面的理性定义，强调这种差别化生产来揭示农户生产时体现（从访谈和观察中得到）出的实践意义，场域的不同，本质上就会有"人与食物的关系"的不同，出现不同类型的理性动机。而通过对这种"人与食物的关系"与理性连接的讨论，可以进一步体现，多元理性的不同向度，无法与理性经济人相互化约。

实践越发包含不断强化的张力，则理性经济人的解释效力越低。这种缺失和低效来自经济理性，作为一个前置假设条件，无法从当时的历史背景中实现反思。或者说，若带着逐利与货币收入最大化的原则去梳理实际的历史，则会出现太多超越这些原则理解范畴的事实，自然也就丧失了基于实践的解释能力。这是经济学帝国主义过度依赖由此及彼的演绎式逻辑工具的表现。另外，若能使用跨学科交叉的工具，则有助于实事求是、更深刻地理解和反思中国复杂的实践。

文化人类学的洞见还可以与政治经济学中关于食物与权力的讨论相互结合。在叙述三类理性的过程中，需要自觉地回到历史感和实践感之中，摆脱先入为主的理性设想，才不会让拘泥于研究中必然出现的分析框架。

另一方面，是关于场域和惯习的说明。布迪厄和其他研究者揭示了社会理性范畴的重要性。很明显，场域在解释嵌入社会的经济过程中有着比经济理性更为深刻的洞见。多元理性结合了场域的具体思考，其中，需要观察实践并判断农户的合理实践原则。合理性的审查与实践中的偶然性需要从个体和微观的层面体现出来。由此，在市场迅速脱嵌的过程中，行动者对于自身的心智和外在事物之间的张力以及将这种张力进行内化所形成惯习的经验，可以在一家两制的变迁分析中得到更深刻的论述。这种惯习与单一的经济理性具有本质的区别。唯经济主义的思考已经不能表明效用对人类经济行为有足够的解释力。这是由市场本身的历史性所局限的。市场是一个历史局部的产物，在市场出现之前，人类的经济行为就不能用效用单一化的表述。市场即便是历史的产物，在市场出现之后，它被资本主义化表述，但也还是有其他的实践形式。因此，如何将三者在实践中的融合过程进一步呈现出来，就成为多元理性完成理论构建的重要部分。

总体而言，对食物体系转型的分析过程，是一次从食物与人的关系转变为人与人之间的关系的研究回顾。可以看出，人们在塑造新的食物体系的过程当中，以食物为媒介，改变了传统社会中人与人之间的关系，这种关系包括生产层面的关系，更延伸到了资本、权力乃至市场与社会层面的关系。通过这样的关系的变化而建立新的食物体系，反过来重新影响了人与食物之间的关系，塑造出了中国食物现在所面临的状态，"脱嵌"的食物市场构成了食品安全威胁。

在这一背景下，农户改变了单一的经济理性生产动机。在引入实践与场域的概念后，便能观察到农户在食物生产中所涉及的不同场域，探究其内在的不同行

食品安全中的多元理性与一家两制

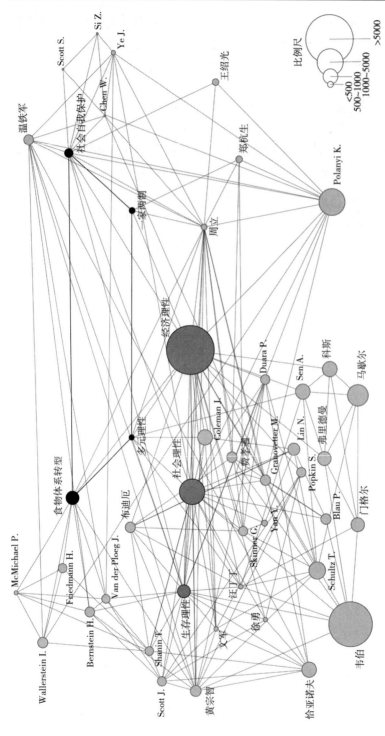

图 5－3　主要参考文献与本书研究核心概念关系

注：示意图根据本章的主要参考文献在 Google Scholar 与中国知网的学术统计，综合计算引用数据，借助 Gephi 的 Force－Directed Graph 的相关功能（聚类分析、多维尺度分析、社会网络分析）制作而成。具体解释包括两点：①根据聚类分析的结果，可将参考文献凝聚为理性的三个主要类型：生存理性、社会理性和经济理性，即地向本书的研究框架，使其指向本书的研究框架。通过进一步分析，即地向本书的研究框架，使其指向本文献或作者受核心概念在本领域的影响力，右下角比例尺表示相关文献或核心概念的引用次数，最低为小于 500 次，最高为超过 5000 次。

资料来源：根据文献阅读整理。

为特点以及在具体情况中由于这些场域的互动而引发的行为变化。农户为自家进行的农产品生产并不是按照新自由主义经济学家所假设的"经济人"逻辑进行实践的。而农户在食物交换的熟人社会中，受到很多社会因素的影响和制约。这种制约是本质上长期演进成的一套意识和思维方式。因此，有学者开始尝试与单一的经济理性对话，并从各自的具体研究出发，建立了关于农户的生存理性和社会理性概念。这为本书的研究奠定了重要的理论基础：它们能从不同的认识角度分析农户在食品安全威胁下的一家两制，具体的讨论方向包括农户的一家两制现象特点归纳、农户的食品安全社会自我保护案例研究等。

在继承已有研究的基础上，本书需要在如下方面完成突破：

第一，分析食品安全威胁与农户生产动机改变之间的关系。通过经验材料，讨论农户生产行为动机从单一理性回归多元理性的过程。

第二，讨论多元理性的不同类型与不同场域之间的相互关系。一方面，理性的不同类型与不同场域之间的联系如何形成？另一方面，这种联系是否会发生转换和改变，其具体条件是哪些？实际上，在已有研究中，不同类型的理性往往呈现出互斥的关系，最突出的例子就是"生存理性"与"经济理性"之间的"斯科特—波普金论题"。但这往往是由学科视野的局限性所导致的。因此，下文的讨论，意在指明农户的生产和行为动机具有理性、多元性的特征的同时，有必要综合这三类理性，从其对行为意义的解释力出发，回归农户的真实生产行为，探究其真实的生成和演进。

第三，探索农户从个体自保转向社会共保的理论可能性。由此，完成本书理论分析框架与实践政策含义的对接。

本书所使用的主要文献之间的继承与发展关系及其与核心概念、研究命题的关系如图 5-3 所示。

第六章 多元理性：概念与命题

导读：在食物体系转型的过程中，特别是在食品安全威胁下，中国农户所进行的差别化生产，既受到多元理性的主导，也在进一步的实践中，生成新的行动。场域的不同，本质上就有"人与食物的关系"的不同，进而生成不同类型的理性动机。

本章从一家两制出发，聚焦理论层面讨论的农户理性向度，即生存理性、社会理性和经济理性。通过分析社会互动层级与三类理性向度的结构性关联以及它们之间的结合、转换的动态过程，可以发现，不同类型的理性之间存在两种有区别但又紧密联系的机制："差序责任"的社会互动机制和"合理审查"的行为生成机制。在两者共同作用下，三类理性有机地构成多元理性，并支配农户的差别化生产行为。

第一节 多元理性分析框架

一、多元理性的内在逻辑联系

多元理性至少包括了生存理性、社会理性和经济理性三个层面，它们之间存在着紧密的逻辑联系。在现有分析中，对于这种逻辑的描述有不同的看法。下文将进一步讨论多元理性内部存在怎样的逻辑联系以及家庭在食品交换体系中将如何追求多层面的理性需要。随后，利用这两个维度的分析构建食物交换体系中的多元理性行为矩阵。

一种观点认为，三者存在纵向的递进关系。只有生存理性得到满足之后，主体才有能力追求社会理性和经济理性（刘金源，2001；黄平，1996）。另一种观点认为，三者的关系表现出横向递进的特点。即随着时间的推移，生存理性的体现将会减少，而社会理性和经济理性的体现将会更多。例如，文军（2001）在对当代中国农民外出就业原因的分析中提出农民理性选择具有多样性的观点。随着时代的进步，农民工外出就业的动机完成了从生存理性到社会理性的跃迁。

为说明食品交换系统中家庭多元理性的内在逻辑关系，需要再次强调理性的核心特征，即理性主体对其行为具有"合理审查"能力，可以对多元理性的各个具体层面进行判断和平衡。据此，本书认为，多元理性不仅含有纵向或横向的递进关系，更体现为行为主体基于"合理审查"能力所同时提出的多层面的理性需求。

一方面，就三个层面的重要性而言，多元理性内部确实存在递进关系。从人类社会演进的历史图谱和人们的基本需求层次来看，生存理性均处在最根本的位置。首先，它所表达的人们对食物的本能需求，必然是理性行动的根源（王春超，2009）。其次，是社会理性，即强调人际间的合作、互惠、利他行为，这些都是构成人类社会所必需的要素。最后，经济理性所强调的个体利益最大化，可以说明人们在市场竞争中的行为动机。但经济理性受到前两个层面的支配，处于多元理性的最外层。

另一方面，对于主体的行为而言，多元理性是一个整体性的逻辑起点。家庭先根据"合理审查"能力，在与社会的互动中，对生存理性、社会理性、经济理性进行权衡，从而为行动赋予多元的意义。当行动组合带来的未来总效用大于当前的总效用时，家庭就会采取具体行动。这些行动相互之间只需以一种有说服力的、成体系的方式完成连接，便可以视为符合多元理性的行为集（Sen A.，1995）。

二、食品交换体系中的互动层次划分

多元理性作为分析框架，在应用到农户行动的分析时，有必要讨论主体所处的具体互动场域。马克·格兰诺维特（1985）认为，人们有目的的行为实际上嵌入在真实的社会系统中。因而，家庭对于生存理性、社会理性、经济理性的判断，也只有在具体交换环境中讨论才有意义。就此，本书根据家庭与食物交换体系的亲疏关系，将该具体的互动场域划分为三个类型，如图6-1所示。

其一，家庭内部的交换。在科尔曼（1990）关于社会交换行为的分类中，除了市场交换之外，还存在其他类型的交换，而后者的目的并非为了追求货币收益的最大化。同理，在食品交换体系中，虽然参与其中的家庭都是有行动目的的，但在市场交换范围之外，大部分食品的交换并非为了追求经济收益，而家庭内部的交换显然是其中的一类。

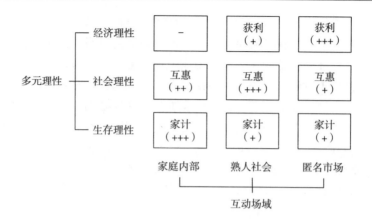

图6-1 食品交换体系的多元理性行为矩阵

注：图中的"＋＋＋"表示在该互动场域内，家庭最常见的行为；"＋＋"表示重要行为；"＋"表示行为在一定条件下存在；"－"表示行为很少出现。

其二，家庭与熟人社会的交换。如同费孝通（2012）在《乡土中国》一书中所指出的，每个社会成员处在其社会影响所辐射的圈子的中心，被圈子的波纹所推及的人们会与之发生联系。此时，人们会形成相对的价值判断标准，以尽可能追求其所处的"可伸缩"的群体利益最大化。在食品交换体系中，熟人社会层级也具有相似的特点。一方面，家庭的行为客观嵌入在熟人社会中，亲戚朋友、街坊邻里之间的食品互赠也成为必然（阎云翔，2000）；另一方面，熟人社会的辐射圈可依据家庭的利益进行调整。特别是生活在城市的家庭，其邻居的改变、朋友圈的扩展都可以选择。这种建立新的熟人社会的能力对食品安全有重要意义，尤其表现在对于信任体系的重构上。

其三，家庭与匿名市场的交换。这种食品交换模式最早可以追溯到资本主义农业在英国刚刚兴起的时代（Overton M.，1996）。而如今，它几乎完全成了食品交换的代名词。大量的食品通过现代化的组织体系，完成跨越时间和空间的市场交换，生产者与消费者的互动更多地通过货币完成连接。信息不对称成了家庭与匿名市场交换中的最大障碍。

三、多元理性矩阵的构建

从多元理性的内在逻辑结构和家庭与食品交换体系的互动场域这两个维度出发，本书尝试构建针对食品交换体系的多元理性行为矩阵（见图6-1）。

图6-1中的矩阵描述了多元理性与社会互动场域进行组合，并构成了家庭行为的过程。从纵向来看，多元理性包括了生存、社会、经济三个层面。从横向来看，根据现有的食品交换体系，家庭的互动对象，由近及远依次为家庭内部、

熟人社会和匿名市场。由此，家庭的多元理性选择在具体互动场域中，将构成一组行为的基本价值判断，并最终转变为行动组合（周立和方平，2015）。

首先，对于家庭范围内的交换，人们根据生存理性和社会理性，必然会将家庭成员的食物数量和质量安全放在第一位，进而产生了家计行为与亲缘互惠行为，即以家庭成员的生计延续、健康安全为出发点所产生的行为组合。

其次，家庭根据社会理性，在熟人社会中以互利互惠的原则进行交换。值得注意的是，熟人社会的边界可以根据家庭的利益需要而改变（孙立平，1996）。而且，家庭的利他行为是一种希望得到他人回报的投资。回报的方式可以是多样的，主要以非货币的形式表现（Gold T. B.，1985）。在这个互动场域中，虽然家计和获利行为也有所体现，但互惠的动机还是占主导地位。

最后，家庭在与匿名市场的食品交换中，更多体现为经济理性主导下的逐利行为。这种情况在市场环境中最为普遍，尤其是工业化农业体系建立之后，食品的多元属性逐渐被以货币为媒介的交换系统分解，成为单一属性的廉价商品。而获利的交换过程中，信息不对称难以避免，并使食品质量安全难以保障。此时，家计行为和互惠行为也将在家庭与匿名市场的互动中部分体现。

从食品交换体系的多元理性行为矩阵中可以发现：首先，生存理性和社会理性主导的行为贯穿了所有食品交换层级，但在市场社会中，家庭与匿名市场互动中的经济理性被突出强调，获利已成为最主要的交换动机。其次，随着互动场域的增加，需要家庭投入更多的精力，在多元理性的各个层面进行权衡，尤其是在食品安全威胁下，不得不做到"八面玲珑"。最后，熟人社会边界的可延展性，使匿名市场向熟人社会的转化成为可能。尤其在小范围的市场交换中，主体间的相互信任关系一经建立，获利行为将随之转化成为互惠行为。这一特点有助于解释食品安全自我保护中由"个体自保"向"社会共保"的转型。

可见，在现有食品交换系统中，农户对食品质量具有先导性的影响。面对食物体系转型所带来的双重脱嵌，农户从多元理性出发，采取一家两制的自我保护行为。而农户的家计、互惠行为与逐利行为，在不同食品交换层级中并行不悖。由此，本书提出命题 H1：随着食物体系转型的不断加深，农户开始将单一经济理性拓展为多元理性。

一方面，农户在家庭范围内的生产和消费决策以生存理性为主导，即首先考虑为家庭成员准备充足且安全的食物。因此，农户需要留下一部分"保命田"，按照家计原则和亲缘互惠原则，仅为家庭内部生产安全的食品。从选育种子到田间管理，直至最后的采摘和储存，都会投入从经济理性角度分析完全不合理的高成本（周立，2010）。但在农户看来，这些行为能让家人得到安全且符合当地饮食习惯的美味食品，并使自己与自然之间的超越经济利益的联系得到延续。由此，可以得到命题 H1.1：农户为家庭消费的生产遵循生存理性。

此外，农户在熟人社会的交换活动还体现了社会理性。在村庄内部，农户在自家庭院生产的安全食品如果出现剩余，邻里之间会进行相互馈赠。而随着巢状市场等"农消对接"形式的出现，部分城市家庭开始与农户建立信任关系，并尝试嵌入后者的熟人网络。他们之间的交换动机从逐利过渡到互惠，农户的安全生产渐渐得到物质和精神上的支持。由此，可以得到命题 H1.2：农户为熟人社会的生产遵循社会理性。

另一方面，农户在面对匿名市场时，大多采用逐利的行为原则。在整个生产流程中，农户需要充分考虑工业化农业为其增收带来的益处。虽然这一生产模式必然带来负外部性，例如潜在的食品污染以及过量投入石油化学品所引起的农业生产环境退化。但在权衡食品交换过程中的信息不对称以及客观存在的城乡之间、产业之间的收益率差距之后，农户还是会更偏向选择资本替代劳动的工业化农业，使低成本但难以保证安全的农产品被大量生产。由此，具体得到命题 H1.3：农户为匿名市场的生产遵循经济理性。

由上可知，多元理性而非单一理性，应该成为理解农户的生产行为的重要概念。其中，对于农户一家两制的差别化生产行为而言，三种类型的理性尤其具有解释力。

在理论方面，多元理性的分析框架不仅针对理性的某个侧面，而是一种根据农户实践动机而进行的类型区分。因此，本书的讨论也不仅针对理性的效用层面，不是意图去发现行为的规律（拓展单一经济理性人假设的局限），而是尝试回归理性对行为本身的意义的理解，从认识论上，继承马克斯·韦伯、阿玛蒂亚·森以及詹姆斯·科尔曼等学者的讨论，对于理性概念展开更全面界定与研究。由此，本书提出命题 H2：农户由多元理性主导，选择一家两制的个体自我保护。

在实践方面，结合乡村振兴战略的实施过程中，促进小农户的可持续生产方式与现代农业发展有机衔接，以及分别在 2015 年与 2018 年修订的《食品安全法》中所倡导的社会共治，通过案例刻画与反思，创新性地讨论个体自我保护（个体自保）走向社会自我保护（社会共保）的可能性，并期望在本书第四部分提炼出自我认知、社会认知和市场认知三个重要的实现条件。

但即使如此，以下两大问题仍有待在论证命题 H2 的过程中得到进一步解决。

第一，在食物体系转型的历史背景下，三种具体的场域如何与三类理性动机发生关联，促成农户的一家两制？（对应命题 H2.1）

第二，在农户的微观实践中，三类理性动机之间如何进行转换和互动，进而改变一家两制行为？（对应命题 H2.2）

实际上，这些关联与转换经常发生。一家两制行为的背后，包含了相当复杂的多元理性选择过程。由此，下文将通过"差序责任"的社会互动机制以及"合理审查"的行为生成机制，展开对上述两个问题更深入的讨论。

第二节 "差序责任"的社会互动机制

一、"差序责任"的理论基础

"差序责任"的社会互动机制是指随着不同场域之间的距离逐渐扩大，农户在生产过程中所体现的责任意识相应递减。"差序"概念源自费孝通（2012）对中国传统社会基本特征的生动刻画，人们以"己"为中心，和别人构成社会互动，这种关系不是平面的，而是如水波一般一圈圈推出去，越推越远，也越推越薄，是有差序的格局。

费孝通将差序格局用于分析乡土社会的权界区分问题，认为以私人关系为核心，个人会追求以其所处的可"伸缩"的群体利益最大化，构建相对的价值判断标准，并通过"克己"进行自我约束。对比东西方的血缘、地缘和传统价值观以说明团体格局的特点。进而提出差序格局的概念，它如一块石头丢在水面上所产生的波纹向外扩散，每个社会成员都是他社会影响所推出去的圈子中心，被圈子的波纹所推及就是熟人社会网络的一部分。由此，乡土社会的人际关系是由一根根私人联系所构成的网络。

因此，乡土社会是一个熟人社会，其社会结构呈现差序格局并凭借礼治维持自身稳定，具有长老统治的特点。而在社会变迁的大环境中，乡土社会的社会性质、权力结构和人们的行为等诸多方面都在经历着改变。乡土社会是人们基于农业生产，历世不移、聚村而居而形成的熟人社会，具有构建在经验保存基础上的完整而独特的学习能力、交流方式和象征体系（萧楼，2010）。

二、"差序责任"的作用机制

在最初的农业生产过程中，农户的经济活动"嵌入"在其所处的社会互动当中。更准确地说，这种关系是根据内外不同、亲疏有别的原则，形成了食物互动的不同场域。通过生产和消费食物、农户和消费对象形成互动关系，并根据自己的利益需求，与不同场域中的互动对象进行多种形式的"讨价还价"，最终理性地完成食物的生产和供给。

在传统的农村社会，农户的生产首先满足自家的生活需求，为"自家人"进行食物生产。而在以互惠为交换原则的熟人社会里，农户重视食物交换所具有的社会资本积累功能（阎云翔，2006；阎明，2016），因此，农户同时也会为"有条件自家人"进行生产（潘素梅和周立，2015）。随着食物体系的转型，市场社会出现从匿名市场获利，逐渐成为农户生产的主要目的，农户开始为差序格局中的"外人"进行食物生产。较之于家庭和熟人社会，农户与匿名市场的互动过程具有新的特点，包括长链条的市场组织、信息交换、仓储物流等。因此，新的匿名市场与家庭内部和熟人社会之间存在明显的边界。在匿名市场交换中，农户和消费者之间并无直接的社会联系，货币取代了村社互惠，使基于家庭和村社的责任在匿名市场这个新的场域不再具有重要意义。换句话说，这样的过程，构建出一个超越血缘与地缘，却又包含有差序格局的食物交换场域（萧楼，2010）。

而不同的食物交换场域对应着不同的社会责任。在传统的"差序"社会中，农户逐渐形成了对"自家人"和"外人"的差别对待（杨宜音，2008）。"自家人"可以是有血缘关系的亲人或是有地缘关系的乡里乡亲。随着食物体系转型，农产品销售越出了村社边界，朝向了区域性、中国性甚至全球性市场。匿名市场里的消费者，都是一个个与自己毫无社会关系的"外人"。内外有别的道德观，使得农户对不同层级"外人"的责任意识明显低于不同层级的"自家人"（陈少明，2016；杨美惠，2009）。

据此，本书提出命题 H2.1：随着不同场域之间距离的增大，农户在食品生产中所体现的责任意识越小（"越推越远，越推越薄"），"内外有别"的一家两制行为越容易出现，如图 6-2 所示。

图 6-2 是对"差序责任"的社会互动机制的描述，它为理解不同场域与三种类型的理性如何相互联系赋予了实证意义。同时，也能展示子命题 H1.1 至命题 H1.3 与命题 H2.1 之间的关系。即农户生产的食物会被不同场域的对象所消费。其中，既包括了自己的家人，熟人社会当中的亲戚、邻里，还有处在匿名食物市场供应链条另一端的那些千里之外的城市消费者。这些不同的场域，既层层紧扣，又"内外有别"。而在不同的场域内，农户因为"差序责任"，选择了不同的理性动机，距离自家消费越近，生存理性的动机越强，距离匿名市场越近，经济理性的动机越强。

因此，在食物体系转型的历史背景下，正是"差序责任"的社会互动机制的作用，使特定的场域，与不同的理性动机相互关联。而在现有条件下，农户几乎需要在所有的场域内行动。由于受到不同的理性类型所支配，农户针对不同场域的生产行为，有着明显的区别。于是，这些有区别的理性行为，逐渐糅合在同一个农户的生产实践中，即本书在经验证据中观察到的一家两制。

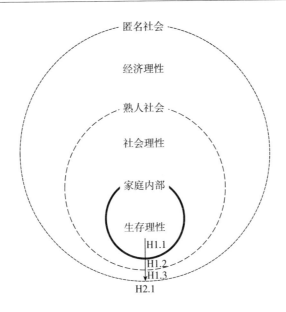

图6-2 "差序责任"社会互动机制

首先，生存理性支配农户为家庭消费而进行的生产行为。在日常的互动中，农户可以熟知家人的食物需求特点。考虑到家庭生活和身体健康的因素，农户在品种、种植管理、产品加工等各个环节都有尽责的安排，以确保"自家人"消费需求满足和食品安全。

其次，社会理性支配农户为熟人社会而进行的生产行为。在这个具体的场域中，互惠是人与人之间互动的行为原则。长期的农业社会生活使农户有意识地在与熟人的交换过程中积累社会资本，当这种社会资本达到一定程度时，农户之间就会认定对方是"有条件的自家人"。这些积累的其中一个重要表现就是为他们提供自家生产的食物（Blau P. M. , 1964）。这种积累在获取回报时具有非对称性。一是回报时间滞后，二是回报方式非等价（布迪厄，2012）。例如，参与生产的农户可以为村社中那些不再参与农业生产的邻居长期提供蔬菜，而后者的回报可能是为前者的子女在城镇中介绍一个工作机会。

最后，经济理性支配农户为匿名市场而进行的生产行为。此时，农户的逐利生产特点得到体现，而随着责任意识的削减和逐利意识的提升，在产品价格的指挥下，农户会在生产过程中偏向对产品数量的追求。这种针对匿名市场中的"外人"而进行逐利的农业生产方式，有可能带来食品安全和环境污染的双重问题（McMichael P. , 2014）。

值得注意的是，多元理性行为反过来对场域之间的距离有固化作用，从而进一步增强了"差序责任"的社会互动机制。在多元理性主导下，农户选择了一家两制的食品安全个体自保，让家庭内部、熟人社会与匿名市场之间的食物供给质量存在差距。在某种程度上，这增加了生产者和消费者之间的相互不信任，从而进一步固化甚至拉大不同场域之间的距离。

第三节　"合理审查"的行为生成机制

一、"合理审查"的理论基础

"合理审查"的行为生成机制指农户根据实际情况的变化，在不同类型的理性动机之间做出反思与合理判断，并最终影响实际生产行为的选择过程。韦伯（2013）在理解理性概念时，就已经提出，人们对行为的选择具有内在一惯性（Inner Consistency）。阿玛蒂亚·森（2004）进一步提出，人们对自己的行为目标具有评价和判断的能力。在理性选择当中，存在四个原则，即自我中心福利、自我福利目标、自我目标选择以及自我"合理审查"。其中，第四种原则是评价人们行为理性与否的核心，它受到外在条件的影响，能让人们在选择过程中合理地修正预期向度，改变实践行为。

现代哲学和经济学的主流观点是将理性视作一种经济理性，而阿玛蒂亚·森（2004）针对这一问题的关键部分进行有效的分析和批评。一方面，统一效用的观点不能成为理性的充分条件或必要条件，因为一旦考虑到动机关联，就一定会涉及具体的行动场域。另一方面，自利最大化假设将人的行动变得过于苍白。因此，需要将"囚徒困境"变成确信博弈，就要认识到，人的共同知识、社会伦理，甚至经济行为中的道德等因素，都应重新引入理性行为的分析视野之中。

阿玛蒂亚·森（1995）进而认为，"合理审查"是理性的核心特质。它来自实践，而非某种先验的预设。实践逻辑是简单的、概括的和多义的。实践活动产生的象征系统则进一步体现了实践严密性，既表现为一致性和规则性，又表现为模糊性和不连贯性。因此，理性在实践中呈现出用最合适的方式，达到某个客观条件的逻辑要求的目标之方式，也就是合理性。

这种合理性存在于农户行为的实践逻辑，因此，超越单一的经济理性动机。在实践意义中，农户偏好的多义性是存在的。新自由主义经济学通常把偏好等同于个人的选择，同时又等同于最大化个人货币收入的动机。这就让复杂农户生产实践变成了一个"过分简单化"的体系，其结果一方面利于量化讨论，另一方面农户就被模型化为一个"理性的白痴"（Rational Fool），而难以体现其在实践中的真实动机（Sen A.，1977）。

在其他学科讨论中，亦可以更充分地认识到理性的"合理审查"机制。行动者在理解和认识事物的过程中，为了要把这种理解固定下来，需要理性的帮助。理性能力的最初阶段是"目的和算计"的形成。大脑的记忆特征是以最简约的符号记住最丰富的内容。数字以及各种数字符号是最明显的例子（Deacon T. W.，1998）。哲学家阿图尔·叔本华（1982）进一步认为，"目的和计算"关注的仅是固定为概念的符号之间的关系，而不再是实践中发生着的不断变化着的复杂因果关系。与理性的"目的和算计"思维的苍白相对立，理性的"合理审查"的洞察力被叔本华如此评论："每个简单的人都有基于目的和算计的理性，只要告诉他推理的前提是什么就行了。但是能做出'判断'与'权衡'的理性却不同，它提供的是原初性的东西，从而也是直觉性的知识。事实上，当行动者处于外界和内在的有利环境里时，各种复杂的和隐藏着的因果序列被审视了千百次，或者，前所未有的思路被阻断过千百次，突然，它们显现出来，显现给更高层面（'合理审查'）的理性。"

括号中的"合理审查"是本书所加入的补充解释。其依据是在叔本华的认识框架中，其对于"理解"（Verstand）和"统觉"（Perception）的概念阐释，与将近200年之后，森关于"合理审查"的概念界定非常类似。两者的共同点在于，基于对理性概念中的"目的和算计"功能的存疑，试图提出更高层次的对于行动者合理性的界定，以此赋予行动意义。而这一段评论，从根本上否认了康德和韦伯关于理性的先验性说法，从而更强调实践中个体观察、反思与权衡之后的合理判断能力（汪丁丁，2001）。

进一步来看，在脑神经学的前沿讨论中，叔本华论述的"判断"与"权衡"已被实验证明为感官与神经网络长期演化的产物（Cosmides L. 和 Tooby J.，1994）。可见，不同学科对于理性的"合理审查"特质的讨论是殊途同归的。

在现实中，理性并非一种形而上学的动机，客观社会存在和具体的实践场域是理性"合理审查"的重要来源。同时，理性还受到行为主体后天接受的知识所影响。正如马克思（2009）所说"意识在任何时候都只能是被意识到了的存在，而人们的存在就是他们的现实生活过程"。如果没有预先存在的农业生产习惯和农村社会思维的概念，农户的理性本身就无法完成对"合理"的判断。完全脱离先前的外在条件影响的理性都是虚构的（Hodgson G. M.，2002）。因此，农户"合理审查"过程中的重要参考因素，包括在日常实践中积累的基本的常识，在熟人社会中形成同理心和正义感等。这些参考因素高于经济理性追求货币最大化的行为目标，显然也超越了"目的与算计"层面的理性概念。因此，"合理审查"意在强调理性与场域之间的互动。我们可以进一步基于反思性与合理性的视角，去理解多元理性各个向度之间的融合过程。农户可根据实际情况的变化，在不同类型的理性向度之间做出恰当判断，并改变实际行为。

"合理审查"的核心是推己及人，即农户总是尝试追求行动积极的方向。换句话说，推己及人构成了农户对合理行动推理自觉的价值判断。在"差序"的社会结构之中，维系着"一以贯之的仁"（翟学伟，2009）。在食物场域中，"仁"指向的是，农户无论处在任意场域或处在的场域的行动逻辑如何，都希望食物生产兼顾责任与道义。如果没有农业生产习惯和多个不同场域之间的生活经历，农户的理性本身无法完成对"何为合理"的判断。在市场化的过程中，农户在不同场域之间的活动，让他们产生了对市场脱嵌的反思，试图改变场域区隔中行动规则。随着这种互动融合程度的加深，农户的三类理性向度发生转换和互动，差别化的生产行为也将会改变。推己及人赋予这种转换与互动以积极的方向性。农户在获得认同的过程中，有足够能力创新市场渠道，重组在地资源，进而主动为匿名市场提供更多的安全食物，改变 B 模式。即从"自家人吃自家饭"的 B 模式向"外人吃上自家饭"的 B′模式转变。

因此，在一家两制中，农户的多元理性向度以及受其支配的行为处于发展变化之中。从历史和结构的角度来看，"差序责任"机制静态地解释了农户在面对不同场域时的理性向度。而在实践中，农户会根据场域互动形成新的行动逻辑，引发场域规则的新变化。"合理审查"机制不断推动不同类型的理性行为，以促成新的转换和互动。对实际场景的讨论，可以揭示"合理审查"由浅入深的形成过程。

综上所述，当农户在场域间互动的过程中，被同等地归入两个及以上"目的和算计"时，就可以由"合理审查"机制来完成更高层次的"权衡"，进而做出合理的行为生成。农户理性动机中的"合理审查"是一个复杂的自我理解过程，而其针对不同场域的反思能力，决定其比单一理性中的"目的和算计"更为体现多元理性的核心。或者如 Sen A.（1995）所说："自我审查"的行为生成机制，让行动者"具有权衡利弊的反思能力，重新拥有了审视自己应该追求什么的推理自由，这些都是行为主体所应具有的根本权力"。从这个角度来看，在食品安全威胁下，农户选择一家两制的差别化生产是一个被迫的决定。一旦出现合适的条件，农户会在推己及人的作用下，为匿名市场提供同等于自家消费质量的食物。

二、"合理审查"的作用机制

"差序责任"机制从历史和结构的角度，解释了农户在面对不同场域时的理性动机。而在实践中，农户具有对行为合理性的判断能力，而且这种能力会在反复的选择过程中形成一套"合理审查"机制。根据不同场域间互动融合后所引发的实际场景变化，"合理审查"机制一直在推动不同类型的理性动机，促成新的转换和互动。因此，在一家两制行为中，农户的多元理性动机以及受其支配的行为并非一成不变。通过对三类实际场景的讨论，下文可以进一步分析"合理审查"机制的影响过程。

这个过程可以看作动态的场域互动过程。一方面，场域的距离在扩大。农户的一家两制行动，让家庭内部、熟人社会与匿名市场之间的食物供给质量存在差距。因此，在某种程度上，这增加了生产者和匿名消费者之间的相互不信任，从而进一步固化区隔，甚至拉大不同场域之间的距离。另一方面，场域的距离也可能会缩小。场域间的距离在历史中具体变化（布赫迪厄和华康德，2008），其内在动力来自农户反思行动所带来的改变。当场域距离越发接近，其边界会越发模糊，出现融合的复合场域。场域的融合过程以及融合部分的规则制定，是复杂也是富有生机的。

农户需要越发频繁地在多个场域之间打交道，必须处理场域融合之间的相互关系。这也就不可避免地会影响场域融合部分的行动规则。因此，理解场域的融合，是在强调结构与个体的紧密关系和相互影响。即每一个农户既受到场域规则的约束，也能合理化自身的实践，最终有机会反过来改变实际生活中复合场域的行动规则。因此，观察农户在复合场域的反复互动，有必要讨论三类理性之间的关系，以解释行动意义改变的内在轨迹。

可见，在具体的实践中，"合理审查"机制对认识农户的一家两制行为至关重要。食物体系转型对传统农业的生产动机形成深刻影响，农户的家庭内部与熟人社会、匿名市场之间产生了基于食品安全问题的互动融合过程。随着这种互动融合程度的加深，农户的三类生产动机发生转换，差别化的生产行为将会改变。而其中最重要的变化是农户在获得自我认同，在社会认同和市场认同的条件下，可能主动为匿名市场提供更安全的食物，具体而言，呈现出三个层面的特点：

首先，家庭内部与匿名市场的交叉互动融合。农户在长期而反复的市场生产与交换中，能从匿名市场接收到各式各样的信息。例如，在普遍的食品安全威胁下，农户可能通过某次与熟人的闲谈了解到种植中使用过量农药的危害；也可能在媒体的宣传中得知不当使用激素对食品安全的负面影响。这些在日常生活中看似不经意的信息交换，让作为生产和消费合一体的农户不断反思并逐渐影响自己的理性选择。最初，"合理审查"机制会让农户意识到食品安全威胁的严重性。当自己供给市场的食物有潜在的安全隐患时，则从市场上购买的食物，也有可能存在安全隐患。因此，农户开始将经济理性转换为生存理性，通过使用低毒农药甚至放弃农药的使用以增加对自家消费食物的安全保障。同时，在与市场的互动中，农户意识到市场通过宣传、价格等方式，引导农户对安全食品进行生产。于是，农户会发现平常为"自家人"生产的"自家饭"正符合市场的预期甚至高于其预期，从而开始认识到这种可持续的生产方式，对整个食品安全问题的解决可能具有重要意义。最后，随着"合理审查"机制进一步发挥作用，农户的生存理性将与经济理性发生互动，形成食品安全的自我认同，并支配新的生产行为。当市场给出足够的货币激励时，农户尝试将生存理性支配的更为安全的生产行为，延伸至匿名市场。此时，确保消费者食品安全的公共目标与获取更多市场利润的私人目标，两者同时得到满足。通过以上三个阶段，逐渐形成基于食品安全意识的自我认同。

其次，熟人社会与匿名市场的交叉互动融合①。农户通过向匿名市场提供食品，可以维系自己在村社的熟人社会关系。而在食品安全危机下，"合理审查"机制会让农户的社会理性逐渐向生存理性转换。例如，在以食物为礼品馈赠亲友时，自家用传统方式种养的食物能让自己更加"有面子"。因此，农户会更加重视这种让自己"有面子"的生产行为。这进一步推动了生存理性和社会理性的互动。一般情况下，农户为自家生产的食物常超过家庭消费所需时，这部分食物往往会被农户带到村社市集上销售。当农户具有了食品安全意识，在种养过程中开始自觉地采用传统的安全方式种养，那么面对村社市场上的熟人社会消费者，尤其是与农户往来密切的"熟客"们，兜售并强调这是自己用安全方式种养的农产品，让他们吃到与农户自家消费同等质量的食物。这就能让农户在食物生产和交换中，提升自己的"面子"，获得道德责任感的满足，即获得社会认同。同时，农户逐渐认识到，每一个"外人"都很有可能通过一次次交易变成"自家人"。在此基础上，社会理性和经济理性开始产生互动。

最后，不同匿名市场之间互动融合。通过向匿名市场提供安全食物，农户同样可以拓展自己的社会关系，培养"有条件自家人"，进而构建新的熟人社会。农户会通过为已经建立关系的"熟客"提供更加安全的食品以维系这样的社会关系。这也会让更多的消费者相信农户的安全生产行为，以加快建立基于匿名市场交易行为的熟人社会网络，增加更多的"熟客"。而正如前文所述，相对于匿名市场而言，农户往往为熟人社会提供更安全的食品。因此，不同匿名市场之间融合中，"合理审查"机制会推动经济理性自身的转换。若是匿名市场的消费者能够相信农户生产食品的安全性，并给予合理的价格支付，那么农户就会认为，为匿名市场提供安全食品是有意义的合理选择，由此，在获得市场认同的条件下，农户会更加积极地生产和供给安全食物。

---

① 对于该互动融合过程的分析，适用于家庭内部与匿名社会的分析。同时，其导致不同类型理性转换的重要条件也是社会认同。故此，本书对于家庭内部与匿名社会的分析就不再具体展开。

由此，本书提出命题 H2.2：随着不同场域之间互动融合的程度增加，农户在食物生产动机之间的转换和互动越来越频繁，一家两制行为越有可能发生"积极的"改变，如图6-3所示。

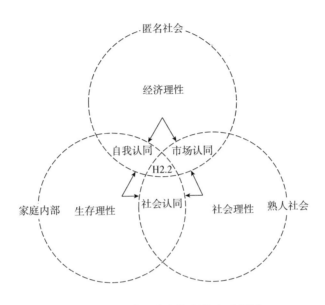

图6-3　"合理审查"行为生成机制

由图6-3可知，在食物交换过程中，农户所处的三种不同类型的场域存在互动融合的情况。在这个过程中，农户的食物生产动机可能会因为某种具体条件而存在转换。这些条件包括了以食品安全意识为特征的自我认同，以社会关系得到增进为特征的社会认同以及以获取合理价格为特征的市场认同。这些条件的存在，有可能促使农户的生产动机发生变化，进而改变一家两制的个体自保生产行为，开始为匿名市场的"外人"提供"自家人"的食物，从而实现更大范围的社会共保。

第四节　多元理性与社会自我保护

多元理性主导下的一家两制行为，在食品交换系统中构建出许多新型社会互动，例如社区互助农业、巢状市场等。这些互动的产生标志着社会成员间的结构性依赖关系的形成，从而使微观的一家两制（"个体自保"）逐渐上升为宏观的社会自我保护（小规模合作的"社会共保"与大规模的"无合作的联合"），并产生相应的社会影响，甚至兴起一场无声的社会自我保护运动。

农户的差别化生产在提高其家庭内部的正收益之外也可能为自己所处的熟人社会网络带来正外部性。而其针对匿名市场的逐利生产，在为自己节约生产成本的同时，也客观上增加了难以估测的自然环境破坏和食品安全治理的社会成本。

农户基于多元理性，形成了多种食品安全自我保护方式。这些方式的核心都是运用农户的食品安全知识和社会网络动员能力，与其他家庭、中间商建立互惠关系，开辟获取安全农产品的新渠道。这客观上保护了家庭成员的健康，也用实际行动为安全农产品的生产和供应投出了关键的支持票。

总体而言，基于新的社会互动关系而形成的食品安全社会自我保护，其影响是复杂的。农户家庭多元理性行为组合不同，会产生不同的外部性。现阶段所呈现的以一家两制为特征的"个体自保"行为存在难以回避的局限性，但也在一定程度上为食品安全问题的求解，带来了社会自我保护的思路。

由此，本书提出命题 H3：当一家两制的趋势以相互依赖的行动结构出现在系统层面，便促成了食品安全社会自我保护现象的出现。

一、一家两制的发展趋势

对农户一家两制 B 模式的生产和消费判分有助于刻画一家两制的实践特征。更进一步来看，对于 B 模式拓展的精确描述是更为重要的。因为这种描述一方面有助于将一家两制与农户传统的自给自足区分开；另一方面也为描述一家两制 B 模式如何拓展，实现从个体自保向社会共保的转换，积累经验材料。

（一）一家两制行为模式的判分

一家两制的判分，其核心在于农户在食物生产和消费中，有意识地对区分 A 模式和 B 模式，可以详细分为三个情形，如图 6 - 4 所示：

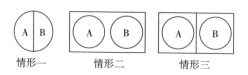

图 6 - 4　农户一家两制的具体情形判分

注：每个圆圈表示一种食物，每个矩形表示一块土地，字母 A、B 分别代表食物体系的 A 模式、B 模式。

资料来源：根据徐立成等（2013）、倪国华等（2014）的研究以及课题负责人参加的实际调研资料整理。

情形一：同种食品，一部分供应市场（A 模式），一部分自家消费（B 模式）；即一家两制。一家两制可以在同一地块上进行，也可以在不同地块上进行。

情形二：同一地块，进行两种或两种以上食品生产，其中部分食品供应市场（A 模式），部分食品自家消费（B 模式）；即"一地两制"。

情形三：不同地块，生产两种或两种以上食品，其中一部分供应市场（A 模式），一部分自家消费（B 模式，例如"自留地"），即"一农两制"。

对于普通农户而言，一家两制行为并不否认以前的自给自足，只是在双重脱嵌的背景下，这一行为在某种程度上被找回来了，某些环节被增强和改进了，人们对这一行为的动机也有了变化，是一种从"无意识"或者"弱意识"的行为转变成为更加"有意识"的行为。

已有的案例研究分析认为，自给自足在食品安全问题和生态破坏问题的背景下，增加了新意义，变身为本书研究的一家两制。具体的行为包括：增加了地块分开（A 模式与 B 模式的土地分开）、不使用或者刻意减少农药和杀虫剂、特意使用老种子与本地品种、农家院子的地面留出一部分土地，不做水泥硬化，以用于种菜等新行为。

（二）一家两制中 B 模式拓展的类型判分

对一家两制的研究，核心在于通过调研中对于 B 模式生产和消费的拓展过程，探寻农户和消费者从个体自保转向社会共保的过程与模式。农户的 B 模式类型的判分，为分析其拓展模式提供了重要的分析框架。在双重脱嵌的背景下，农户开始意识到，庭院生产等 B 模式能够给自己和家人带来安全保护，也能带来面子和新的市场机会，因此，不再仅是数千年传统的习惯性延续，也不再仅是节省成本、便利性和口味偏好，而有了更为广阔的农产品生态价值、健康价值等农业多功能性内涵。具体而言，第二个概念是 B 模式形成模式的判分，可以详细分为三个情形，如图 6-5 所示：

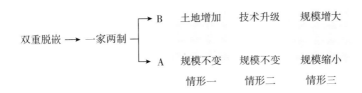

图 6-5 农户一家两制的 B 模式拓展类型判分

资料来源：根据周立等（2012）、方平和周立（2017，2018）、Man Z. 等（2017）以及课题负责人参加的实际调研资料整理。

情形一：在 A 模式生产规模不变的情况下，专门开辟 B 模式生产。一种情况是自行开荒，小范围土地开荒在中国尤其是调研所及的中国南方丘陵地区普遍存在①。另一种情况就是进行小规模的家庭养殖，比如广西案例中的土鸡，就是本地品种。

情形二：改变传统的庭院种养技术（已经是 B 模式的生产，主要指社会和自然逻辑，包括了食物对于生活的价值，节约生产成本，注重口味等），更加突出 B 模式生产逻辑的生态价值和食品安全价值，进一步通过 B 模式找回食物的社会价值和自然价值。例如，中国农户已经有了数千年的庭院种养等农耕传统，但过去可能仅出于劳动成本和便利性的考虑，不会限制化学投入品的使用。例如，在广东调研时，农户特别强调，在食品安全危机爆发前，即便自家食用也会少量使用农药，以减少消除病虫害所需的劳动投入。而在 2004 年和 2008 年先后爆发的食品安全危机后，农户的食品安全意识得到增强，其生产动机中出现食品安全的考虑，直接影响其生产行为，表现正是完全不考虑投入化学品，并选择本地的品种。因此，庭院种养的广泛存在与一家两制中 B 模式的扩张，是可以通过是否在意识到食品安全问题后改变生产行为来验证。而现有的案例正好支持了这种验证。

情形三：缩小 A 模式的生产规模，增加 B 模式生产。例如，如河南的家庭农场案例，就可以展示这个逻辑。在获得了足够的小麦种植面积之后，农户会选择一部分土地进行 B 模式种养供给自家人，并作为礼品带给城里的亲戚和朋友。

图 6-5 中，一家两制的行为赋予这些"土里土气"的食物以新价值。在社会交往时（邻里互惠或亲戚间送礼，特别是给城里的儿女侄甥送东西）变为了更加"拿得出手"的礼物。土特产本身就不那么好买（稀有）、口味也更好，而现在又增加了"安全、健康"的内涵。但是安全健康并不否认它已经具备的稀有和口味更好的原有内涵。越来越多的人要消费生态化的农产品甚至有机农产品，更加带来了商机，使陷入增产不增收陷阱 20 多年的农业种植行为又有了广阔的市场机会。

至此，农户在 B 模式的拓展生产过程中，实际上已经改变了自己对食物价值的界定，并使生产和消费"行为"本身，在原有的自给自足习惯性延续的基础上，出现一家两制行为，而对食物的新认识，为 B 模式的拓展提供了可能。而一家两制从个体自保到社会共保，具体的拓展过程将在命题 3 中进行分析。

① 该部分引用的是国家自然科学基金"食品安全威胁下的一家两制与社会自我保护研究"（71373269）项目的案例库，课题负责人全程参与了该项目的调研与资料整理。另外，基于这些案例的研究成果，可见方平和周立（2018a）、周立等（2016）的相关讨论。

二、多元理性与社会回嵌

本部分的目标是探索一家两制 B 模式拓展过程中社会回嵌如何发生作用？为完成这一研究目标，本部分的研究拟从以下三方面展开：第一，在文献回顾和对一家两制多案例研究的基础上，提出社会回嵌命题；第二，对研究假说中的变量进行测量和设计结构化问卷，并进行预调研；第三，选取一家两制农户为调查对象，进行大样本的问卷调查收集数据，检验农户社会回嵌行为对 B 模式拓展的影响效果。

（一）社会回嵌的作用机制

基于 B 模式拓展的实践梳理，本书提出对应的 H3.1 社会回嵌机制如图 6 - 6 所示。具体而言，生产者和消费者之间的社会关系越紧密，社会规范对市场逻辑越能形成积极影响。进而细化为三个可测量的假说：

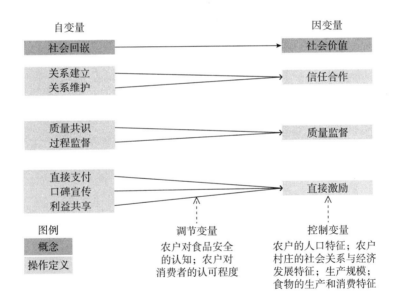

图 6 - 6　社会回嵌的机制分析

资料来源：根据 Zhou X. 等（2003）、Hinrichs C. C.（2000）、Lin H. 等（2019）、陈少明（2016）、王德福（2013）、潘素梅和周立（2015）、杨宜音（1999）、Maeda Y. 和 Miyahara M.（2003）、Yee W. M. 和 Yeung R. M.（2002）、黄炎忠和罗小锋（2018）、Nelson E. 等（2016）、Hinrichs C. C.（2003）、Barham E.（1997）、Jaffee D. 和 Howard P. H.（2010）、Renard M.（2003）、陈曦等（2018）、朱振亚等（2017）、Wilhelmina Q. 等（2010）、De Jonge J. 等（2008）的研究资料汇总整理。

H3.1.1 信任合作假说：农户与消费者的关系越好，越容易形成有效的信任合作（社会认同）。

一方面是关系建立。社会回嵌表现为生产者和消费者之间的关系建立。首先，农户对 B 模式的拓展行动会利用自身熟人网络的进行，关系越近的熟人越有可能得到健康和特色食物的信息。其次，这些熟人会成为中间人，农户会利用中间人的影响拓展自己的熟人网络（陈少明，2016；王德福，2013；杨宜音，1999），而中间人对食物的社会价值非常熟悉，同时具有更好的结构性视野和行动力，能够帮助农户进行相应的连接（张纯刚和齐顾波，2015）。此时，陌生消费者已经开始进入熟人网络。最后，农户和陌生消费者开始建立互信。信任可以提升农户的信心和自尊，是拓展 B 模式的生产所必需的（宋丽娜，2009）。

另一方面是关系维护。社会回嵌表现为生产者和消费者之间的关系维护。首先，农户与消费者之间会出现互惠行为、食物的交换往往附加其他关系，比如关怀行为和深层次的社会认同（Zhou X. 等，2003；Maeda Y. 和 Miyahara M.，2003；Yee W. M. 和 Yeung R. M.，2002）。其次，农户会鼓励消费者通过多种手段参与 B 模式的生产，由此增加双方的认同和了解。最后，双方形成一个以食物为中心并具有认同感的信任合作关系（Hinrichs C. C.，2000；黄炎忠和罗小锋，2018），农户的 B 模式食物可以形成稳定的消费渠道，而之前陌生的消费者作为也在这个过程中实现了从"陌生人"向"熟人"的转化，通过信任合作，农户和消费者之间的不信任状态破解，两者共同实现"外人吃上自家饭"的目标，推进个体自保向社会共保的转变（Lin H. 等，2019；潘素梅和周立，2015）。

H3.1.2 质量监督假说：农户与消费者的关系越好，越容易提升食物质量（社会认同）。

一方面是质量共识。优质的食物是农户与消费者建立良好互动关系的重要载体。农户会采用对食品进行认证的方式来建立消费者对食品的初始信任（Nelson E. 等，2016）。食物质量认证是一种正式化的制度机制，它使信任的形成无须依靠个人特质与过去的经验，取代了对特定交换过程及特定对象（如生产者）的依赖，并建立在更客观的基础上（Zucker L. G.，1986）。因此，当消费者对第三方机构的认证机制感到信赖，便会降低不确定性，进而对生产者供应的食品产生信任，从而建立良好的关系（Friedmann H. 和 McNair A.，2008）。

另一方面是过程监督。在形成对质量的共识之后，农户通过与消费的互动，能够及时与消费者分享食物生产、加工和流通过程中的进展，为消费者提供及时有效地了解食物质量的可能（Feenstra G. W.，1997）。更重要的是，农户对于提升食物质量的劳动投入得到了认可，因此，这种对食物生产过程的监督，实际上也是对农户和消费者相互信任关系程度的再提升（Hinrichs C. C.，2003；Barham E.，1997）。

H3.1.3 直接激励假说：农户与消费者的关系越好，越容易提升农户的直接收入（市场认同）。

第一，消费增加支付。农户与消费者之间的互动关系越好，越能增加农户在绿色食物上的直接收入（Jaffee D. 和 Howard P. H.，2010；Renard M.，2003）。因此，消费者在进入 B 模式食物的熟人圈子之后，愿意为 B 模式食物的直接支出会更多。

第二，增加其他消费者的消费。消费者会通过对优质食物的宣传，提升农户在消费者群体中的口碑，进而带来 B 模式食物的需求数量的直接提高；产销双方的长期有效的社会互动，让两者之间建立良好的信任，并对食物的质量形成共识（Winter M.，2003），B 模式的食物将会被农户更多地推荐给自己的熟人圈子。当然，熟人圈子是有边界的（李彦岩和周立，2018）。

第三，消费者与生产者形成利益共享、风险共担机制。这种模式一般通过预付款的形式实现（陈曦等，2018；朱振亚等，2017）。农户在生产 B 模式食物的过程中，所投入的劳动力、资本和技术能转化为食物的社会价值，更容易被消费者所认可（Wilhelmina Q. 等，2010；De Jonge J. 等，2008）。此时，消费者的行为更多地体现为互惠动机，而非逐利动机。

（二）假说验证的操作定义

通过调研提纲的具体问题设计（见附录3），实际的调研将以此为主要线索进行材料的收集，因此，调研的具体问题并不仅限于此。

对一家两制 B 模式的拓展讨论，其核心是呈现"外人吃上自家饭"（相对安全和高质量的食物），而陌生人则无法共享这类食物的逻辑。本书将尝试去观察农户 B 模式拓展过程，进一步测量其基于食物交换所构建的信任、平等、互惠关系，并考察这个关系对于提升食物的社会价值的意义。

社会回嵌首先表现为以生产者为中心的熟人关系网络，并建立信任合作，其间，生产者与消费者的信任建立与维系，互惠行为的频率与意义，都可以得到清晰的测量。

其次，通过建立固定的替代市场，提升食物质量，并形成有效的监督，在食物交换过程中不断扩展。替代市场讨论的核心是呈现消费者和生产者建立熟人市场。这种有边界的市场，与匿名市场最大的区别在于，市场内的食物互动被赋予了更多的社会价值。进一步测量其基于食物交换所构建的有边界的市场网络关系与特性，有助于考察这个关系对于提升食物的社会价值的意义。

最后，通过建立更系统的社会关系网络。食物的社会价值提升，意味着"外人吃上自家饭"，也意味着农户在提供优质农产品过程中所获得的直接收入得到提高。

至此，验证了三个子假说，进而论证 H3.1：社会回嵌与食物的社会价值实现正相关。

三、多元理行与自然回嵌

本部分的目标是探索一家两制 B 模式拓展的过程中，自然回嵌是如何发生作用。为完成这一研究目标，本部分的研究拟从以下三方面展开：第一，在文献回顾和对一家两制多案例研究的基础上，提出自然回嵌假说；第二，对研究假说中的变量进行测量和设计结构化问卷，并进行预调研；第三，选取一家两制农户为调查对象，进行大样本的问卷调查收集数据。

（一）自然回嵌的作用机制

基于 B 模式拓展的实践梳理，本书提出对应的 H3.2 自然回嵌命题如图 6－7 所示。具体而言，即农户对于自然环境的保护意识越明显，自然规律对市场逻辑越能形成积极影响。进而细化为两个可测量的子假说：

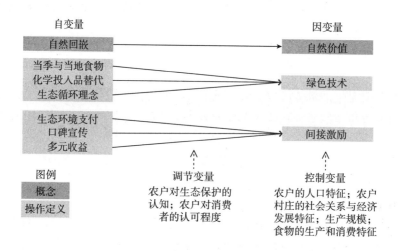

图 6－7　自然回嵌的机制分析

资料来源：根据 Petrini C.（2003）、黄季焜等（2008）、王建华和李硕（2018）、Awuni J. A. 和 Du J.（2016）、王建明和王俊豪（2011）、Chan R. Y. K. 和 Lau L. B. Y.（2000）、蒋琳莉等（2018）、祝华军和田志宏（2013）、陈卫平（2018）、唐学玉等（2012）、李云新等（2017）、姜长云（2016）的代表性文献整理。

H3.2.1 绿色技术假说：农户和消费者对生态保护越了解，越容易推动绿色生态的种养技术的使用（自我认同）。

第一，食在当季与食在当地。农户 B 模式的食物一般只会种植应季的果蔬、小型家禽也会在其生长足够时间才会食用。而这种方式正迎合了当前中国消费者对于食物消费升级的本质需求，追求健康和自然（Petrini C.，2003）。因此，这种需求会引领农户进一步使用可持续的种养技术。

第二，减少使用化肥、农药和其他对生态环境造成破坏的化学投入品。农户对于技术信息知识和风险偏好对化学投入品施用产生显著的影响（黄季焜等，2008）。而从生产者的价值认知过程看，减少这类农业投入品对于农业生态的保护和自身健康都非常关键（王建华和李硕，2018）。从消费者的角度则会通过提高支出更加认可这种生产技术的自然价值（Awuni J. A. 和 Du J.，2016；王建明和王俊豪，2011；Chan R. Y. K. 和 Lau L. B. Y.，2000）。

第三，形成生态循环农业理念。农户对于环境保护的意识提高，能够优化其生产过程中的技术选择，绿色、低碳、生态与在地以及可持续的农业技术将有机会得到普及（蒋琳莉等，2018；祝华军和田志宏，2013）。当农户意识到食物生产环境对可持续发展的重要性时，他们会尽可能选择当地传统种养方式，提升食物的生态价值，这同样会提升农户对于生态可持续技术的使用程度（陈卫平，2018；唐学玉等，2012）。由此，能够进一步培育培养农民，形成提高资源利用率、土地产出率和劳动生产率的食物生产方式（陈锡文，2018）。

H3.2.2 间接激励假说：农户和消费者对生态保护越了解，越容易提升农户的间接收入（市场认同）。

第一，愿意为 B 模式食物的生产环境支出更多。消费者对生产食物的环境越重视，越能增加农户在 B 模式食物上的间接收入。农户在生产 B 模式食物的过程中，所投入的劳动力、资本和技术，能转化为食物的自然价值，更容易被消费者所认可。此时，消费者的行为更多地体现为生存动机，而非逐利动机。

第二，会通过对食物背后生态保护的宣传，提升农户所在区域在消费者群体中的口碑。这能为农户所在的农业生产区域创造更多的消费空间，提供产业融合发展的机会，提升农户间接收入（李云新等，2017；姜长云，2016）。

第三，消费者与生产者形成利益共享机制，同样通过预付款的形式实现。这种利益共享最大的特点是，农户可以依托生态食物供给，形成相应的产业链和价值链，同时，消费者深度介入这两个链条的运行与管理，由此，增加农户间接收入，促进农户的多元收益提升。

（二）H3.2 验证的操作定义

通过调研提纲的具体问题设计（详见附录3），实际的调研将以此为主要线索进行材料的收集，因此，调研的具体问题并不仅限于此。

对一家两制 B 模式的拓展讨论，其核心是呈现"外人吃上自家饭"（相对安全和高质量的食物），而陌生人则无法共享这类食物的逻辑。本书将尝试去观察农户 B 模式拓展行为，进一步测量其食物生产过程中，人与自然之间构建的可持续互动关系，并考察这个关系对于提升食物的自然价值的意义。

自然回嵌首先表现为以生产者为中心，选择更为传统且可持续的技术进行食物的生产、加工、储存和运输，其中的生态价值，从问题和量表中可以得到清晰的测量。

随后，食物生产方式改善，提升村庄的生活质量和农业生产区域的自然环境。由此，农户在提升食物质量的过程中，也创造了食物生产之外的收入机会，通过建立更系统的生态生产环境，让食物的自然价值提升，意味着环境得到改善，也意味着农户在提供优质农产品过程中，能够在乡村的优质环境中，获得诸如食品传统手工加工，基于在地生态和绿色农业，发展乡村旅游等其他收入机会，所获得的间接收入得到提高。至此，验证了三个子假说，进而论证 H3.2：自然回嵌与食物的自然价值实现正相关。

第五节　本章小结

在食品安全威胁下的农业生产中，农户在经济理性主导下的逐利生产行为看似"常态"。但一家两制的自我保护行为，因本质上与经济理性追求货币收入最大化的逻辑不符，而被经济理性排除在视野之外。可见，理性经济人理论如若穷尽其分析逻辑，也不可避免地达到解释力的边际极致。

这正好为多元理性的分析提供了必要的理论空间。在一家两制的实践中，农户的理性已不再局限于说明单一经济利益驱动的行为，而更多地用于解释主体合理且具有多元目的的行动。具体到食品交换领域，则至少包括了三个方面，一是满足基本食物需求的生存理性，二是满足社会交往需求的社会理性，三是满足市场逐利需求的经济理性。此划分构成本书分析的支点，使单一理性拓展为多元理性（周立等，2016）。

"合理审查"所要面对的三种类型的理性以及这些理性存在的特定场域，都是"差序责任"社会互动机制所赋予的。因此，从某种程度来看，"合理审查"机制的实现是建立在"差序责任"机制的基础上，通过其社会互动实现。"合理审查"机制，既是对"差序责任"机制的补充和超越，也是"差序"这一概念内在的动态性的具体体现（翟学伟，2009）。在"合理审查"机制的推动下，命题 H2 为不同类型的理性转换和互动提供了依据，甚至通过支配新的行为，反过来加深场域之间的互动融合程度。一静一动，农户理性选择的过程，成了更高层次的多元理性行为出现的过程，而这恰恰超越了原有的"差序责任"机制。

由此，"差序责任"与"合理审查"共同构成了多元理性的内在逻辑。在食物体系转型的背景下，农户能出于多元理性，而不是单一的经济理性，做出一家两制的食物生产行为，从而进行个体自保。农户也能不断地在不同理性之间权衡取舍，在有条件的情况下，走向集体共保，甚至更大范围内的社会共保。以上讨论发现，农户不同类型的理性，受到两个相互联系的主要条件影响：

第一，农户与消费对象在不同场域之间的距离；

第二，农户与消费对象所处场域的互动融合程度。

以上条件与命题 H2.1 以及命题 H2.2 相互对应，并引导本书关注如下具体问题：对于处在不同场域上的互动双方，多元理性所在的不同场域的边界及其相互关联是什么？不同场域的互动融合，所构成的不同场景，将如何改变农户的一家两制行为？下文将主要以多案例分析的形式，回答上述问题，理解农户在食物体系转型的背景下，如何进行差别化的生产选择。

第七章 研究策略与经验材料

导读：本章将介绍本书的策略设计与经验材料特点，包括农户的调研设计，资料收集方法以及调研问卷统计描述与案例库概况。在方案的设计过程中，遵循质性研究的基本原则，并增加量化研究方法加以辅助证明。而在推进质性研究的过程中，侧重使用多案例分析方法。调研设计的目标是收集经验材料，为把中国农户与食物的差别化生产故事提炼为多元理性理论概念做好准备。

第一节 农户研究的调研设计

一、研究策略

在既有问题意识的指引下，本书侧重采用质性研究策略并以量化研究作为辅助方法。质性研究的特点是可以从实际情况当中提炼问题，并从意义层面进行理解。也就是说，可以从归纳而非演绎的角度出发，试图先把农户的实践作为现象呈现，理解其背后的行为意义，进而聚焦研究问题，提出并验证假说。这样的研究有助于展开对农户既有单一理性理论的批判性讨论，侧重发现问题。

在具体的质性研究过程中，涉及理论构建与经验材料收集两个部分。第一部分是理论梳理与对话（见第四章和第五章），其间，针对单一理性的研究与发展过程进行讨论，梳理出多元理性分析框架构建过程中所依赖的理论脉络。这主要包括食物体系、双重脱嵌、行为意义、农户的实体主义与形式主义研究范式对话以及实践与场域等研究回顾。第二部分是对农户对食物的生产、分配与消费实践的刻画。在这个过程中，本书主要选择使用多案例分析的方法。

多案例研究是探讨复杂社会现象的首选研究策略，适用于对一家两制现象的分析，其特点包括：

第一，该方法尊重研究问题的本质，善于从经验中提炼理论。它能使研究者全面了解现实生活中的事件，并阐明涉及多个因果关系链的动态过程（殷，2010；King G. 等，1994）。多元理性之所以区别于经济理性，在某种程度上，是方法论的偏差导致的。社会科学研究中的逻辑归纳，在经济学数学化的过程中逐渐脱离实际，令经济理性假设陷入困境（Romer P. M.，2015）。

第二，案例研究在已有理论还不能很好解释的问题上，对发展理论洞见尤其有效（Eisenhardt K. M.，1989）。鉴于农户一家两制中的双重回嵌路径可以研究的空间很大，因此，借助案例研究方法对这一问题进行理论探索，提炼中国农户的多元理性分析框架。该方法恰能通过叙事，讨论研究对象特性，发展出针对叙事网络的结构性分析（刘子曦，2018），完成从微观到宏观的连接，实现从个案到共性的讨论，能提升理论研究的实践和应用价值。

第三，多案例研究可有效地归纳经验证据中的因果关系，形成概念层面的共鸣。管理科学研究的目的是对社会现实做出描述性和因果性的探索。因此，高质量研究（定量或定性）所依赖的逻辑是相同的（King G.，1994）。社会科学研究中的理论演绎常常预设逻辑起点，在经济学数学化的帮助下追求逻辑上的自给，却令研究脱离现实陷入困境（姚洋，2006；陆蓉和邓鸣茂，2017）。而多案例方法则有助于进行基于实践的社会科学研究，解释案例中的因果关系，而不只是简单验证相关关系（殷，2010；毛基业和苏芳，2016）。其案例收集过程的抽样方法遵循了理论抽样原则，而非随机抽样（殷，2010；King G. 等，1994）。这样做有利于提出理论概念，而不局限于验证经验证据的准确性。与单一案例的研究相比，多案例研究能够应用复制原则，即每个案例都可用来验证或否证从其他案例中得出的推断，从而得到比单一案例更稳健、更有普适性的理论（殷，2010）。

本书对多案例研究方法的使用有三个要点。根据理论抽样方法选择典型案例。在开展案例研究的时候，需要注重的一个关键问题是：如何从包含多案例的案例库中选出典型案例？理论抽样原则强调，案例研究的数量取决于其对现象内在逻辑复制之后所产生的说服力（殷，2010；King G. 等，1994）。因此，本书将在后续的研究中，对前文所提的三个目标展开具体分析。通过以质性研究为主导的多方法，多层次论证这三个相互关联的命题，以最终完成对总目标的讨论。技术路线如图 7 - 1 所示。

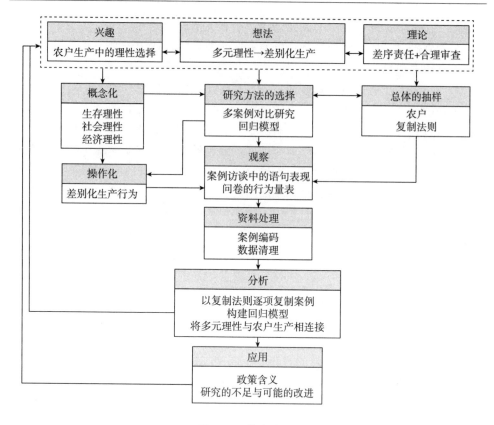

图7-1　技术路线

　　本书的研究框架以农户家庭为分析单位，第一，提出研究兴趣与核心问题：农户怎样在多元理性之中，做出"合理"的权衡，进而支配差别化生产？第二，先从理论上梳理理性选择理论的发展与变迁过程，以人的认知与需求层次为主线，将多元理性分析框架概念化为生存理性、社会理性、经济理性三个层面。并结合食品交换的互动场域，提出多元理性行为矩阵，就此分析农户的食品安全自我保护动机。第三，在操作化阶段，从生产行为角度对相关命题及其连带的假说进行可操作化的界定。第四，在研究方法的选择上主要针对农户采用案例研究和计量方法进行分析，遵循案例研究的复制原则完成理论抽样。第五，在资料处理和分析方面，结合多元理性分析框架，针对农户在食品领域的差别化生产设计访谈调查，在遵循证据三角形的基础上整理案例，基于多案例研究方法验证相关假说，从实证角度说明多元理性与差别化生产的关系。第六，从应用角度提出相关的政策含义，并讨论研究的不足和未来的改进。

二、研究设计

本书的农户调查研究设计围绕"多元理性如何主导一家两制行为？"这一核心问题展开。为在链接经验证据（一家两制）和理论概念（多元理性）时，能确保研究的规范性和严谨性，在研究设计和田野调研的过程中，本书从多个研究层次运用多种分析方法以完成对农户一家两制问题的深入讨论。

课题组在 2012 年 4 月至 2020 年 6 月，以分层抽样（Stratified Sampling）与理论抽样（Theoretical Sampling）相互结合的方式，在东部、中部、西部的六个县级调研区域选择具有典型的农户家庭进行了入户调查，完成了数据资料库和案例库的建立。

在积累了较为丰富和翔实的经验证据后，本书可以选择多样化的研究方式，针对食物体系转型背景下的社会自我保护进行具体分析。在完成文献分析之后，本书将问题聚焦为农户的差别化生产动机，并得到 3 个主要命题（见第三章）。在设计过程中，本书基于农户调研材料，并结合针对性研究方法，呈现出"整体研究—区域研究—个案研究—归纳研究"的多层次研究轨迹，逐一完成对 3 个命题的论证。本书的总体研究设计如图 7 - 2 所示。

图 7 - 2 表明，根据具体问题的需要，首先，利用数据分析和文本分析方式，利用入户调研所得的数据和案例，分别展开整体分析和区域分析以及从案例库中选择典型案例，通过反复推理，利用编码分析，说明农户在食物体系转型背景下的生产动机不再是单一的经济理性，而是包括生存理性、社会理性和经济理性在内的多元理性，由此论证命题 H1（第八章）。其次，以逐项复制和差别复制的方式梳理农户典型案例的内在特征，讨论农户在生产中的语言和行动。由此，对应地将经验材料与命题完成连接，论证命题 H2（第九章）。最后，利用模型推演的方式，结合之前的分析，论证命题 H3（第十章）。

（一）抽样方法

第一类方法是分层抽样。在抽样方法上，对东部、中部、西部分层抽样，从每个地区选择一个省份，再分层抽取一个具体的村庄或社区，对总共 1939 户生产者和消费者进行食物生产与消费的现状调研。在分层抽样的方法上，利用描述性统计和深度访谈，对食物所涉及的各个参与主体的状况进行总体陈述，并进行地区间的比较。

首先，在综合考虑当地的经济社会因素、农业生产特点、食物的主要来源、公众食品安全意识、调研的可行程度以及已有调研基础等因素后，确定选择河北、广西、湖南、广东、陕西、山东 6 个省份，对应的产品分别是蔬菜、肉类和水果。这些区域包含了中国的东部、中部、西部地区，而且在农业生产主体中，

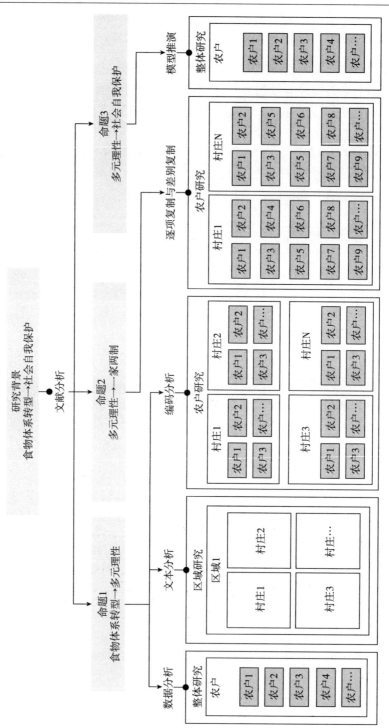

图7－2 研究设计

农户比重较大，因此，可作为研究农户和消费者一家两制行为现象的调研区域。

其次，在区域背景调查与分析的基础上，完成县级抽样单位的选取，主要考虑的样本特点包括：社会经济条件、主要农产品市场分布、主要农业生产类型、农产品产量等。另外，课题组也会依托现有的科研资源和条件，选择相应的调研样本。

最后，在村庄调查区域的选取上，一方面，使用近、中、远的空间与感知距离为区分标准，使用农户生产区域与县镇农贸市场的距离以及社会关系网络的辐射范围大小，说明市场对农产品生产和消费的影响程度；另一方面，根据种植、养殖的品种和规模进行细分，最终确定调研的村庄和具体农户。

第二类方法是理论抽样。在具体的多案例收集过程中，抽样方法遵循了理论抽样原则，而非随机抽样。这样做有利于提出理论概念，而不局限于验证经验证据的准确性。理论抽样强调，案例研究的数量则取决于其对现象内在逻辑复制之后所产生的说服力程度，非常适合说明和扩展分析框架中不同概念间的相互关系和逻辑（King G. 等，1994）。因此，本书的案例选择遵循理论抽样原则。

在调研对象上，以食物为主线，以生产者为中心、观察 B 模式拓展过程中食物的生产、采购、加工、配送以及与消费者连接，构筑熟人市场，实现"个体自保"转向"社会共保"的具体案例。同时，也适当选取契合研究问题和理论建构目的的食物体系中的中间商和政府管理者作为观察对象。进而，完成了对应命题分析，积累一手的实证资料。由此，使用这些居于的不同层次子平台的资料，作为实施对比案例研究的分析单元，通过案例材料分析与对比，得出相关研究结论。

（二）调研工具与工作方案

本书主要综合应用四大类调研工具。具体使用方案如表 7 – 1 所示。

表 7 – 1　主要调研工具

调研工具	使用方案
二手资料调查法	着重在调研过程中收集当地的社会、经济统计材料，以归纳样本的总体特点，对案例进行补充
问卷 调查法	问卷调查主要以结构式问卷的形式展开。调查的目的是将一家两制的概念进一步操作化，补充案例中所涉及的基础数据。通过对以农户为主的生产者和以市民为主的消费者的问卷调查，界定一家两制的分析维度，并结合差异化生产和消费的种类、数量、原因、市场距离，以及家庭特征等变量信息，对一家两制概念的属性进行测量，为后期的分析提供支持

调研工具	使用方案
参与式观察法	在资料和案例的访谈搜集中，具体使用深描（Thick Description）方法。本书希望刻画食品互动过程中，农户在不同互动场域所表现出的行为特点和意义，对案例进行补充。通过融入农户的实际生产、交换、分配和消费过程，了解其食物互动实践，通过观察，可以帮助形成理论上的新认识。从其中找出刻画出实践中丰富的真实感。并能够通过经验本身的不断变化，来充分描述案例背后的实践
访谈法	本书将对调查区域的研究对象进行访谈，包括结构式访谈、半结构式访谈以及焦点式访谈、焦点团体访谈以及主要知情人访谈（Key Informant Interview）。通过了解食品安全领域的农户生产和消费实际情况，建立相应的案例库。案例库中的编号名称结构为：县区缩写—村社缩写—案例在此区域的调研时间排序。如（XT－XF－1），代表的是湘潭市仙凤村的第一个访问案例

资料来源：根据实践调研经验整理。

（三）调查设计与正式调研

调查分为调查设计、预调查与修改、正式调查三个阶段。由此，对生产者和消费者的一家两制行为进行研究分析。在调查设计阶段，本书结合已有的研究成果，包括之前所在课题组于甘肃、北京等地的调查情况，设计相关的访谈提纲。而在预调查与修改阶段，更具体地了解在正式调查时可能遇到的困难，进一步将调研分析的重点，聚焦在论证一家两制概念相关的社会互动关系上，进而完成对于访谈提纲的修改。在正式调研阶段，根据前期选定地点，做好相应的准备工作，包括选定合适的调研时间和交通工具、联系被调查区域的相关负责人等。

（四）现场工作方法

在研究中，调查主要遵循的原则为多案例研究的复制法则，而非抽样法则。但在案例收集之前，根据分层抽样的原则设计并完成农户问卷调研。随后，通过入户调研的方式进行数据和案例收集，访谈提纲围绕"农户差别化生产的行为动机是什么？"进行设计，访谈的过程严格遵循证据三角形原则（见图7－3），最终形成了较为完整的农户差别化生产行为案例库。案例库的样本来源包括了河北、广西、湖南等6个调研地区的代表性村庄，所涉及的受访农户均作匿名处理。

在调查问卷中，课题组针对本书命题，使用意愿调查价值评估方法（CVM）设计了对应的操作化量表。同时，在调研过程中，本书还使用主要知情人访谈方法，并撰写了案例访谈。课题组希望能结合案例访谈，用农户生动的语言描述支撑计量分析的观点，与意愿调查价值评估方法形成互补，提升实证分析的信度和效度（Poteete A. R. 等，2010）。

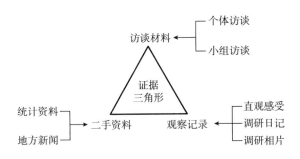

图 7 - 3　证据三角形

在问题的设计方面，选择李斯特量表进行评分（见附录 1），例如，反映食品安全自我保护意识的问题是"频繁曝光的食品安全事件，使您更加关注自家人的食品安全吗？"；反映食品安全威胁感知程度的问题是"您觉得本村的食品安全问题很严重吗？"；反映食品安全信息渠道的问题是"您可以通过很多渠道了解食品安全问题吗？"。

案例材料的整理与分析包括以下步骤。首先，在对访谈资料进行整理之后，根据殷（2010）所提出证据三角形原则撰写案例。其次，对其进行编码，建立案例库。再次，通过对数据资料的整理与分析，对与之前构建的理论模型相符的数据框架，尝试进行计量模型分析。最后，对多次调研的问卷数据进行编码录入，并从中提炼出对于多案例比较分析等方法有用的自变量、因变量和控制变量，对一家两制概念下延伸出的命题进行逐个论证，并得出结论。

（五）文献分析

本书围绕研究主题，综合五个标准进行文献搜索和选择。具体的标准包括文献影响力、作者影响力、期刊影响力、主题相关性以及研究时效性。

文献影响力是根据文献权威性和被引率进行判断。例如，"Granovetter M. Economic Action and Social Structure：The Problem of Embeddedness ［J］. American Journal of Sociology，1985，91（3）：481 - 510."是全球社会网络与行动研究领域的核心文献，它代表了作者在这个领域的奠基地位，并且成为随后全球社会学、管理学以及相关交叉学科探索社会网络领域相关问题的高引文献。Google Scholar 搜索引擎显示，该文献被引用次数高达 36673 次。

作者影响力是综合考虑作者在本领域的学术水平和应用价值之后进行选择。例如"黄宗智. 长江三角洲小农家庭与乡村发展 ［M］. 北京：中华书局，2000."黄宗智是著名的历史学家，对中国特色农业现代化、中国乡村发展领域有着深厚的研究功底，形成了大量具有影响力的文献。据此，本书在农户行为的讨论中，就学习参考这样的重要文献。

期刊影响力也是一个重要的引文判断因素，代表了引文中包含的学术观点的权威性。本书侧重于从国内外数据库中的核心期刊中选择文献。其中，《中国社会科学》《经济研究》以及农林经济管理学科领域四大刊物等分量很重的期刊比重较大。另外，在外文文献的检索方面，Web of Science 的三个主要文库中（SCI/SSCI/A&HCI）的知名刊物也是本书的主要搜索对象，占本书引文总数的比例超过了 50%。

主题相关性则需要考虑文献与本书的切合程度，侧重强调引文的问题意识，尤其重视对多元理性涉及的各个重要概念的理论来源以及最新发展的文献进行细致搜索。由于本书是基于中国问题，必须参考各个不同区域的经验，因此，引文也包含了各个研究对象区域的政府和统计部门资料以及相关调研地区的村志和基层资料。

研究时效性则强调文献的研究视角独特性和学术时效性，侧重强调引文的对话意识和观点的新鲜度。例如，"姚洋. 小农生产过时了吗？[N]. 北京日报，2017－03－06（18）."姚洋的文章有力地指出，小农是中国农业和农村发展中的重要力量，激励小农生产优质食物，对中国的食物安全有着重大贡献。该文被《人民日报》《光明日报》、中国社会科学网等多家权威媒体转载。

本书通过以上标准获取核心文章，构建课题文献网络，形成本书文献资料库，同时也会借鉴各大高校已有的数据库和资料库。例如，中国人民大学有 150 个以上的中外文数据库和资料库。清华大学、北京大学、复旦大学、中国农业大学，也有类似的文献资料来源。本书利用这些数据库，尤其是 Web of Science 的三个主要文库中（SCI/SSCI/A&HCI）、Google Scholar 搜索引擎、中国知网、人大复印资料、CSSCI 来源期刊等多个权威渠道。研究经过关键词、期刊、主题相关度三轮筛选，选择了本书所需的代表性文献。

在这五类标注的基础上，可以梳理出的主要文献之间的继承与发展关系，及其与核心概念、研究命题的关系，据此完成研究脉络的力向示意图制作（见第五章的图 5－3）。

（六）数据分析

本书基于调研问卷的数据整理，并配合 Stata12 统计分析软件，选择使用 Probit 模型，说明农户采取一家两制的食品安全自我保护行为，背后的动机并非单一的经济理性，而是可能存在多元的理性动机（见第九章）。

（七）从故事到知识：多案例分析方法的特性

多案例分析方法是管理科学研究的核心工具（张静，2018），在管理科学和农林经济管理研究领域广泛使用。以下将说明该方法使用的必要性和具体应用过程。

案例的本质是一个从故事到知识的过程（Eisenhardt K. M.，1991）。在这个研究过程中，案例论述呈现的是一个理论构建的过程，从实践的经验材料开始，然后提升论点（Sandberg J. 和 Tsoukas H.，2011）。同时，通过对话强化论点。案例研究的参照系就是理论，案例研究的写作是通过案例的故事与理论进行对话。这一过程的讨论，囊括了案例研究的相关概念和背景（殷，2010）。

多案例研究可以说是质性研究的核心类型。而作为实证研究的重要方法，它在不脱离演示生活环境的情况下，研究当前正在进行的现象。由于有待研究的现象与其所处环境背景之间的界限并不十分明显，这个区分的过程需要非常精确，当背景和对象分离开之后，就可以完成问题的聚焦。而这个聚焦的过程，又需要理论对话。因此，多案例研究最为擅长的研究部分应该是这类理论和概念的发现，可以突出经验材料中所隐藏的新概念。

根据理论抽样的定义，典型案例需要满足理论预设（King G. 等，1994），非常适合说明和扩展分析框架中不同概念间的相互关系和逻辑（凯瑟琳·M. 等，2010）。因此，典型案例的选择原因必须要从研究的问题意识和对话意识中得出。

本书根据这一原则，首先，展开核心分析框架的梳理。三类理性的区分和三类场域的区分是最核心的框架。其内容应用到调研访谈提纲之中，以确保典型案例内容与相应的分析框架相符合。当理论概念与经验材料的链接存在合理性与可能性之后，本书的因变量、自变量和控制变量随之确定①，案例的差别复制和逐项复制的对应内容，也会在讨论过程当中得到相应的体现。

其次，根据具体情况选择案例的呈现方法。对于整体趋势刻画的研究可以通过文本分析进行。通过对文本的讨论，分析经验材料与理论概念之间的联系。通常会在研究中通过设定命题的方式，逐个讨论。而被认为最为严苛的实际是编码分析方法，可以控制研究的信度和效度。

最后，根据具体情况选择案例的分析方式。相对严谨的做法，是选用差别复制和逐项复制的方式进行。同时，基于文本分析和编码分析的逐级归纳论述，也是重要的讨论分析方式。以下将对多案例研究的执行进行进一步说明。

---

①　从概念界定的角度来看，自变量、因变量与解释变量、被解释变量实际是对等的关系。而在本书中，为了对研究的抽样方法进行简单区分，在使用分层抽样的数据分析部分（见第九章），将使用解释变量、被解释变量的概念，而在理论抽样的案例分析部分（见第八章与第九章），将使用自变量和因变量的概念。

三、三阶归纳：多案例研究的执行

在多案例分析过程中，需要遵循一定的研究思路。首先，需要更贴切和具体对案例背景进行介绍。分析要结合现实问题，梳理现有的理论对话，同时，说明研究的策略、抽样的原则以及观察的方法。

其次，实现一阶归纳。呈现案例的基本内容。比如，对一家两制行为，究竟在怎样的状态下才是多元理性所主导的？依据"5W2H"的原则，提出基本的人名、地名，让案例突出现实感，这样可以改变传统质性研究给读者带来的笼统而抽象的感受。

再次，实现二阶归纳。这个过程是结构化表述的过程，力求通过分析梳理出经验材料与理论概念的内在联系。在案例的文本分析中，将呈现出受访者核心的表述或行动，体现实践的生动性和画面感，以逻辑关联把画面串联成故事，实现经验材料的故事化叙述。进而推进编码分析，回应理论和概念，实现案例故事的概念化，提升研究的信度和效度。实际上，故事画面中需要呈现的核心特点，正是理论框架中的关键概念。

最后，实现三阶归纳，通过案例对比体现理论创新和实践含义。多案例对比，可以帮助我们更好地理解案例内在逻辑。而对比的过程需要借助逐项复制和差别复制来实现。具体步骤如图7-4所示。

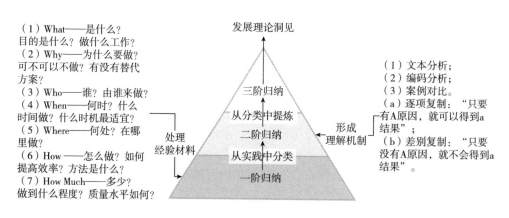

图7-4 多案例研究的执行

在详细的执行过程中，侧重突出三个方面的要点：第一，案例的选择遵照复制法则，进行理论抽样（殷，2010）。同时，遵循案例分析的三角证据原则，综合收集：①半结构化访谈、现场观察收集一手资料；②档案文件；③二手资料查询等渠道综合的资料。借助多渠道资料之间的三角验证，确保信息资料的可靠性和真实性。在资料和案例的访谈搜集中，课题使用参与式农村调查（Participatory Rural Appraisal）方法和吉尔茨提出的深描（Thick Description）方法，能够进入农村和农户的意义系统，将会在案例研究和事件详析中采用。

第二，选用逐项复制和差别复制的分析方式（殷，2010），讨论 H1 和 H2，构建研究核心框架，完成多案例对比分析。①本书的访谈和深描方法的运用，可以刻画一家两制行为对于社会和自然价值的体现。②进而设定概念之间的连接，提出假说，并对应细分为子假说。③测量操作定义（见表 7－2），第一时间将测量过程的访谈录音整理成文字资料，建立逐项复制和差别复制案例库。④对案例材料进行多级编码分析（Coding Process），实现定性资料定量化、量表化，并进行理论饱和度检验，完成操作层面的测量。⑤依据程序化扎根理论的数据处理程序，对访谈语料和数据进行概念化（二阶归纳）和范畴化（三阶归纳）处理，逐个讨论验证假说，进而提炼行动的核心逻辑，论证分析框架。⑥分析经验材料与理论概念之间的联系，控制研究的信度和效度，并通过反复比较和迭代以及与理论对话，直至理论饱和，让数据和语料中蕴含的逻辑关系自然涌现。

第三，基于分析性概括以及扩展个案方法，在实践中凸显理论的功能。案例对比后的理论建构可以产生一般性法则，较好地处理了特殊性与普遍性的关系问题（卢晖临和李雪，2007）。这有助于本书从双重脱嵌向双重回嵌的转变中，提炼双重嵌入机制，完成中国食物体系转型的讨论。

（一）一手经验材料

根据以上的抽样方法和分析方法要求，本书设计了具体的调研方案如表 7－2 所示，主要目标是明确呈现一手资料采集的路径。实际的调研将以此为框架进行材料的收集，但并不仅限于此。

表 7－2　一手经验材料采集路径

调研对象	调研过程与细节要求
农户	根据分层抽样和理论抽样结合的方法，选择典型农户。围绕核心问题意识设计采访，每个农户，进行 5 次以上访谈，并观察和学习食物生产与配送过程。其中，第一次是 30 分钟左右的面谈，之后需要进行一次正式记录的 30 分钟访谈，若再进行案例补充时，需要针对性的电话回访。由此，整理农户关于 B 模式食物的生产、流通情况，了解食物与其所处社会网络的关系（优质食物的生产、分配、交换对人与人之间关系的促进作用），分析其中可能面临的问题和解决思路。由此，撰写核心案例，并完成调查问卷，每个农户家庭约 5000 字

调研对象	调研过程与细节要求
合作 生产社	需要以围绕核心问题意识，采访核心负责人。每个合作社，进行 2 次以上访谈，其中，第一次是 20 分钟左右的面谈，之后需要进行一次正式记录的 30 分钟访谈，并完成调查问卷。在进行案例补充时，需要针对性的电话或微信回访。此部分在整体的多案例分析中，属于对比案例
合作村庄	需要以围绕核心问题意识，采访村庄管理核心负责人。每个村庄，进行 2 次以上访谈与观察，其中，第一次是 50 分钟左右的面谈，并完成调查问卷，之后需要进行一次正式记录的 30 分钟访谈。此部分在整体的多案例分析中，属于对比案例
熟人 消费者	围绕核心问题意识，采访典型熟人消费者（B 模式食物占食物来源比例较高的），每个社群（微信），进行 2 次以上访谈与观察，其中，第一次是 20 分钟左右的交流，之后需要进行一次正式记录的 20 分钟访谈，若再进行案例补充时，需要针对性的电话回访。由此，撰写核心案例，并完成调查问卷，每个家庭约 3000 字
半熟人 消费者	围绕核心问题意识，采访典型半熟人消费者（B 模式食物占食物来源比例较低的），每个社群（微信），进行 2 次以上访谈与观察，其中，第一次是 10 分钟左右的交流，之后需要进行一次正式记录的 20 分钟访谈。由此，撰写核心案例，并完成调查问卷，每个家庭约 2000 字
匿名市场 消费者	围绕核心问题意识，采访典型匿名市场消费者（B 模式食物占食物来源比例非常低），每个社群（微信），进行 1 次以上访谈与观察，并完成调查问卷，其中，第一次是 10 分钟左右的交流，之后需要进行一次正式记录的 20 分钟访谈

资料来源：根据前文讨论部分核心内容归纳。

需要说明的是，在结构化访谈的问卷调研的时间和次数设计上，仅标注需要正式记录的基本调研次数。在实际调研中，调研组主要以与调研对象建立长期关系为目标，采取多元的方式实现跟踪访谈。在资料采集过程中，遵循以访谈、相片和其他二手资料为要素的证据三角原则。

（二）文本分析

本书选择文本分析，是由于其可以精确刻画概念在内的多个维度的区别以及其中逻辑纠缠的复杂过程。对概念的复杂性和动态性的描述自然不可避免地要求对经验区分，同时判断逻辑结构的内核。一方面，区分是找到经验材料和理论对话过程中的分类标准；另一方面，逻辑强调概念之间的链接精确。因此，通过文本分析，可以判断观察中呈现的概念是否满足合理的标准，是这一概念是否能让读者在理解概念过程中对现实复杂的经验实践有所把握，产生理论共鸣的关键。

文本分析善于呈现案例的真实性，同时，解决案例在对于复杂性问题的表述上有可能存在的偏差。这种偏差包括两个方面，一方面是过于纠结文字本身的意义，走向脱离经验材料的状态；另一方面是一种含糊的文学化的表达，说明真实的情况很复杂，但不能给出清晰的图景。而文本分析可以用一些比较短小干练的方式，以表达一种接近事实，甚至是一种实践现象的意义，其中的复杂性可以留给之后的理论进行讨论。

（三）编码分析

本书利用 NVivo10 对案例进行编码，完成对多案例的逐项复制研究。实际上，案例编码本质上等同于质性研究的逻辑归纳，它可分为三阶归纳。在案例现象描述的过程中，分析其直接成因称为一阶归纳。在此基础上，对归纳过程本身进行再观察，即二阶归纳。以实现对案例的整合解释，加强分析的说服力。最后，提炼出中层概念的过程，是三阶归纳。

案例编码要对案例的语句和行为描述进行分析。首先，从案例研究中归纳出农户面对的不同消费对象得出家庭内部、熟人社会和匿名市场三个层次的节点。其次，讨论农户在面对不同的消费对象时为何采取差别化的生产实践，选取必要的关键表述和关键行为完成一阶归纳。最后，对早前的归纳进行再分析，由此讨论其背后的理性行为动机，并完成二阶归纳和三阶归纳。

案例分析过程中，本书使用 NVivo10 软件的核心目的是帮助提升逻辑的严谨性。当农户的语言、行为和其背后的动机上升到理论框架层面的时候，需要认真完成文本的编码过程，其作用有两个。

一是索引功能。在体现这个作用的时，对农户理性选择的理论认识更重要。这样可以让内容指向变量，然后形成概念。在这个过程中，需要清晰的定义，定义的过程是一个对比的过程，即理论和常识的对比。它可以通过分解方式更加清楚界定的具体情况，比如"生存理性"，可以深化为"为了口味更佳而进行的生产动机""为了方便而进行的生产动机"以及"为了食品安全而进行的生产动机"。这种应对现实当中的多因果的关系说明。在这个过程中，由于很少有可能找到一一对应。因此，在研究中设立要保留对多因果的认识，需要找到本源并进行梳理，可以推进多阶归纳的分析。

二是测量功能。主要是强调研究的效度，即案例研究的准确性。在体现这个作用的时候，需要借助一致性计算。比如在问卷设计中设计指标的一致性检验。由此，可以通过计算文本编码率（总文本字数和编码的字数）控制效度，确保概念之间的关系更加精确地完成连接。这有助于降低分析的主观偏差，说明对每个案例的编码是有效的。

本书对典型案例的语句和行为表达进行归纳，记录其在案例库中对应的案例来源数量及相应内容的出现频次，由此保障研究的效度。而研究的信度即案例研究的可重复性，则需要更深刻的讨论，主观性很强（见第九章）。且本书选择的是理论抽样的方法，即突出案例的典型。这有助于从案例分析中获取实践中客观存在的知识和信息，在有利于理论和概念建构的同时，确保了能将对应的知识应用在同类范畴的案例中。

总之，案例研究过程中的文本分析是一个循环的严谨分析过程。叙述式的描述根据有说服力。通过对长期跟踪研究中的多案例分析，通过案例刻画的故事，有效连接行为之间的意义，回到问题的本身，去挖掘它们内在的逻辑，刻画时间和社会网络的变化。对区域差别和详细的生产、交换过程，可以讨论多个研究区域中农户一家两制个体自我保护背后复杂的行为动机。

（四）逐项复制分析与差别复制分析

多案例研究遵循复制的法则，包括逐项复制和差别复制（Eisenhardt K. M.，1991）。两者都需要从典型案例研究中归纳出与理论框架相互匹配的自变量和因变量，得到可预测的因果关系。其区别在于，逐项复制需要在相同的控制变量下完成对其他案例的研究，可以进一步分析并确认与初次发现相同的因果关系（殷，2010）。而差别复制则需针对相同的控制变量，完成对其他案例的研究，同时找出不同的因果关系。即逐项复制的目标是在案例的复制过程中，完成"只要有 A 原因，就可以得到 a 结果"的证明。而差别复制则要求完成"只要没有 A 原因，就不会得到 a 结果"的证明（吕力，2014）。

在归纳的过程中，本书遵循逐项复制和差别复制原则。通过访谈中获取的经验材料，可以对调查区域的典型案例进行分析，描述分析调查领域的农户生产和消费情况，并提取出与"多元理性"概念相关的案例材料，最后进行多案例对比，验证研究中提出的命题。

具体过程为，首先，根据农户所面对的不同的消费对象进行分类，以"为谁生产"为控制变量，逐层论证多元理性对农户差别化生产的影响。其次，展示典型案例的细节，从中分析农户在面对某类消费对象时，为何要采取差别化的生产。进而，对典型案例的语句和行为表达进行归纳，总结其核心表达，并通过固定控制变量，从而有效区分因变量和自变量，完成对案例中多元理性与一家两制的内在机制讨论。最后，贯彻多案例分析中的逐项复制和差别复制原则，实现从个案论证到总体论证的衔接。

第二节　一家两制的经验材料

截止到 2020 年 10 月，课题组已收集有效生产者和消费者调研问卷 1939 份，农场与农户调研案例149起，建立了超过33万字的资料库。其中，本书对累计访问的6省份834个农户家庭数据完成了分析，其中通过理论抽样完成访谈的案例为149户。6个省份以及具体县市包括：河北武强县、广西隆安县、湖南湘潭县、广东从化区、陕西定边县、山东寿光市。据此，课题对食品生产和消费领域中一家两制行为进行实证研究。

一、农户问卷样本特征

2012年4月至2020年6月，本书根据分层抽样的方法，针对6个调研区域，发出农户调研问卷900份，收回857份。其中，因填答关键信息不全而导致无效的问卷有23份，有效问卷834份，有效回收率为92.67%。详细的样本特征如表7-3所示。

表7-3 问卷样本的基本特征

项目		频数	比例	2016年全国水平	卡方统计量	显著性水平
性别	男	605	72.54	51.21	9.261	0.05
	女	229	27.46	48.79		
年龄	18~29岁	36	4.32	18.17	27.718	0.01
	30~49岁	347	41.61	31.72		
	50~69岁	403	48.32	23.61		
	70~75岁	48	5.76	3.2		
家庭人口	1人	19	2.28	12.38	29.268	0.01
	2人	85	10.19	24.43		
	3人	143	17.15	20.60		
	4人	221	26.50	21.22		
	5人	166	19.90	11.42		
	6人及以上	200	23.98	9.94		
教育水平	小学及以下	333	39.93	31.37	8.537	0.05
	初中	392	47.00	53.03		
	高中	102	12.23	10.01		
	大学及以上	7	0.84	5.59		
家庭年收入	<10000元	55	6.59	12363.4		
	10000~25000元	135	16.19			
	25001~50000元	231	27.70			
	>50000元	413	49.52			

续表

项目		频数	比例	2016 年全国水平	卡方统计量	显著性水平
农业年收入	<5000 元	176	21.10			
	5000 ~ 10000 元	162	19.42	3269.6		
	10001 ~ 15000 元	98	11.75			
	>15000 元	398	47.72			

资料来源：2016 年全国水平数据（选定当年的原因是主要调研数据收集的时段集中在 2015 ~ 2017 年）的来源包括两个渠道。其一是性别、年龄、家庭人口三项的数据来自《中国人口和就业统计年鉴 2017》。需要说明的是，对应的年龄分段按照乡村人口年龄段逐级加总得出，而家庭人口按照乡村家庭规模统计，则需要分省区逐项计算得出。其二是教育水平、家庭年收入（元/人）和农业年收入（元/人）的对应数据来自《中国农村统计年鉴 2017》。

由表 7 - 3 可知，本书所使用的农户调研数据具有代表性，能一定程度上反映中国的整体农户情况。具体而言，从样本的基本特征来看，受访的户主多为男性，占 72.54%。从年龄来看，样本多集中在 30 ~ 69 岁的中老年劳动力，占 89.93%。从家庭人口来看，3 ~ 5 人的家庭和 6 人及以上家庭占多数。从样本的受教育水平来看，初中及以下的人数最多，占比达 86.93%。在与 2016 年全国水平的对比中，这些项目卡方检验达到了较高的显著性水平，说明样本的选取在人口和教育特征方面具有代表性。

从收入水平来看，受访农户家庭年收入在 50000 元以上的人数，对比 50000 元以下的总人数不相上下，而参考 2016 年的全国平均值为人均 12363.4 元，说明调查的受访者收入相对较高。另外，受访户的农业年收入在 10000 元以下的居多，占比达到 40.53%，而参考 2016 年的全国平均值为人均 3269.6 元。在考虑受访户的家庭规模普遍为 3 人以上的特征后，可以认为受访户的收入水平与全国水平接近。因此，样本的选取在农户收入方面的特征同样具有较好的代表性。

在以上问卷中，研究关注的核心问题是农户的一家两制行为发生率。结果显示：在过去 8 年的持续调查中，至少有超过 63.12% 的食物生产者存在一家两制行为，且这一比例呈现逐年上升趋势。2012 年 4 月，最初在河北预调研的 60 位农户，有 30% 左右采取一家两制。2015 年 12 月，在课题组累计访问的 378 个受访农户家庭中，有 56.61% 的农户进行一家两制。到 2017 年 12 月，在累计访问的 827 个受访农户家庭中，发生比例上升到 62.39%。其中，新增加的 449 个农户样本中，有 302 位农户选择一家两制，占总体的 67.26%，总体发生率上升 5.77%。截止到 2020 年 6 月，在调研组拓展跟踪的 15 户典型农户中，一家两制的总体发生率为 64.29%。至此，整体发生率变为 63.12%。虽然，这并非同一抽样本内部严格的统计分析，但研究的抽样尽可能按照设计时的分层抽样执行。

表7-4　案例库中农户一家两制行为特征

调研时间与区域*	调研村庄	案例数量	文本字数（W）	文本编码率*（R）	家庭人口****（平均人数）	食物交换频率（次/每月）	中心市场距离（公里）	A模式	B模式
2014年4月 河北武强县	寨子村	6	2334	3.96%	6	3	5	小麦、玉米	豆荚等蔬菜；家禽
	东堤村	1	1923	2.84%	4	5	3.50	小麦、蛋鸡	应季蔬菜；鸡、鸭等家禽
	张法台村	1	1605	3.26%	4	5	6	小麦	油菜等蔬菜；家禽
2014年7月 广西隆安县	汪周屯	1	1523	5.18%	6	3	2	水稻；罗非鱼	黄瓜等蔬菜；家禽
	那艾屯	7	4464	2.59%	4.67	5.50	3	水稻；果树	空心菜等蔬菜；家禽
	梅林村	5	5170	2.99%	4.60	4.25	8	水稻；蜂蜜	应季蔬菜；鸡、鸭等家禽
2014年9月 湖南湘潭县	仙凤村	5	5718	3.16%	5.00	5.20	28	水稻；生猪	瓜果、蔬菜；家禽
	日华村	4	2657	3.98%	5.75	4.32	48.50	水稻；莲子	生菜等蔬菜；家禽
	京广村	5	7482	4.23%	5.80	3.14	3	水稻	应季蔬菜；鸡、鸭等家禽
2015年5月 广东从化区	橄榄树下村	2	1990	2.07%	5	2.50	1	水稻；果树	芥菜等蔬菜；家禽
	高步新庄	1	1272	3.57%	6	3	1	水稻	空心菜等蔬菜；家禽
	公布井村	8	11731	4.03%	5	2	2	土豆；绵羊	茄子等蔬菜；家禽
	南场子村	15	28924	3.56%	5	1.20	0.5	玉米；西瓜	应季蔬菜；家禽
2015年7月 陕西定边县	荣阳村	6	13193	2.97%	4.83	1	3	玉米、山羊	油菜等蔬菜；家禽
	红卫村	6	11314	3.06%	6.67	2.25	15	玉米；绵羊	应季蔬菜
	先进村	10	20220	3.15%	5.40	1	3	玉米、土豆	应季蔬菜
	兔菪峁村	1	7104	3.39%	5	1	2	西瓜；绵羊	应季蔬菜

续表

调研时间与区域*	调研村庄	案例数量	文本字数（W）	文本编码率*（R）	家庭人口***（平均人数）	食物交换频率（次/每月）	中心市场距离（公里）	A模式	B模式
2015年10月 山东寿光市	李二村	1	591	4.12%	4	2	2	黄瓜、苦瓜	应季蔬菜
	孙集村	17	36535	2.66%	3.94	3.75	0.50	黄瓜、山药	应季蔬菜；家禽
	钓鱼台村	9	18711	3.03%	4.42	2	1	茄子	应季蔬菜
	王牟村	10	17384	2.73%	4.20	2.50	1	茄子	应季蔬菜
	吕家村	8	16089	2.19%	4	3	1	黄桃、蔬菜	应季蔬菜；家禽
	后王村	14	32572	3.15%	4.57	3.25	3	西红柿	应季蔬菜
2019年7月 广西隆安县	三叉村	6	7551	4.76%	4.8	5	4	水稻	应季蔬菜；家禽；生猪

资料来源：①＊说明：文本编码率（R）＝有效信息文本编码总数（C1）/案例文本总字数（W）。②＊案例研究主要开展的时间。随着研究的深入，本书课题组对重点案例后续进行了6次回访或电话补充调研，该过程由回卷和访谈提纲对2019年10月一直持续到2019年10月。③＊说明调研时间是案例研究主要开展的时间。研究所指的"自家"即本表中所体现的家庭人口，其范围由受访农户的主观判断界定，"同灶吃饭"这一概念侧重于强调实际的食物生产过程中所内含的家庭意义，对"同灶"的理解还包括了这类情况，即家乡的亲人为长居外地的亲人专门生产食物，换句话说，外地的亲人即使不在家中同灶（同一张饭桌）吃"饭"，也能在外地吃到同灶（同种生产方式）的"饭"。因而，不限于统计的户籍人口或社会学的核心家庭。这一原则将贯穿本书对农户家庭人口的界定。

因此，仍能说明一个趋势：农户一家两制现象比较普遍，且越发普遍。

二、农户案例典型特征

本书调研的对象是农户家庭，这些农户的经营规模有所差异，但生产的过程中基本都选择了一家两制个体自保方式。根据多元理性概念的界定，农户在生产时所处的社会互动环境，可以分为家庭内部、熟人社会和匿名市场（周立和方平，2015；方平和周立，2017）。

在国家自然科学基金的支持下，本书课题组在2012年4月至2017年10月，以理论抽样的方式，在东部、中部、西部的6个县级调研区域选择具有典型的农户家庭进行了入户访谈。样本来源包括河北、广西、湖南、广东、陕西、山东的典型村庄和典型农户，共计24个村庄（见表7-4），获取包括村庄资料、农户访谈以及调研笔记在内的访谈材料，共计26.89万字。

从研究伦理的角度来看，在调研中，本书因为没有涉及调研者的负面内容，不会因为研究而影响其实际生活，因此，文章对案例未做匿名处理。

在参加调研的过程中，本书已经开始建立案例库。对自2012年以来接受深入访谈的149位农户的分析如表7-5所示。

表7-5　农户生产动机的总体特征

	生存理性	社会理性	经济理性
河北武强	8（100%）	8（100%）	8（100%）
广西隆安	8（100%）	8（100%）	8（100%）
广西横县	6（100%）	6（100%）	6（100%）
湖南湘潭	19（100%）	8（42.1%）	18（94.7%）
广东从化	3（100%）	3（100%）	2（66.7%）
陕西定边	46（100%）	33（71.7%）	46（100%）
山东寿光	59（100%）	35（59.3%）	59（100%）
频数（比例）	149（100%）	101（67.79%）	147（98.66%）
互动场域	家庭内部	熟人社会	匿名市场
主要品种	应季蔬菜、家禽	应季蔬菜、家禽	大田作物、家畜
经营方式	传统家庭生产	传统家庭生产	现代市场经营

资料来源：本书所在课题组2013~2020年农户调研案例库。下文如未注明，则材料与此出处一致。

表7-5总体可反映出三个特征：首先，在生产实践中，农户的三种理性动机是紧密关联并相互影响的。在全部149户受访农户中，仅有2户是完全由生存

理性主导的生产，有98.66%的农户表现出生存理性和经济理性两种生产动机，有超过67.79%的农户表现出三种理性并存的特点。其次，多元理性的核心框架蕴含"不同的消费对象引起了不同的理性行为"的逻辑，生存理性主导家庭内部的生产；社会理性主导熟人社会的生产；经济理性主导匿名市场的生产（方平和周立，2017）。最后，从生产品种和生产方式上看，在生产理性和社会理性的主导下，受访农户偏向用传统方式生产，相比之下，经济理性主导的生产受到市场需求引导明显，生产资料投入更多。

当然，应该注意到，理性行为之外，农户在生产中也存在传统习惯行为和情感经验行为。由于研究问题需要被聚焦化呈现，因此，本书不再单独分析理性选择之外的行为动机，尤其是传统型和情感型这两类。但也认为，这两类行为的动机或多或少在朝理性的方向进行移动。这种移动过程体现在农户长期的反复生产实践中，构成了中国农户特有的理性（徐勇，2010，2018），由此，扩展了本书对农户理性行为的理解。

第三节　本章小结

经验材料与理论框架的连接策略是本章论述的重点。我们认为，归纳和演绎的方法并非对立，本书更加倾向于从归纳开始，而过程中会突出演绎逻辑。这其实是对如何更好地表述"实践—理论—实践"问题的尝试。这里涉及观察经验材料的时间、深度和广度。

在第一阶段，本书的研究先有预调研，形成有广度的视角，出现有代表性的讨论意义，说明一家两制是有意义且有趣的问题。在第二阶段，我们进行理论分析，这其中必须识别和梳理理论对话，并进行概念继承与发展的讨论，一方面，需要符合事实，而不是所有沾边的讨论都能纳入；另一方面，需要符合学术聚焦的原则，能够帮助回应问题的聚焦过程。基于此，提出对应的分析框架和对应的命题，并逐步形成可以验证或者被证伪的可操作的假说。在第三阶段，从经验材料中的展示中逐步通过归纳的方式，提炼出对应的事实。这种对应的事实，可以被可操作的假说证明或者证伪。由此，最终提炼出可以支撑核心命题的论据，并相互衔接，并组织一系列命题，形成能够支撑概念的表述。

需要注意的是，要在说明逻辑展开思路的同时，侧重说明和体现第一阶段和第三阶段的经验材料，存在紧密的联系和重要的区别。它们的联系在于，都需要聚焦在问题所关心的事实之上。而区别是，第三阶段的经验材料必须有足够的广度和深度，案例和论述要形成信度和效度。它是对第一阶段的拓展、更新和深化。第一阶段的经验材料，是引发讨论的关键。而批评者可能指出的不足或者出现的所谓循环论证，关键在于第一阶段的经验材料也似乎反复出现在文章中，并成为第三阶段研究中的论证材料。

我们应对的方法是在实际的研究过程中，通过对经验和理论层面的讨论，在第三阶段的研究中，我们已经有足够的理论视野和田野能力，去收集新的经验材料，它们对比之前在第一阶段的经验材料，对问题更具解释力和可验证性。

由此，本研究的操作化的方案是，在文章的展示过程，需要更进一步地模仿相关讨论，处理好研究框架和对应的案例之间的讨论关系，这表明：第一，我们的研究侧重归纳逻辑，但最后的讨论包含演绎逻辑；第二，我们沿着"实践—理论—再实践"的思路展开讨论。研究框架若是不能连接出对应的假设，就需要重新判定理论框架的可行性；若是能连接对应的假设，之后的讨论就有机会实现论证。

第八章　一家两制的区域案例

> 导读：本章通过区域案例的分析，呈现一家两制的区域性特征。在结构层面，选择介绍山东寿光的区域调研案例，讨论对食品安全威胁下，农户生产动机从单一理性向多元理性进行转变的过程，理解"A＋B"模式生产和消费背后截然不同的行动逻辑。这种逻辑与资本劳动双密集模式的资源配置方式相互契合，构成了区域性的农户行动特征。
>
> 在行动层面，选择介绍湖南湘潭、陕西榆林等区域的典型农户行动个案，通过文本分析方式理解农户在访谈中所呈现的特点，把握一家两制行为发生的区域特征，明确细分三类理性向度所对应的生产行为，不仅是某个区域的特定农户才会采取的行动，而是具有一定的典型性。由此，引出后文针对多元理性内在机制的讨论。

第一节　结构层面的区域案例

本节重点使用在山东寿光的调研材料。在寿光的参与式观察持续超过80个月，2012年4月至2020年6月，我们积累了丰富的经验材料。课题组在2012年初就完成了首次背景调查，并在2015年10月组织课题组成员，开展了为期一周的系统性入户调研，随后，还不定期地进行电话随访和补充调研，为研究提供了直接而丰富的分析素材。本节重点对寿光市5个村庄的59个典型家庭的访谈资料进行归纳分析，以引出一家两制现象及其行动意义的讨论。

山东寿光是中国蔬菜之乡，以反季节大棚为标志的设施农业，在整个东北亚地区的农业市场都具有很强的影响力。寿光蔬菜批发市场是中国最大的蔬菜集散中心。选择该区域的原因是其农户生产的市场化时间长、程度深，农户的生产行为和在食品安全下的变化具有典型性。

正如中国其他大多数农村一样，寿光当地农民由大多数年龄较大的劳动力组成，而年轻人倾向于在城市寻求当地就业。寿光的农业是当地农民的重要收入来源，既有劳动力密集型的特点，也有资本密集型的特点。当地农民大部分精力都放在农业生产上，这为观察他们的食物生产、分配和消费行为提供了一个长期而稳定的窗口。

寿光的市场距离短，一般不超过 10 千米，农户从便利的市场准入和运输中受益。得益于政府的组织和激励，寿光的每个村庄几乎都形成了"一村一品"。很多村庄倾向于种植茄子、黄瓜、苦瓜、西红柿等反季节蔬菜产品。这种生产模式降低了交易成本，有利于农民统一生产，分销商统一采购，政府统一监管。农户所形成的销售渠道包括，一方面，农户生产的大田蔬菜（此处对应于 A 模式）直接可以向村头的经销商出售，再由他们去对接大型批发市场。另一方面，农户消费的市场化程度也很高，大多数农户在超市购买食品。同时，很多农户都种有"小菜园"，主要是在大棚头很小面积的空地上，种植一些白菜、大葱、萝卜等蔬菜（此处对应于 B 模式）。虽然并没有明显的为自家生产的完整体系，但村庄集市和邻里交换是相对常见的现象。下文将呈现本书所在课题组在山东寿光调研的基本情况。

一、寿光模式的政治经济学分析

（一）地理人口概况与农业生产条件

截至 2016 年底，寿光市土地总面积为 1990.15 平方千米。其行政区下辖孙家集街道、洛城街道、古城街道、文家街道、圣城街道 5 个街道、9 个镇，如图 8－1 所示。全市共有 33.29 万户，户籍总人口 108.47 万。其中，农业人口 58.31 万，分布在 894 个村委会。同年，寿光市完成地区生产总值（GDP）856.87 亿元，同比增长 7.64%，其中，第一产业产值 12.95 亿元，蔬菜园艺作物产值高达 9.96 亿元，占第一产业产值的比例为 76.91%。

从图 8－1 可知，首先，受访各个村庄的地理位置优越。村庄与县城的距离多在 10 千米以内，到本乡镇的距离都是 5 千米以内。其次，地处平原，交通便利，路网发达，出行方式多样。在调查中发现，几乎每家每户都有现代化的交通工具，其中三轮车、面包车是基本配置，而小轿车也已经开始普及，另外，孙家集街道还有直通市区的公交车直达。最后，便利的交通为村民融入市场提供了前提。受访的村庄每周都有两次固定的市集，而且日常消费非常方便，农户主要通过市集、夜市、超市三种渠道购买食品。

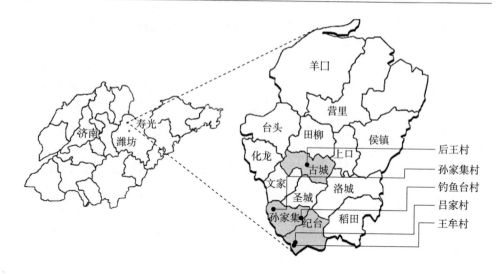

图 8 - 1　山东寿光调研区域概况

注：右侧的五个村庄为 2017 年 10 月调研的具体区域。

（二）农业生产条件

依据村庄到县城距离的远近，课题组在山东省调研区域选取了 5 个村庄进行入户调查。各村具体情况如表 8 - 1 所示。

表 8 - 1　受访村庄的地理区位特点与农业生产条件

调查村庄	村庄与县城距离（千米）	村庄与乡镇距离（公里）	交通情况	主要地形	灌溉方式
孙家集街道钓鱼台村	6	4	公交车直达	平原	地下水
孙家集街道孙家集村	8	1	公交车直达	平原	地下水
纪台镇吕家村	1	1	需到乡镇乘车	平原	地下水
纪台镇王牟村	20	3	需到乡镇乘车	平原	地下水
古城街道后王村	10	1	需到乡镇乘车	平原	地下水

资料来源：本书课题组调研一手资料（2015 年 10 月）。

村庄农业生产条件的特点包括：第一，地势平坦。受访的村庄都处于平原，耕作条件便利，集约程度较高。第二，灌溉主要以地下水为主。一般的水井可以在地下 50 米左右见水。第三，农业生产对环境存在一定影响。地下水质较好，基本没有严重污染的情况，但从地表环境来看，路边和沟渠里，源自大棚生产的白色污染较为常见。

（三）人口特点与劳动就业概况

受访的村庄属于典型的大中型村庄，常住人口均在 800 人以上，其中孙家集村和后王村的人口超过 1400 人。首先，本地化的农业就业是调研村庄的主要特点。一方面，农业生产是当地农户的主要收入来源。从纯农业户数量看，每个村庄都占到了总户数的 75% 以上。另一方面，农户主要在本地从事农业。由于山东寿光以大棚经营为主，而每个大棚需要大量劳动投入，当地农户就以家庭为单位经营大棚，因此，很少外出打工。

其次，从事大棚生产的农户普遍趋向老龄化。20 岁以下的人一般没有意愿参与大棚种植，一是他们已经接受了高等教育，不愿回村经营农业，二是他们从小就未曾参与这么辛苦的工作，不习惯。

最后，受访区域的人均收入较高。除纪台镇吕家村之外，普遍超过 10000元。这些收入主要来自农业，一般农户都会通过经营 2 亩左右的大棚实现增收。另一个收入来源是就近务工，主要务工方向是经营超市或者就近从事运输，收入会比单纯的农业经营稍高。值得一提的是，与农业生产相关的高附加值产业为部分村民提供了较高的收入。以孙家集村为例，村里有十多户进行存菜冷库经营，收入非常可观，平均收入每年能达到 10 万元以上。各村具体情况如表 8－2 所示。

表 8－2 人口特点与劳动就业概况

调查村庄	总户数（户）	常住人口（人）	务农人口（人）	纯农业户①（户）	兼业户数（户）	种养大户②（户）	人均纯收入（元）	务工收入（元）
孙家集街道钓鱼台村	180	800	280	170	10	2	30000	45000
孙家集街道孙家集村	376	1480	800	280	80	20	20000	45000
纪台镇吕家村	240	830	450	210	30	5	8000	20000
纪台镇王牟村	250	820	380	200	10	20	10000	20000
古城街道后王村	464	1670	500	410	5	2	17000	30000

资料来源：本书课题组调研一手资料（2015 年 10 月）。

① 纯农业户指农业收入占总收入 80% 及以上的农户。
② 兼业农户指经营 3~4 亩的大棚的农户。

（四）农业生产资本投入特点

第一，规模化的大棚种植业发展成熟。从 20 世纪 90 年代初期，寿光地区就以大棚种植闻名中国。随后的高速发展让其产品远销东亚的日本、韩国等国家。在对受访区域的村庄调查中，调查组发现，以蔬菜种植为核心的保护地农业依旧是当地经济的支柱。从产值来看，各村大棚蔬菜的种植占全村产值的比例均超过 90%。从就业来看，大部分农户都参与其中。大棚农业生产的主力是以核心家庭的夫妇。

第二，呈现劳动力与资本双密集的农业模式。从劳动力使用情况看，大棚农业生产的主力是核心家庭中的夫妇。一般经营 2 ~ 3 亩的大棚。实际种植面积超过 3 ~ 4 亩的可以视为大户。这些大户在农忙时节需要雇工。以钓鱼台村为例，在当地雇用大工和小工每天需要 150 元。小工一般是本村居民，可以分为上午和下午两种方式支付，一般农户偏好在下午雇工，这样更为划算，费用大约为 60 元。从资本的使用情况来看，在大棚生产过程中，需要投入大量的物质和技术资本。要运用的现代生产要素包括：农药、化肥、生长激素等。而在使用过程中，政府都会在生产和销售方面给予一定的技术指导，以保证农产品按质按量供应市场。

第三，"一村一品"模式被广泛采用。调查区域的村庄都有各自的主打品种，包括茄子、黄瓜、苦瓜、西红柿等。这些品种的选择是农户结合当地特点，自然形成相应品种规模生产后，政府加以规范和扶持的结果。值得一提的是，"一村一品"的形成与市场的发展密不可分。实际上，"一村一品"降低了交易成本，既有利于农户统一销售，同样也有利于经销商统一采购和政府的统一监管。另外，"一村一品"加剧了农户在生产过程中的竞争。

第四，一家两制的现象比较普遍。当地农户存在差别化生产，农户自家吃的和卖向市场的产品，在品种、生产方式和种植地点上存在明显的差异。以蔬菜为例，农户多是在自家大棚前后"顺便""捎带"种上家庭成员喜欢的应季"棚边菜"。管理的时间和生产资料投入无法与大棚相比，受访农户也不认为这属于农业生产范畴。另外，相互赠送的情况比较普遍，壮年的"玩棚人"会经常给村里不参与农业生产的亲戚和长辈"送菜"①。

二、投入与产出分析

（一）茄子（A 模式）

生产与销售的成本与收益是首先需要讨论的问题。茄子主要通过经销商统一

---

① 引号的使用有特殊意义。"送"一方面要表达农业生产者免费为熟人提供应季蔬菜的主观意愿，另一方面这个提供的过程在实践中表现为亲戚和长辈自己到棚里摘菜。之所以出现这种现象，是因为"玩棚人"基本没有时间为他们专门"送"菜。

收集到寿光，再由货主直接转运至东北三省进行销售。以 1 亩的实际生产面积为例，每年的总产量约 3 万 ~ 4 万斤，几乎全部卖向市场，平均出售价格是每斤 1 ~ 2 元，一般可以得到约 4 万元的收入。这个过程中，自家能消费的数量非常少。许多受访户家中种植茄子的大棚在 2000 年左右就已经建成，当时的成本 1.5 万元，包括人工费用在内。农户分析，如果现在建造同等技术水平的大棚，大约需要 3 万元左右。茄子具体的产销过程如图 8 – 2 所示。

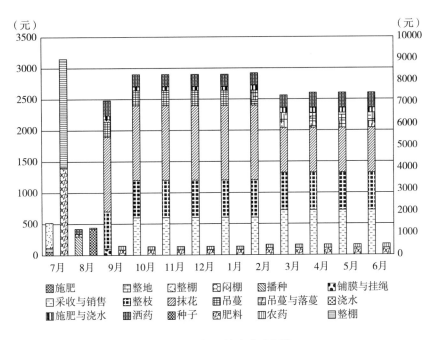

图 8 – 2　茄子的生产流程①

6 月末到 7 月初结束上一年的种植，进入整地阶段。这个过程要持续到 8 月底。其间，需要进行闷棚作业，使用从周边市场购买的有机肥作为基肥，加上气候炎热，当时在棚内劳作是非常艰辛的。这期间的有机肥大约需要 5000 元，主要是从周边市场购买鸡粪和豆壳。另一项重要工作是重新设置架子和薄膜，分别花费 2000 元和 3000 元。

大约在 8 月 20 日前后，农户种植幼苗。农户普遍选择的品种是大龙。这是

---

① 在图中，每月左侧的堆积图表示劳动投入，用劳动工时的价格换算值衡量，每个工时为 20 元，具体数值对应左侧纵坐标轴。而每月右侧的推挤图表示资本投入，以生产资料的市场购买价格直接显示，具体数值对应右侧纵坐标轴。因种植时间均以 7 月开始，所以时间轴是从头一年的 7 月开始，到第二年 6 月为止。图 8 – 2、图 8 – 3、图 8 – 4 均如此。

一种已经嫁接好的抗病品种。嫁接技术作为一种传统的抗线虫技术，早在 20 年前就已经开始使用。但近 3～4 年出现了新的技术，在育苗之前就可以把嫁接工作完成，省去了很多劳动力投入。具体而言，若种植 2000 株成苗，每株 0.6 元，需要花费约 1200 元。

进入 9 月，农户要进行非常复杂而精细的田间管理，包括蹲苗和铺地膜等繁杂的工作。当地农户将授粉过程称为"抹花"，在这个过程中，每一株茄花都需要被带有生长激素的毛笔"抹过"一遍，留下红色的标记。这样的重复工作每天需要从早上 5 点开始，到中午 11 点大棚温度过高时结束，中午稍作休息之后，从下午 14 点继续进行到 17 点。用农户自己的话说就是"这个工作真是披星戴月"。从这个阶段开始，就要进行系统性的追肥和喷洒农药。肥料主要是生物菌，通过大水漫灌进行施用。水肥结合 8 天一次。农药的喷洒节奏也类似。

第一次收获大约在 10 月初开始。每隔 4～5 天进行采收，每次的收成大约400 斤。这一期间，逐渐施用滴灌替代漫灌，肥料和化肥的使用 8～10 天进行一次。值得注意的是，农户非常在意采摘前的农残检测，因此，会选择采摘之后马上进行新一轮的农药喷洒。这样的工作会一直持续到春节之前。

春节之后，茄子的生长进入旺盛期。这时每次采摘可以收获大约 800 斤，这个过程一直会持续到 6 月底。其间，浇水的频率也更为密集，5～7 天一次。相伴随的是生物菌和农药的使用频率也会提高。实际上，在我们的观察中，生物菌这类水溶肥已经包括了常见的膨大剂。据农户估算，每年追肥的开支大约 3000元，而农药的开支约 1000 元，再加上水电费用，全年大棚生产的总成本约 1.5万元。从浇水、施肥和农药的使用趋势来看，立春是一个重要的时间分界点。而农户调节这些配置的目的，都是将棚内的水热条件始终控制在最适宜茄子生长的范围内。

（二）黄瓜与苦瓜套种（A 模式）

黄瓜与苦瓜套种是寿光的常见经营模式。调查区域的农户大约从 1995 年开始种大棚黄瓜和苦瓜。以 1 亩大棚为例，每年的总产量约 3 万斤，几乎全部卖向市场，平均出售价格是每斤 1～2 元，一个大棚每年约有近 5 万元的收入。一年下来，苦瓜的收益整体大于黄瓜，苦瓜收益大概是 32 元每株，黄瓜收益大概是 8元每株。黄瓜和苦瓜主要供给通过经销商统一收集到寿光，再由货主直接转运至外地进行销售，自家能消费的非常少。黄瓜和苦瓜混合种植的具体过程如图 8－3所示。

6 月末到 7 月初结束上一年的种植，进入整地阶段。这个过程要持续到 8 月底。其间，需要进行闷棚操作，使用从市场购买的有机肥和复合肥作为底肥。其中，有机肥大约需要 3500 元，在施肥之前，会有供货商主动帮助联系购买外地

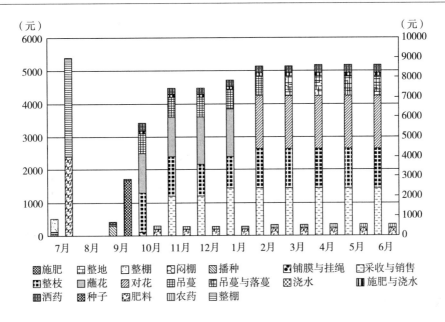

图 8 - 3　黄瓜和苦瓜混种的生产流程

鸡粪和豆壳，受访村庄的有机肥是从江苏运来，化肥则以复合肥为主，花费约
500 元。在施肥之后，需要用旋耕机进行整地，这个过程会持续半天时间。很多
家庭在 2013 年就购买了旋耕机，一台约 4000 元，因此，不需要再租借，使用很
方便。另一项重要工作是重新设置架子和薄膜，分别花费 2000 元和 3000 元，这
个工作耗费人工，2 ~ 3 天才能完成。

　　在 9 月中下旬①，农户种植黄瓜幼苗。主要品种是德瑞特 907B。这是一种已
经嫁接好的抗病品种。嫁接技术作为一种传统的抗线虫技术，早在 20 年前就已
经开始使用，砧木一般是南瓜。但近 3 ~ 4 年出现了新的技术，在育苗之前就可
以把嫁接工作完成，省去了很多劳动力投入。黄瓜和苦瓜的比例大概是 4 ~ 5 株
黄瓜，1 株苦瓜。具体而言，若种植 3800 株成苗，每株 0.43 元，共花费 1634
元。与此同时，苦瓜则选择种子直接播种方式种植，播种时间比黄瓜幼苗晚一
周。受访户家当年种植 500 株，每株 2.4 元，共花费 1200 元。

　　进入 10 月，农户要进行非常复杂而精细的田间管理，包括铺地膜、挂绳、
整直、"蘸花"、吊蔓等繁杂的工作。铺地膜、挂绳的工作相对其他而言是最为
省事的，基本上 2 天都可以完成。整直（打岔）、吊蔓②、"蘸花"则需要伴随着

①　案例中出现的时间是 9 月 10 日和 9 月 26 日。

②　当地发音为 wan，同"万"。

整个黄瓜生长的周期。大概 4～5 天就需要进行一次"蘸花"（用药），确保每一朵都能够照顾到。整直的目的是让黄瓜长得更高，营养更为集中，因此需要去掉多余的枝丫和藤蔓。整直之后的黄瓜不断生长，需要农户用绳子缠绕在黄瓜蔓上，即吊蔓。而在"蘸花"过程中，农户要将授粉的花蕊全部浸入一种激素中，使其变成红色，表示该花已经"授粉"成功。这些重复工作每天需要从早上 5 点开始，到中午 11 点大棚温度过高时结束，中午稍作休息之后，从下午 14 点继续进行到 17 点。而且，从这个阶段开始，农户会系统性地追肥和喷洒农药。肥料主要是生物菌，通过小水漫灌进行施用。水肥结合大约 8 天一次。农药喷洒的目的主要为了防虫，大约每隔 4 天一次，每次需要 5～6 种专门针对某种虫害的农药混合使用。

　　第一次收获大约在 11 月初开始。大约每隔 2 天进行采收，每次的收成 300～500 斤。这时的关键工作，除了"蘸花"之外，就是落蔓。从 10 月 20 日开始采摘到最终清理期间，需要落蔓 3～4 次，平均每月 1 次。随着黄瓜的生长，老去的植株会逐渐失去结果功能，但农户一方面要维持其输送养分的功能，另一方面希望把采摘的高度控制在 1.5 米左右，因此，需要根据长势，把老去植株落到地上，让新苗的生长始终保持在 1.5 米左右。这期间，为了保持大棚温湿度，需要逐渐减少水肥使用，水溶肥 10～15 天施一次，基本不浇水。值得注意的是，农户这时期使用农药的目的主要是杀菌，因此，需要每隔 3～5 天喷洒一次混合了多种杀菌剂的药水。

　　黄瓜的生长和采摘一直持续到春节前，这期间，其产量逐渐递减。同期，苦瓜苗则逐步变大。苦瓜管理过程中的劳动力投入相对黄瓜更小，主要是因为整直（打岔）次数较少。而苦瓜管理的关键是"对花"（或称"点花"），即人工授粉，让雌雄花通过相互接触授粉，这点也不同于黄瓜依靠药物授粉。农户说，"由于每天都有苦瓜开花，所以每天都得'对花'给苦瓜授粉"。

　　到春节以后[①]，黄瓜收获完毕，瓜藤彻底被清除。棚内仅剩苦瓜，此时，就要进行提苗，即通过增加水、肥、阳光、空间而加速其生长。经过提苗的苦瓜不久后就可以采摘，苦瓜的采摘一直持续到 6 月末，每隔 2～3 天可以采收一次，每次约 500 斤，每斤售价在 2～3 元波动。这期间，随着天气变热，施用水肥和农药的频率也有所提高，每隔 7～8 天进行浇水、施肥和杀菌工作。不过，总体来说苦瓜的用药比黄瓜少些，主要是因为苦瓜病虫害比较少。

　　实际上，在本书的观察中，生物菌这类水溶肥已经包括了常见的膨大剂，但这类激素性质的"生物肥"在 5～6 年前就已经进入寿光。而由于政府主推，农

---

　　① 在一些案例中，这个步骤的时间被叙述为 3 月初。

户对其安全度信赖有加。据农户估算,这个大棚每年追肥的开支大约 3000 元。而农药的开支则在 1500 元上下,再加上水电费用,全年大棚生产的总成本约 1.5 万元。从浇水、施肥和农药的使用趋势上看,春节是一个重要的时间分界点。而农户调节这些配置的目的,都是将棚内的水热条件始终控制在最适宜黄瓜和苦瓜生长的范围内,以获取最大产出。

（三）西红柿（A 模式）

西红柿的生产与销售的成本与收益很可观。以 1 亩的实际大棚生产面积,每年种植 2 茬为例,每年的总产量约 2 万斤,几乎全部卖向市场,平均出售价格是每斤 2～3.5 元。因此,每个大棚可获得约 4 万元的收入。西红柿主要通过经销商统一收集到寿光,再由货主直接转运至东北地区、华中地区和华南地区进行销售,农户自家能消费的非常少。

受访户已经种植大棚西红柿超过 20 年,最新的大棚在 2010 年左右建成,当时的成本约 6 万元,包括人工费用在内。农户分析,如果 2015 年再建造同等技术水平的大棚,大约需要 8 万元。西红柿具体的种植过程如图 8-4 所示。

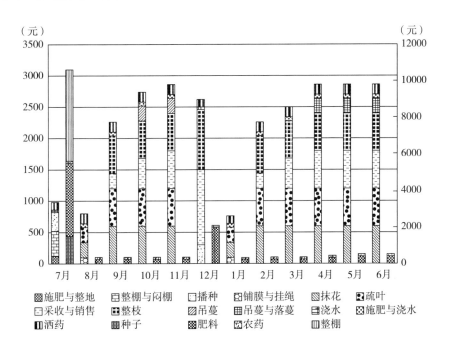

图 8-4 西红柿的生产流程

6 月末结束上一年的种植,进入第一茬的闷棚阶段。这个过程要持续 20 多天。其间,需要进行施肥和整地操作。农户一般使用从村里的农资超市购买的有机肥作为基肥，以鸡粪和豆壳为主，大约需要约 1500 元。施肥之后需要用旋耕机整地，一般是请本村的农机手到大棚内作业，200 元的工钱，半天就能做完。另一项重要工作是重新设置架子和薄膜，分别花费 2000 元和 3000 元。值得注意的是，铺新膜不需要请人工，可依靠是 3~5 户邻近村民的互助完成。

大约在 7 月 10 日前后，农户种植幼苗。一般选择的品种是黄串。具体而言，一户若选择种植 2400 株成苗，每株 0.6 元，共花费月 1440 元。种苗的劳力投入也来自户主，到劳动时，10 多位像邻近大棚的经营户会相互帮忙，一个棚大约 2 小时就能种好。种上幼苗之后，就要开始注意打虫和杀菌，这个过程将持续到最后的拔苗。农户必须尽可能防止虫害发生，因为温棚的特殊环境，一旦不及时处理虫害，大半年的投入就会打水漂。气温较高的时候，需要每隔 7~10 天打一次虫，到了气温较低的冬季则是 10 天左右一次，主要目标转向杀菌。一般是每次需要有针对性地混合 5~8 种防治常见虫害的药物，花费大约 25 元。但喷洒农药的用工不多，单人 2 个小时就能完成。

8 月中旬，即种苗大约 45 天之后，农户开始进行更为复杂而精细的田间管理。具体包括"抹花"、整枝（打岔、别头）、梳叶和施肥等繁杂的工作。当地农户将授粉过程称为"抹花"，这个过程需要农户在每一株茄花上都用带有生长激素的毛笔"抹过"一遍，留下红色的标记。激素主要成分包括赤霉素、防落素等。但生长激素是否有效，还需要进行试验，因此，"抹花"前还需要进行实验性的"抹花"，即试花。在西红柿结果的过程中，老去叶子需要及时清理，否则会留下病虫害隐患。及时清理落叶非常关键，这种工作与整枝一样耗费人工，一般 2~3 天就要完成一遍，每次耗费约 2 个小时。因此，如果经营面积超过 3 个棚的农户，必须雇用短工帮忙清理。而施肥的过程就相对简单，一般在当天上午工作的最后进行。农户一般选择水溶性肥料，这意味着追肥和浇水可以同时进行。施肥会随着天气变热而更加频繁，频率为 10~15 天一次，每次花费水肥的价格约 200 元。总体来看，这样的重复工作每天需要从早上 5 点开始，到中午 11 点大棚温度过高时结束，中午稍作休息之后，从下午 14 点继续进行到 17 点。

9 月中下旬，即种苗大约 80 天之后，第一批果实就可以上市销售。第一批收获大约 200 斤，此后 5~6 天可以采摘一次，产量会渐渐递增，最高达到约 400 斤，直到 11 月末第一茬种植结束。值得说明的是，市场价格会影响农户每天采摘和销售的时间，如果行情好，农户下午采摘，当天晚上就可以卖出。如果行情不好，下午采摘的果实需要第二天凌晨 2 点赶运到收购点，抢着卖完，价格很低，而且竞价的过程也非常辛苦。

在 11 月末拔出旧苗之后，紧接着就要开始第二茬种植。关键步骤是需要施肥、整理土地，并种上新苗。第二茬的有机肥施用比第一茬多，大约需要

2000 元。

农户会赶在春节前，第二茬的第一批果实可以上市。这时的价格非常高，可以到达 4 元以上，而打药和用水的频率因为气温较低而减少，大约 15 天一次。所以农户这时期的净利润最多。

进入 4 月之后，西红柿的生长进入旺盛期。这时每次采摘可以收获 500 ~ 800 斤。但由于气温增高，植株生长快，所以除了平时的护理，还需要增加两项新的工作，一是打顶，为了保证养分较集中供应果实，需要掐掉植株最上端的幼苗，抑制植株向上生长，促进果实膨大。二是落蔓，西红柿平均每 15 天落蔓 1 次。随着西红柿的生长，老去的植株会逐渐失去结果功能，但农户一方面要维持其输送养分的功能，另一方面为了方便护理，农户希望把采摘的高度控制在 1.5 米，因此，需要根据长势，把老去的植株落到地上，让新苗的生长保持合适高度。

这个过程一直会持续到 6 月底。其间，浇水的频率也更为密集，5 ~ 7 天一次。相伴随的是生物菌和农药的使用频率提高。实际上，在我们的观察中，生物菌这类水溶肥已经包括了常见的膨大剂。据农户估算，每年追肥的开支大约 3000 元。而农药的开支约 1000 元，再加上水电费用，全年大棚生产的总成本约 1.5 万元。从浇水、施肥和农药的使用趋势上看，春节是一个重要的时间分界点。而农户调节这些配置的目的，都是将棚内的水热条件始终控制在最适宜西红柿生长的范围内。

（四）传统小农生产的模式（B 模式）

第一，我们讨论大白菜生产过程。以棚头零散种植的大白菜为例。农户从立秋开始种植，大约到小雪期间可以收获。农户一般需要在村里购买 5 元左右的菜种，这些白菜的产量足够满足整个家庭冬季的消费。在肥料投入方面，种植前投入少量有机肥，并进行半天的整地。这部分有机肥一般是大棚里剩余的或是村里养殖户免费赠送的。在农药使用方面，一般在种植后会施用一次，随后每隔 15 ~ 20 天根据实际的虫害情况施用。而进入寒露之后，因为气温明显降低，所以几乎不使用农药。农户一般 20 天左右浇水一次。使用的是大棚里的电动灌溉设备，因此，基本上是每天下午大棚工作结束之后，抽空灌溉。另外，农户还会抽空进行除草，总计下来，可以算成平均每个月一次，每次约 1 小时。农户实际上对于化肥和农药的使用还是有明显的避讳。只要使用化肥，就会明显影响口感。而农药的潜在威胁，使农户非常注意休药期。

第二，讨论大葱生产过程。以棚头零散种植的大葱为例。农户从芒种开始种植（收割小麦之后），大约到立夏期间就可以开始食用，直到立冬之前，大葱因为气温过低而停止生长，农户才会彻底拔出大葱。农户一般会自己留种，这些大葱的产量足够满足整个家庭夏秋两季的消费。在肥料投入方面，种植前投入少量有机肥，并进行半天的整地。这部分有机肥一般是大棚里剩余的或是村里养殖户免费赠送的。在农药使用方面，一般在种植后会施用一次，随后每隔 15～20 天，根据实际的虫害情况施用。而进入寒露之后，因为气温明显降低，所以几乎不使用农药。农户一般 20 天左右浇水一次。使用的是大棚里的电动灌溉设备，因此，基本上是每天下午大棚工作结束之后，抽空灌溉。此外，农户还会抽空进行除草和培葱。培葱的目的是把田垄起高，这样可以让更多的葱苗多层次生长。两项工作总计下来，可以算成平均每个月一次，每次约 2 小时。农户实际上对于化肥和农药的使用还是有所避讳。只要使用化肥，就会明显影响口感，使葱叶辣味增强。而农药的潜在威胁，使农户非常注意休药期。

第三，我们还可以对比分析萝卜生产过程。以棚头零散种植的萝卜为例。农户从头伏前后开始种植，直到立冬开始收获。这时，因为气温过低，萝卜会停止生长，而口感也达到最好。农户一般会自己留种，这些萝卜的产量足够满足整个家庭冬季的消费。在肥料投入方面，种植前投入少量有机肥，并进行半天的整地。这部分有机肥一般是大棚里剩余的或是村里养殖户免费赠送的。在农药使用方面，一般在种植后会施用一次，随后就几乎不使用农药。农户一般 20 天左右浇水一次。使用的是大棚里的电动灌溉设备，因此，基本上是每天下午大棚工作结束之后，抽空灌溉。此外，农户还会抽空进行除草，总计下来，可以算成平均每个月一次，每次约 2 小时。农户实际上对于化肥和农药的使用同样有所避讳。而且，只要使用化肥，就会明显影响萝卜口感。而农药的潜在威胁，使农户非常注意休药期。

（五）农户的差别化生产模式的讨论

本部分将主要以案例访谈分析的方式，呈现"随着食物体系转型的不断加深，家庭开始将单一经济理性拓展为多元理性"（命题 H1）以及其子命题所描述的情况。

（六）生存理性引起自给自足的家计型生产

从以下的案例可见，生存理性主要表现为追求食品安全的方面。许多农户为了确保自家的食品安全，开始重新利用房前屋后的空地，重新按照传统方式生产食物。

我在自己的大棚内和棚外的空地上种植了十多种常见的本地作物，只供自己消费。种植这些作物的动机主要还是为了方便。主要品种包括大白菜、菠菜、大葱、大蒜、茄子、黄瓜等。以大白菜为例，其种植周期从立秋开始，直到小雪。大白菜具有耐储存的特点，虽然自己家也会到市场上买菜，但冬天正是大棚生产的关键期，"冬天吃白菜方便，忙着赚钱的时候，哪有工夫到市场去买"①。这些

---

① 案例中引号内的文字表明此部分为农户在访谈时所使用的原话，余同。

农作物的种植管理比大棚中供给市场的部分要松散得多。但同样需要使用农药和化肥，农药会根据品种的需要进行喷洒，"不能打药就不打，长相不好也没关系"，化肥则因为地力充足而较少使用。（孙家 编号：SG-SJ-2）

我们家主要食用面、小米和玉米面三种类型的粮食，其中，面和小米均从市场上购买，玉米面则是将买来的玉米拿去村中的加工店里磨成玉米面。至于蔬菜，"自己种的又好吃又安全，基本上不从外面买，买来的不放心"。除黄桃外，水果基本上从市场上购买。鸡肉、鸡蛋和鸭肉则来源于自己所养。（杨桂兰 编号：SG-LJ-7）

从访谈的案例可以看出，对生产的方便性、食物的口味以及食品安全的考虑，成为农户选择 B 模式进行农业生产的关键表述。在他们的生产实践当中，农户已经开始在生存理性的主导下，完成对自家食物的供给。实际上，他们所生产的这些食物，都是给自家成员使用。

（七）社会理性引起社会互惠的社区型生产

从以下案例可见，社会理性主要表现为追求食品安全的基础上，出现熟人社会的社区互惠行为。许多农户为了自己的人际交往需要，完成熟人社会的情感的连接，重新按照传统方式生产食物。

邻里之间的食物相互调剂，"主要是房前屋后的果树，在量不大的情况下，不打招呼就摘点菜，没人介意。另一个情况就是自己从地里摘出来的菜，路上遇到邻居，也会分一点"。（孙家 编号：SG-DY-1）

自家生产的农产品，很多外人看来并不觉得是多么好的东西。但邻里乡亲的，有需要的都会送给人家，"这个不值钱，几乎每家都有一些，且种类相同，他们想要就给，主要是为了方便，有时也担心有的蔬菜自家种多了吃不掉，会腐坏，浪费了不好"。（孙树明 编号：SG-DY-9）

棚内小菜园种植自己家食用的长豆角和菠菜等。"自家没有的品种，邻居之间可以互相赠送，这很常见。"（燕凤美 编号：SG-HW-2）

邻里亲友也会根据种植的品种，进行交换，"主要是自家没有的品种，邻居之间调剂供给"，全年蔬菜自给率约70%~80%。（张艳香 编号：SG-HW-11）

"粮食和蔬菜大多由自家或邻居亲友调剂解决，少量蔬菜要在市场上获取。"（王大叔 编号：SG-HW-13）

"我一般自己吃，然后会和邻居交换蔬菜。"（董祥爱 编号：SG-WM-2）

从外面市场购买的食物即使不太放心也没办法，总是要买要吃的，又没办法全部都自己种自己养自己产，所以只种点常吃的蔬菜，"我们有时从邻居亲友那里获得些较为安全的农产品，剩下的就只能在市场上购买了"。（吕佃新 编号：SG-LJ-8）

邻居之间交换蔬菜，也可以看作是有条件的"自家人"。交换就是作为交往性"自家人"的前提。"因为大家知道，赠送给别人蔬菜不光是增加感情，而且是有回报的，别人也会送自己没有的菜来还人情。"由此，邻里之间的高情感性、低义务性构成了情感性的"自家人"，因而吃上了"自家饭"。（吕叔 编号：SG－LJ－1）

如果有条件让其他人来代替我经营大棚，却又不影响这部分的收入，"我会花心思去经营为自家生产的菜园，直到能让认识的人都吃上我家小菜园的菜，品种都能从里面得到满足"。（孙家 编号：SG－DY－1）

我家的健康和食品安全意识非常强。我对外提供的农产品主要是为了两个对象，即儿子的家庭和女儿的家庭。其他亲戚朋友、左邻右舍也提供。"我和丈夫在半亩土地上种植了一些仅供自家食用的蔬菜，这些蔬菜还供给住在城市里的儿子和女儿两个家庭，他们基本上不在市场上购买蔬菜。我家还养有8只鸡和4只鸭，全部自家消费（包括儿女的家庭），且全部采用散养的方式，喂以纯粮草（买来的玉米和自家种的蔬菜），不施用兽药。平时食用禽蛋，过节过年则杀鸡杀鸭食用。我为了女儿和儿子家庭的消费健康而回到农村老家种菜，自然已经把儿子和女儿的家庭看作自家人了。"我自己会给其他一些亲戚提供自己种的蔬菜（此处相当于"自家饭"），这些吃上"自家饭"的亲戚，是沾了我为儿女种的健康菜的光（显然他们是偏核心地带的"自家人"）。也就是说，先满足自家和子女家的需求，然后再送给其他亲戚。（杨桂兰 编号：SG－LJ－7）

而从以下农户的访谈中，可以发现政府关于食物生产的监管标准需要进一步完善。案例SG－LJ－7中，实际含有一个次序的问题。这个次序，就是农户对处于不同地带人际关系的"差序责任"意识。同样验证了有条件的"自家人"吃有条件的"自家饭"的分析。另外，有些对话材料是反面证明，说明标准的建立得不到信任或者有效执行。

政府控制得相当严格，准许施用的都是无公害、无毒的农药，而且按照使用说明规定的用量施用；若施用了禁用的农药，"它直接开个推土机把你那大棚给推喽，没有人敢用那些禁用的药"。（孙继忠 编号：SG－SJ－13）

家中主要经营的是黄瓜和苦瓜，而粮食、水果、禽蛋和肉类都需要到邻近的市场购买。在农业生产过程中，政府的农委会时常派人抽查农产品成品的农药残留情况。"我认可无公害的生产标准，菜市场和超市的食材安全可靠。"（孙学辉 编号：SG－LE－1）

收购商会比较关心食品质量安全，理论上会对于每个农户都进行抽查，"但在我看来，这些都像是'摆设'，基于长期贸易的信任，很少有人会实际去做检查。"周围的人也没有出现过重大的农药中毒事件。（孙玉明 编号：SG－SJ－2）

提及政府的外部监管时，"我不相信那玩意儿，没人管，自己管"。（孙继林 编号：SG-DY-4）

超市卖的东西要比集市上的靠谱，因为超市里可以检测。我认为去超市买东西比去集市买更放心，"因为超市可以检测，而集市上的东西没经过检测。不过仔细想想，也仅是感觉上更安全"。（孙氏 编号：SG-SJ-4）

我对食品安全了解得这么清楚，来源于其长期的生活经验的积累。对于在当地广受信赖的《寿光蔬菜报》，"那上面写的都是乱七八糟的东西，讲些肥料啊、农药啊，我很少看那个"。（杨桂兰 编号：SG-LJ-7）

除了卖向市场的，主要就是邻里间交换棚头菜。在市场上购买，一般是两种途径：一是去正规超市，多去本地的全福元超市，比较放心；二是去熟人处买，是典型的熟人社会的表现。"有熟人的，优先买熟人的；本地的，先买本地的，具有普遍性。"（梁建平 编号：SG-SJ-16）

对于小菜园的消费对象，我认为"如果是亲戚，那给他们肯定没问题。但如果是陌生人，要想给他们提供安全农产品（小菜园的产品），可能需要给一个比较高的购买价格才可以。"（孙振刚 编号：SG-SJ-6）

"不太会提供给他们（外人），因为没途径，不好看不觉得是好的，人家根本不收不要。而且自己知道是真正的无公害的好食品，但是量少根本给不着，自己都不一定够。"要是实在想要也可以提供，"随市场价就行，最好再高点，毕竟觉得本来是给自己吃的，结果让给外人吃了"。（孙树明 编号：SG-DY-9）

从农户的社会理性生产行为当中可以看出，在农户生产中，出于社会交往方面的考虑是非常普遍的现象。在熟人社会当中的口碑会影响农户的食物生产。实际上，邻居、亲戚都不一定靠农户供给的蔬菜过日子。但这种食物的传递，为他们提供了交流的机会。而这种交流让熟人社会的信息得到更新，也为其他社会资本的积累提供了非常重要的条件。在当地人看来，自家种出的蔬菜，是自己生产能力和生活地位的一种客观体现，而在这种体现过程当中，送出自家种的蔬菜明显比送出大棚生产的蔬菜更有"面子"。这又体现出了为熟人社会生产食物所具有的特殊行为意义。

（八）经济理性引起盈利动机的逐利型生产

从以下案例可见，经济理性主要表现为，追求食品生产数量，而这种数量提高，仅是为匿名市场生产的行为。许多农户为了扩大生产能力，投入了过量的化肥和农药。这种行为在调研中是普遍的，但从对话中，也能体会出农户对这类行为的无奈。

对外销售的蔬菜以自家最主要的大棚为例，去年（2014年）种了1.2亩，总产量约3万斤，几乎全部卖向市场，平均出售价格是每斤1~2元，得到了近4

万元的收入。"黄瓜和苦瓜主要通过经销商统一收集到寿光，在由货主直接转运至外地进行销售。自己吃的非常少。"（孙玉明 编号：SG－SJ－2）

"浅追肥、架要牢、巧浇水、病虫害防治要跟上。"农药的使用基本上为防止落叶，一般10来天或更长就会喷洒一些，一个山药种植周期下来，约喷洒10次农药。此外，还需要大量使用肥料。"这样，山药才能长得粗壮，有卖相，产量也高。"（朱吉林 编号：SG－SJ－7）

去年我家种植黄瓜和苦瓜的毛收入达到17万元，农业生产成本大概是4万元。另外，在寿光市里做服务员的大女儿一年大概也有2万左右的收入。"农业生产主要靠自律，没有组织全程监管我们，价格主要是由市场决定。"（孙氏 编号：SG－SJ－9）

家里经营大棚的时间已经超过9年，大约在第4年开始，大棚的基肥从化肥转变为有机肥。"这样做的好处有两点，第一，化肥容易流失，而有机肥可以'养地'，因此，只需要施用一次就可把基肥做好，省去很多成本，也保养了土地。第二，长期来看，有机肥的产量比化肥高很多，客观上提高了自家收入。"（张桂生 编号：SG－SJ－1）

"我觉得当前食品安全问题'不太严重'"，主要是因为在当地很少出现食品安全中毒事件，并且"现在的农药都是低毒农药，很多还是生物药，所以比较放心。"（孙氏 编号：SG－SJ－9）

经济理性的动机在访谈当中体现得非常明显。在农户建立大棚、经营大棚、发展大棚的历史进程当中，他们投入了大量的精力。在物质财富得到丰富积累的过程当中，农户也掌握了许多在资本逐利的环境下进行农业生产的技巧。这些本质上都是为了追求最大的经济利益的行为。在对话和观察中，也能发现这些食物的销售都是针对匿名市场的，农户自家食用这些食物的情况非常少见。在农户看来，这是出于食物生产的目的是供给匿名市场。但通过更仔细的观察可以发现，农户会考虑到通过A模式进行生产的食物并不可口。更深层次的含义则是这些没有味道的食物，实际上并不是安全而传统的食物。因此，农户的经济理性，实际上只会进行社会化的生产，只能卖向匿名市场。

三、小结

（一）"寿光模式"的兴起

寿光得到快速发展的因素是复杂的。主要是历史因素，一是自然环境，寿光有着较好的农业生产条件，拥有大面积的平原，且地下水资源相对丰富。二是寿光就是山东农产品贸易的中心，在改革开放后，这个中心被重新确立。三是源自三元朱村的技术创新，使得大棚技术改变了中国北方农业的历史。同时，村庄之间在效益推动下的优胜劣汰机制，让"一村一品"逐渐形成。而农户的社会资本，村社成员的紧密关系以及互助，会让关键技术在村内迅速传播，大棚生产模式很快得到普及。

政府在寿光农产品市场深化的过程中，起到了关键的作用。一方面是建立市场。对于大型贸易市场严格监管，打击菜霸。对于村级收购市场，严格控制产品质量。在形成市场规模之后，另一方面是优化物流。配菜的功能是寿光作为蔬菜集散地所特有的，当地人自豪地称："没有买不到的菜，没有卖不出的菜。"依托的就是配菜功能。

（二）经济理性与生存理性并存

在寿光的案例中可以看到，经济第一的原则正在取代传统意义上规避风险的"安全第一"在农户行为动因的主导地位。单一的生产在表面上替代了多元生产，出现了三大集中的趋势，即高投入、高产出和高风险在生产中集中，其中，包括了自然和市场的双重风险。实体主义的传统观点不足以完整描述这个现象，一方面，生计安全第一对于农户生产不再是关键动力，农户不再依靠多样化的种养来降低生产风险。另一方面，农户在生产的过程中，还贯彻了生存理性中的食品安全原则。而且，对食品安全的自我认同，是在近几年高速的市场化生产过程中才出现的。因此，调研中发现的市场逻辑和生计逻辑已经实现重新被定义。

（三）"四朵金花"背后的一家两制

首先，市场改变了农户对农业的时空概念。在空间上，为市场而生产的农产品占据了主要位置，处于保护地栽培的模式当中。而为家庭而生产的农产品并没有完全退出，而是变成"棚边菜"，在棚前、棚后、棚里和棚外顽强地生存。在时间上，为市场而生产的农产品按阳历时间生产，并主要依靠大棚的光热和药物调节上市时间，希望能抓到市场上价格最高的时机。而为自家生产的农产品依然按照农历计算，遵守自然的生产规律。

其次，现代农业生产让农户在面对市场的时候，展示出自己的"四朵金花"。有些农户承认自己已经认识到过去高毒农药的危害性，现在主动使用低毒农药。是否有一天，他们也会承认现在使用生产资料存在潜在的危害性呢？但至少目前来看，"四朵金花"的模式依然沿用。一是"蘸花"——黄瓜，主要是激素刺激。二是"抹花"——茄子，用毛笔把生长激素向雌花抹，第一次需要在出花的第二天就开始抹，之后每隔一天抹一次。实际上，结果需要自然授粉，但在保护地耕作的模式下，激素也能让细胞壁膨胀，但基本不会产生种子。三是"点花"——苹果。四是"对花"——苦瓜。它们的生产，同样需要复杂的劳动力投入。

在图8-5中，纵向表示了时间、生产阶段和对应的资本和劳力投入，而横向则是将这些内容的具体化。黄瓜生产大致需要经历下苗、种植、田间管理、初期采收、高密度采收等阶段。在每个阶段需要的化肥投入、农药投入和劳力投入各不相同。其中，当地的雇工费用在 120～150 元，来自聊城等地，而本地农业生产者主要为中老年，一般是夫妇二人经营。此图的不足在于没有对大棚本身的投入进行调查和说明，但总体上看，具有较为典型的高资本投入和高劳力投入的"双密集化农业"特点。

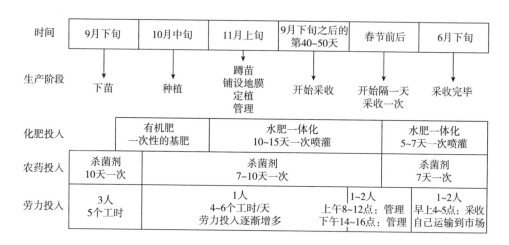

图 8-5 大棚黄瓜生产周期

最后，随着食品安全意识的增强，农户开始选择一家两制。A 模式的茄子、黄瓜、西红柿的资料收集，基本囊括了资本和劳力具体投入信息，重点论证劳动和资本双密集的农业生产模式，本质也是经济理性主导下的生产。B 模式的棚头菜资料收集，需要农户详细回忆大白菜、大蒜和萝卜的种植资本和劳力投入和产出，并关注其消费出路。"A + B"模式的同时存在，说明了经济理性之外，农户的其他生产动机的确存在，而且对其展开分析具有重要意义。

第二节 行动层面的区域案例

介绍行动层面的区域案例的主要目的是，一方面，描述农户所处的县域经济社会环境；另一方面，说明农户进行差别化生产的具体方式、行为特征以及发展和演进过程。

我们还需要进一步说明选择三类典型区域的缘由。这三类区域囊括了案例内中国东部、中部、西部的典型农业生产区域。同时，它们包含了南方和北方的生产模式，既有在湖南湘潭的丘陵里的小规模生产，也有陕西定边的大平原适度规模经营。具体的调研区域概况如表8-3所示。

表8-3 调研区域基本概况

调查区域	土地面积（平方千米）	村庄人口	人均纯收入（元/年）	与县城集市距离（千米）	主要产出
湖南湘潭					
梅林桥镇梅林村	7	2446	12070	8	经济作物、水果、猪
梅林桥镇京广村	—	1350	10356	14	应季蔬菜、莲藕
射埠镇仙凤村	2.3	1800	3052	28	经济作物、油茶
龙口乡日华村	4.9	2050	8077	54	应季蔬菜、西瓜
陕西定边					
白泥井镇先进村	29.2	1183	9159	8	土豆、辣椒、西瓜
白泥井镇公布井村	57.6	1033	16002	22	玉米、土豆、猪
白泥井镇荣阳村	7.6	964	15367	32	土豆、辣椒、羊、鸡
白泥井镇兔蒿峁村	37	857	17256	33	玉米、土豆、辣椒、西瓜
白泥井镇红卫村	26	1106	11700	60	玉米、辣椒
河北武强					
周窝镇寨子村	—	—	18024	2	小麦
孙庄乡张法台村	—	—	15307	11	小麦、玉米
北代乡东堤村	—	—	9243	19	小麦、鸡

注：①土地面积数据来自首次调查时所收集的当地政府公开数据，部分区域以县志为补充；②农业人口通过计算当地总人口数量与长期从事农业人口的比例计算得出；③人均纯收入数据来自首次调查时所收集的当地政府公开数据，部分地区以人均纯收入以案例库中数据平均计算得出。

通过这个相对广泛的样本选择过程，希望能够尽可能多地覆盖中国的小农户生产状态。在这些跨度和差异较大的区域中，一家两制的出现主要受到三个层次的因素影响。一是被观察对象是小农而非公司化运营的其他农业经营主体；二是小农户与市场的连接紧密，互动频繁；三是在这个紧密的连接过程中，农户不可避免地受到了市场深化带来的负面影响，正如前文所述，既有食品安全层面的问题，也有农业生产环境的破坏。换句话说，尽管不同区域之间的农业生产环境和规模存在多样性和异质性，但我们据此讨论的行动层面的一家两制过程与这些异质性并没有必然的联系。耕作面积的大小、农业人口、人均收入等基本的政治经济学变量，并不会直接影响一家两制的形成与演变。

一、湖南湘潭区域案例

（一）李大伯的生猪场的基本描述①

李大伯受访时 50 岁，家中有 7 口人，儿子和儿媳妇在株洲打工，还有两个孙辈。家庭每年的总收入有 8 万元，其中农业的收入占了 2 万元，家庭年食品消费支出大约 1 万元。在家中，李大伯和大婶两人进行农业劳动，每人每年一共劳动 300 天，儿子和儿媳妇外出务工，两人加总约有 600 天。

（二）农户种植模式和产出

在农业生产方面，李大伯主要以饲养生猪为主。经过 5~6 年的发展，目前的规模达到 150 头。但在村里还不属于大户，因为只有超过 300 头的规模，才能得到政府的相关补贴。生猪一般 3~4 个月可以出栏，主要喂养的是自家种的稻米和市场上购买的精饲料，每一栏大约需要 1000 斤稻米和 50 吨饲料。在使用饲料之前，都有相关的营销人员进行技术指导，他对于这些饲料也很了解，每次都需要检查合格证书。平时，政府还会有相应的人员到猪场做防疫工作，但费用需要养殖户自己负责。所以，李大伯自己订下的安全标准是"能通过检疫就得了"。

成熟的生猪通过经销商，主要销往湘潭、株洲和邵阳。2013 年，猪肉的价格是每斤 7.6 元，成本是 5 元，但出售价格波动很大，最近这一栏很可能出现亏本。李大伯自家很少消费自己养殖的猪。一方面是没有成熟，另一方面也是不舍得吃。所以平时大部分的猪肉都是在市集购买。

值得注意的是，他家会留有 1~2 头特地为过春节准备的生猪。这个习惯在自己开始规模养殖的时候就有了，主要是考虑到需要保证猪肉的口感。这些猪同样放在猪圈里，但有两个特点，其一，只喂养自家的稻米、蔬菜，有时也会有剩菜剩饭，但基本不使用饲料。其二，饲养时间很长，一般会超过 10 个月。因此，这几头猪的肉质很好。

除了生猪养殖，李大伯家还种植了 9 亩水稻。这些地块分散在 8 个地点。主要以杂交稻为主，不会自留种子。早稻每亩的产量可以到 800 斤，晚稻则会超过 1200 斤。在生产过程中，会使用 5 次左右的农药进行杀虫，其中，前两次在育秧

---

① 案例编号：XT－XF－1；访问对象：生猪养殖户，李大伯，男；时间：2014 年 9 月 2 日；地点：湖南湘潭县射埠镇仙凤村；方式：深度访谈；案例撰写：方平。

的时候就使用。村里的农业技术指导站会定期公布虫情预告，让大家准备。这些稻谷有超过七成都会自家消费。以早稻为主，用于生猪养殖，剩下的会供应市场，每季 1 亩的收益也就 1000 元，所以跟生猪养殖相比，这不是主要的收入来源。余下三成以晚稻为主，供自家食用，主要是因为口感好。

在蔬菜方面，李大伯家在山脚下开辟了一个大约 5 分地的小菜园，离家也就30 米，这个习惯很早以前就存在。而原先的菜园被当年修的路占用了，现在自己开发的荒地也已经有 20 年的时间。使用农家肥，没有虫的时候不用农药。且主要用于种植应季蔬菜，包括空心菜、南瓜、黄瓜、甜瓜等。为了自己孙辈的考虑，还会种上他们喜欢吃的西红柿、西瓜等。有的时候，由于村里的其他老人没办法耕种，李大伯会把自己菜园里的蔬菜分给这些老人。

自己在株洲打工的儿子除了会在春节、中秋节等传统节日回家团聚，在李大伯和大婶的生日，也会回来祝寿。平时，李大伯是周围邻里的话语中心，大家都会聚到他家里来讨论时事，聊天喝茶更是天天有。在他看来，为自家人和村里人提供安全可口的食物是非常重要的，但由于供应链太长，自己没办法确保给城市人吃的生猪是安全的，久而久之，为他们提供安全食品的意愿也就降低了，主要以自己的成本控制和盈利为主要经营目标。

（三）案例讨论

此案例用以刻画典型的传统农业区域的农户一家两制的行为和动因。生存理性、社会理性支持 B 模式的生产，经济理性支持 A 模式的生产。

在李大伯的案例中，很明显存在食品安全威胁下的一家两制。一方面，他通过养猪为自己的家庭增收，整个养殖、销售过程体现了在市场经济中控制成本，追求利润的特点，而产品的安全性被置于关注重心之外，"只要通过检疫就可以"。另一方面，自家的大米、蔬菜、节庆时的猪肉都是自给，采用"安全""方便""口感"标准，例如，蔬菜不会在没有必要的时候使用农药，也不会种植反季节的品种。又例如不留早稻，留下晚稻，就是因为后者口感更好。

在生存理性方面，农产品生产可以做到保证自家消费，保证食品安全。值得注意的是，这些生产并不是我们设想的完全排除农药、饲料等所谓的现代不可持续的生产要素，而是更侧重于在口感、产量、安全、本地化等维度中做到平衡。在社会理性方面，部分农产品用于村庄内部交换，在维护社会关系方面作用明显。例如，在他家里常常有邻居上门小聚，吃的是自家的安全蔬菜。

在经济理性方面，适度规模养殖生猪，用于追求经济利益最大化。虽然希望能保证自家向市场提供的猪是安全的，但由于供应链过长，食品安全与否不是农户一端可以控制的。因此，在实际养殖过程中，没有得到相关的技术指导，没有相应的实践；在实际的销售过程中，也不可能有责任追溯机制的监督。

二、陕西定边区域案例

（一）刘建军家庭农场的基本描述①

刘建军，1971 年 8 月生，初中毕业，曾经当过 10 年砖瓦工（2001～2010年），为了照顾家父，并发现种地有利可图后就回家种地。一家 5 口人，目前以农业为生。妻子陈丽梅，受访时 41 岁，上过小学，帮他一起经营农业。父亲受访时 67 岁，前些年高血脂、高血压引起中风，长期卧床，由 64 岁的母亲照顾。儿子 19 岁，在西安杨凌上职业技术学院，大学一年级。刘建军有一个姐姐，远嫁 300 千米外的鄂尔多斯市；两个妹妹，嫁到附近七八千米外的农村。由于是独子，刘建军和父母并没有分家单独立户。

刘建军家在兔蒿峁村，距离最近的集镇，就是白泥井镇，从村子到镇里的距离约为 2 公里。他家有 200 平方米的楼板房，还有占地 1 亩多地的院子，按当地绝大多数农民的习惯，庭院里没有种养。他的家庭菜园，在机井旁，家禽家畜的圈舍，在住房侧边。

刘建军一家 2015 年家庭收入 9 万多元，他说去年价格不好，净收入只有 5万多元，全部来自农业。而前年价格好，有 15 万多元的毛收入，净收入也有 11万多元。当年的辣椒和西瓜看来价格也不错，收入应该好些。他们没有加入任何组织，目前农业生产受到的监管和质量约束，基本上来自市场和收购商。据我们到辣椒收购现场的查看和访问，也极少出现抽检化验的情况。所以，种地和市场交换基本靠自觉。不过，在邻居和好友张彦飞（陕西省首批职业农民）的影响下，他准备申请成为职业农民。

1. 农户种植模式和产出

刘建军家的土地类型及种养结构概况如下：第一，72 亩水浇地。分别种的是玉米（45 亩）、辣椒（27 亩地，其中，温棚 4 个，4 亩温棚辣椒；露天辣椒为23 亩）、西瓜（套种油葵，15 亩）、土豆（近 1 亩地，供自家吃）。除了玉米留下 1 万斤用来养羊，土豆自家吃之外，其他农产品都卖向市场。第二，12 亩林地被划定禁牧，只是灌木，目前无法利用。第三，3 分机井菜地，种的有西红柿、黄瓜、豆角、油菜、白菜、胡萝卜等蔬菜，还有桃树、葡萄树等。蔬菜和水果全部供自家吃。另外，在住处还有圈舍，在 2015 年养了 1 头猪、25 只鸡、35只羊。猪和鸡的饲养，都是为了自家消费，羊则留下 2 只自家消费，其他卖向市场。2015 年新开了 17 亩地，达到 72 亩地，而去年种植的只是 55 亩地。种植品

---

① 案例编号：DB－THM－1；访问对象：刘建军；时间：2015 年 7 月 28 日上午（8 月 2 日，案例写作时，周立电话回访，落实了胡萝卜、土豆、猪肉的生产与消费信息，以及水浇地今年具体亩数，有录音）；地点：陕西省榆林市定边县白泥井镇兔蒿峁村；方式：深度访谈；案例撰写：周立、周靖南。

种有四类。

品种1是玉米。2015年种了45亩，但2014年种了25亩，亩产1500斤，2014年总产量约3.75万斤，其中，有2.75万斤卖向市场，平均出售价格是每斤0.97元，获得了近2.7万元的收入。玉米的出路有两个，一个是留下1万斤，作为家里的羊与猪的饲料，占26.7%。另一个是卖向市场的2.75万斤，占了73.3%。不区分一家两制的差别化生产和消费。和本地大多数农民一样，种植品种是先玉335，在农药方面，主要在种植前使用1次除草剂，在肥料方面，施用1遍底肥（家里的羊粪、猪粪等农家肥，加上二胺），出苗后，追肥2次，分别用的是尿素和复合肥。玉米4月10日前后种，10月中旬收，有6个月的生长周期。收完放在自家庭院晾晒，1万斤留下喂猪和羊，其他卖出去。每年有人收购，刚入市时价格较低，之后价格会有所提高。

品种2是西瓜套种油葵。2015年种了15亩，2014年种了20亩，平均亩产6000斤，2014年总产量约12万斤，但真正卖出的，只有6亩地的约3.6万斤，其他的14亩，卖不出。"撂了！烂在地里，白送也有人要。赔了2000多块！"[①] 卖出去的西瓜，平均出售价格0.36元，毛收入有1.3万元，但还抵不过2014年的成本。

西瓜自家消费极少，不区分一家两制的差别化生产。种植中需要打药，使用防雾剂。防雾，一般是大小暑的雨季时，为了在雨雾天气中杀菌，防止落果和生霉，要喷洒2次，分别是代森锰锌和农用链霉素。肥料的施用，与辣椒、玉米等类似。要施用一遍底肥，包括家里的羊粪、猪粪等农家肥，加上二胺。出苗后，追肥2次，分别是每亩40斤硝酸磷钾，和每亩20斤多肽尿素。西瓜一般和油葵套种，4月底种植，7月西瓜收获后，油葵开始生长。西瓜不耐储存，一般从地里卖出。若直接拉到市场零售，当年可卖到每斤0.8元，但如果在地里卖出，每斤仅0.4元。

品种3是土豆。只种了将近1亩，自家食用。但2014年种了15亩，每亩1.5吨，共产出了22.5吨，45万斤，除了留下1000多斤自家食用外，全部卖给市场，平均出售价格每斤0.47元，获得21.15万元的毛收入。但土豆每亩地的种植成本约800元，算下来每亩地约700元的净收益，15亩地的净收入仅1.05万元。

土豆自家留1000多斤消费，在生产上没有差别，但在消费上有所差别。"留下好的，就是大一点的，用来自家吃，好削皮，吃起来容易。""就吃那么一点儿，得给自己留点好的。"土豆的品种是紫花白和大白花。种植前用一次除草剂，

---

① "撂了"，当地土语，丢在地里不管了，撂荒了。"冇"，当地发音mu（去声）。

生产过程中使用抗病药和促生长素，如代森锰锌。抗病药一般要喷洒 8 次。肥料的使用，与辣椒类似，要施用一遍底肥，用的是家里的羊粪、猪粪等农家肥，加上二胺。生长过程中，追肥 2 次，分别是开花和坐果时，上钾肥和二胺。土豆 4 月份种，9 月份收，约 6 个月生长周期，可以延长，放在地里，只要不冻上，随要随挖。除了自家吃的外，秋天全部卖出。冬天自家吃的，储存在地窖，和胡萝卜一样。由于 2014 年价格太低，但自家又要消费，所以，2015 年就只种了面积约 8 分地的土豆，够自己吃就行。在用肥上，和大田种植一样，用了 1 方鸡粪，每方 280 元，另用了 50 公斤的钾肥和二胺。但在农药上，一点也不打，"自家吃，不使用农药。"

品种 4 是辣椒，2015 年种了 4 亩大棚辣椒、23 亩露地辣椒。2014 年辣椒有 2 亩青椒（圆椒），亩产 1 万斤；2 亩线椒，亩产 5000 斤。此外，4 个大棚是西瓜套种牛椒，亩产 2000 多斤。2014 年大约 5 万多斤辣椒全部卖向市场，共获得 4 万多元的净收益，是收入的最主要来源。所以，之后就扩大种植，面积达到了 27 亩。辣椒自家基本不食用，仅极少部分做饭菜调料，主要面向南方市场生产。在当地有各类以"农副产品信息中心"之类名称的经济作物购销点，卖向湖南、四川、广东等辣椒主销地。

大棚辣椒的农药施用强度较大，一般有 4 次，分别是：第一次在栽苗时，喷洒促生长激素；第二次在苗长时，喷洒促生长激素；第三次在坐果时，喷洒保苗保果类药物（他们家用进口药）；第四次在出现虫害时，喷洒含有嘧啶的杀虫剂。露地辣椒，则在种苗时使用 1 次专用的水溶性除草剂即可。在追问之下，我们了解到，辣椒在坐果时，普遍需要使用膨大剂。至于集镇上农资店常卖的"膨果金油"等，刘建军反映效果不算好。好用的是美国产的"美晶丰"，1 袋 10 公斤，售价约 45 元，膨大效果好。辣椒坐果时普遍使用，若不用，则秧子黄；若用了，则秧子黑绿色，果实光滑透亮，好卖。

至于肥料，辣椒要施用一次底肥。进入辣椒成果采收季节后，要施用硝酸磷钾、多肽尿素等追肥。频率为 5 天一次，每次 20 斤多肽尿素。露地辣椒要追肥 15 次以上，大棚辣椒追肥 20 次以上。追肥的差异主要来自生长周期差异。大棚辣椒每年 4 月初栽种，10 月下旬结束，一共 7 个月的生长周期，而露地辣椒每年 5 月底栽种，10 月中旬结束，一共 5 个半月的生长周期。大棚种植要比露地种植周期长 2 个月。因此，周期延长，追肥次数也增加。有时，他们也会根据市场行情，决定多追施水肥，以赶上一波行情；或缓释水肥，以减少行情不好时的成本。

除了上述作物外，值得一提的是为自家种植的 3 分机井地菜园。品种十分丰富，有西红柿、黄瓜、豆角、油菜、白菜、胡萝卜等蔬菜（占地约 1 分地），还有桃树（1 棵）、葡萄树（1 棵），以前家里果树有一亩多地，后来忙得顾不上，绝大部分荒废掉了。菜地和水果，全部供自家吃。基本不用农药和化肥。虽然油菜、白菜生虫了，也会使用一点杀虫剂，但剂量极少。刘家主要施用农家肥，此外偶尔会使用二胺、钾肥、尿素等。"给市场的，价格好了，刚打上药，也马上卖了。若是给自给吃，至少要等到 5 天以后才会摘来吃。"

特别值得提出的是两种一家两制现象：一个是每年为自己专门种植 1 分地的胡萝卜，用作冬天炒菜、剁饺子馅等，春天吃不完了，就喂给家里的羊。每年无论大田种植胡萝卜与否，都坚持这 1 分地不用化肥农药，属于一家两制的差别化生产。这些年不愿意为市场种，胡萝卜太费工，忙不过来。另一个是土豆，每年留下 1000 多斤个头大些的，好削皮，供自家吃。当年完全不为市场生产了，还专门辟出近 1 亩地，种上土豆，不打药，供自家吃。这也是一家两制的差别化生产和差别化消费。

2. 农户养殖模式及产出

定边地广人稀，也长期广种薄收。但现在农业技术和耕作条件变化很大，收入提高。宅院面积很大（多在 1 ~ 2 亩地），但宅院内通常不做任何种养，甚至很少绿化和美化。多数做了硬化，在公共场院不存在后，各家秋季玉米等晾晒，多在自家庭院。这也是他们庭院很大、很空旷的一个主要考虑。农民的自家养殖，多在宅院左右两侧，建有猪圈、羊圈、鸡舍等。常年养殖绵羊、猪和鸡。

2015 年有绵羊 35 只，其中 22 只为大羊（母羊），13 只为小羊。当年春天已卖出了 20 多只 20 多斤的小羊，作为别人的育肥羊。一般是宁夏、内蒙古的羊贩子来收购，卖了 7000 多元。去年的卖羊收入有 2 万多元。养的绵羊属于滩羊，是小尾寒羊的一种。除了 2 只自家吃（过年时杀 1 只，年中不定时，根据需要，比如八月十五杀 1 只）外，其余都卖向市场。在养殖环节，不区分一家两制。主要喂食秸秆、玉米面，补充胡麻油饼以及自己打草。根据政府要求，每年春秋各打一次防疫针，开春时，灌一次杀菌药，都是自己操作。养殖周期不定，一般根据市场行情，母羊春秋两季会下两窝小羊，每次 1 ~ 2 只。母羊 7 岁后基本淘汰，在市场价每斤 20 元的时候，以 16 ~ 17 元卖出（羊贩子自己抱着估重），自家不吃。自家吃的，是口感最好的羯羊（阉割后的一岁小公羊），40 多斤，好吃、口感香。卖向市场的，自认为不是最好的。

2015 年有 25 只鸡，公母各约一半，开春时就卖给市场。约 1 斤重的小鸡，每只能售得 12 ~ 14 元。买来的小鸡，都打过疫苗，自己不用再打药。养鸡的时候，主要喂玉米面、麸子，以及让鸡自由觅食。买来后，也会喂鸡饲料，这样长得壮，但长到 3 ~ 4 斤（7 月中旬左右），就不再喂饲料，一直到春节消费。若一直喂饲料，水分大、口感不好，也不能确切知道饲料里是否有激素。在自家鸡圈周围散养，一直养到过年时。刘建军家几乎不从市场上买肉，需要时，年中会杀鸡来吃。自家成熟的鸡也不愿意卖向市场。熟人来了，就会杀一两只招待。若执意要，或作为礼物，也会送上一两只（对方多数会给比市场价格高些的钱）。

在 2015 年，刘家喂了 1 头猪，而 2014 年喂了 3 头。多数农户会为自家喂养 1~2 头年猪，2014 年刘建军之所以喂 3 头，是因为远在 300 多公里外鄂尔多斯的大姐，特地嘱咐帮她用土法喂养一头。因为大姐家 5 口人，在城里吃不到自己放心的猪肉。2014 年杀完猪后，他们来拿。和喂鸡一样，小猪抓来后，先用猪饲料和家里的玉米面、麸皮混合喂养，这样形成一个适应期，猪也长得壮。到了 50~60 斤（7 月中旬）后，就停喂饲料，只用玉米面、麸皮等喂养。农户觉得自己喂的比市场上的安全，养猪场里的口感不好。去年的 3 头，全杀着吃了。但当年考虑猪肉脂肪大，父亲 50 多岁就开始高血压了，但当时没有十分在意，目前瘫痪在床，出于健康考虑，还是少吃些猪肉好。姐姐也不再要求单独为她喂养一头了，家里也觉得两头太多了，一头就够吃了，就决定当年只喂一头猪。

3. 农户家庭消费情况

主要食品来源和当地绝大多数农户一样，他们不种植主粮，故米面都从市场上购买，一家人一年要 1000 多斤，约花 2000 元。家里的应季蔬菜完全自给。这与周围多数农户一样，大家基本都做到自给自足。刘家自己没有的品种，邻居之间可以调剂供给。在用量不大的情况下，不打招呼就摘点菜，没人在乎。只有冬春季节的时候，才需要买蔬菜。全年蔬菜自给率约 80%。水果自家种的不算多，但夏季蔬菜瓜果丰富，无须从市场买水果。其他时间尤其是春节自家食用和招待亲友，需要约 1000 元的水果，自给率约 40%。禽蛋多数情况下自给，只有缺鸡蛋时，很少量买两三次，约花 50 元，自给率在 90% 以上。肉类完全自给。家里无人消费牛奶制品。还有，每年自用油葵压榨葵花油，现在多数吃素油植物油。

4. 农户认知情况

农户对食品安全的评价较好，认为食品安全问题并不严重。主要原因是大多数自己种、自己养，很放心。外面的不放心。从问卷情况看，自家种养的最安全，邻里亲友赠送的比较安全，市场上购买的则不够安全。从访谈的过程看，刘建军一家已有较为清楚的健康和食品安全意识。提起时说，"健康当然很重要，缺钱也不行。有了健康的身体，才能去挣钱"。

对外通过 B 模式提供的农产品，主要有三个对象：第一是大姐。远在 300 千米外的鄂尔多斯，去年应她的要求，为她家养了一头猪，他们过年回来，多给老人家 1000 元的孝敬，算是一个补偿。"当年不让我们喂了，说是要从市场上买，嫌他们专门多喂养一头猪，太麻烦。"第二是另外两个妹妹。杀猪后，猪头、猪蹄等给了她们。互相之间有时也互送些黄瓜、胡萝卜等。第三是邻里。当地习俗，杀猪时叫上亲友邻居吃上一顿。过年时你家一头我家一头轮流做东，热闹一下。夏季时，蔬菜水果等，也互相调剂。

提起对外人为何不能提供自家的安全农产品，刘建军的回答："不提供给他们。城里人来，必须掏钱。若是亲友，无所谓了，送给他。家里要用的，有也不卖。实在吃不了的，也可以卖给陌生人。比如，去年杀猪时，就有城里人来乡下打听，谁家杀猪。自家的两个猪后臀，就以每斤 13 元的价格卖给他们了，卖了 1100 多元。而当时的市场价，是每斤 11 元。"

5. 案例分析

第一，典型的一农两制家庭。该农户虽然存在 3 种一家两制现象，但不是他们最主要的自保方式。更为典型的是，他们区分了自家消费和卖向市场两套食物体系。自家消费的有 3 分地菜园和 3 个品种养殖。分别作为蔬菜水果和肉禽蛋的来源。大田作物基本面向市场。两类体系采用了差别化的生产方式。第二，有三种一家两制现象存在，包括胡萝卜、土豆和绵羊。第三，有清楚的食品安全认知和家庭的扩展，尤其是为自己在城里的大姐专养一头猪。

（二）许玉平的牧场基本描述①

许玉平，男，36 岁，荣阳村人，小学只读到四年级。平日里就在家种地、养羊，不外出打工。妻子张爱珍，35 岁，初中毕业，和丈夫一同在家务农。许玉平夫妇育有一子，取名叫许俊威，刚刚 2 岁。许大叔的父亲许来军，66 岁，高中毕业，是国家成立新式大学以前较早的一批高中毕业生，现在身体依旧很好，在家务农，主要种些辣椒、土豆。母亲刘福英，64 岁，没念过书，和老伴在家务农。许大叔另外还有个弟弟，但他已和弟弟、父母分家，不一起生活，也不同灶吃饭。许大叔在自家的羊场内开辟了一片 3 分大小的自留地，地里产的瓜果蔬菜，经常和父母分享。

许老伯家是一幢砖瓦平房，有院子。其住处交通很便利，离主路也就 200 米，离集镇也不过 500 米。屋后就是许大叔经营的养羊厂，养殖规模大约 400 只绵羊，包括 200 只母羊，200 只羊羔。访谈过程中，许大叔向我们抱怨，现在羊肉价格下跌得厉害，成本又一直居高不下②，去年养羊虽然毛收入能有约 10 万元，但扣除养殖成本，实际还亏了 5 万元，这还是未计算雇工成本的约数。2013

---

① 案例编号：DB－RY－6；访问对象：许玉平，男，36 岁；时间：2015 年 7 月 27 日上午（电话回访时间：2015 年 8 月 6 日晚上）；地点：陕西省榆林市定边县荣阳村；方式：深度访谈；案例撰写：徐立成；问卷编号：107。

② 据许大叔介绍，每个养殖周期开始的时候，羊场里所有羊羔都卖出，只有 200 只母羊。但就是这 200 只母羊，不到 40 天就能吃完 5000 斤玉米。每只母羊每天大约需要吃掉 1 斤玉米和草料（苜蓿），200 只母羊，就是 200 斤玉米和草料，算下来羊场运营期间，每天的养殖成本大约为 260 元（按玉米和草料平均 1.3 元/斤计算）。

年的情况类似，也亏了大概 5 万元。之所以现在一直支撑着，主要是因为羊场的前期投入较大，场房、设备等大约投入了 100 多万元，现在如果放弃，损失会很大。据许大叔介绍，他种地、养羊也就是自己经营，不受政府、公司或合作社的监管。

1. 农户种植模式及产出

许玉平家共有土地 60 亩，分家后，父母和弟弟各留下 20 亩地，他也分到 20 亩地。另外，他又从其他人家流转来了 30 亩土地，因此，现在羊场外的种植规模一共是 50 亩，种植的都是玉米，用作羊的饲料。许大叔还种植着 10 亩苜蓿，作为羊的饲草，不对外销售。另外，许大叔还在羊场内专门辟出了一块 3 分的自留地，种白菜、豆角、黄瓜、土豆、西瓜等蔬菜水果，供自家成员消费。羊场内外的大田、羊场内的自留地都是用井水灌溉。

种植品种主要有两类。品种 1 是玉米。许玉平家种植了 50 亩玉米，亩产约为 2000 斤，不对外销售，全部作为羊的饲料。许玉平提到，种植玉米能领到 20 元/亩的补贴。他家种植的玉米有三个品种，大丰 330、强盛 010 以及先玉 335。一个种植周期大约为 120 天，需要打两次除草剂。在肥料方面，底肥有两种：一是农家肥；二是二铵，每亩地用 1 袋，约 50 公斤。在玉米生长过程中需要追 3 次肥，肥料包括尿素和玉米专用肥。玉米收获以后，直接运到羊场内的仓库储存，晾干，以备作为羊饲料。

品种 2 是苜蓿。许大叔在羊场内种植了 10 亩苜蓿，亩产大约 4000 斤，井水灌溉，不怎么打药，一年追肥 3 次，包括尿素、复合肥等。他家的苜蓿不对外销售，只作为羊的牧草。市场上鲜苜蓿的价格约为 2200 元/吨，价格相对较高。而他家自己种植，买的苜蓿草种价格约为 60 元/公斤。

2. 农户养殖模式及产出

许玉平家的羊场一共养殖了约 400 只绵羊，其中母羊 200 只，羊羔 200 只。据许玉平介绍，他养的 200 只母羊每年实际能产大约 300 只羊羔，但在羊羔出生几天到一个月的时间里，陆续会有约 100 只羊羔因为疫病等各种原因死去，实际最后存活的羊羔也就仅有 200 只。因为养殖规模较大，所以他只做专业化养殖，不养鸡鸭等禽类。当然，鸭在当地本就不多见，而他也不养鸡。一方面是精力的考虑，另一方面则是因为怕鸡毛混到饲草（苜蓿）里，羊羔吃了以后产生不良影响。

养殖品种主要是绵羊。许玉平家的绵羊养殖规模约为 400 只。经过 180 天育肥后，羊羔重量约为 30 斤，每只最终的售价在 400～500 元不等。羊羔绝大部分都卖向了市场，但也会在过年时宰杀几只自家吃。许大叔的羊场内有 7 个圈，所有羊都是稀松圈养。在饲料方面，除了玉米和苜蓿之外，许大叔还会给羊喂一种名为"普瑞纳"的精料，主要成分为豆粕和豆粉，针对母羊和羊羔有不同的品种，可以补充生长所需能量。在兽药施用方面，每季度需要给羊打一针防疫针。

3. 农户家庭消费情况

许玉平家除了蔬菜能部分自给、水果能完全自给以外，其余产品，包括粮食、禽蛋、肉类和奶制品，完全需要从市场上购买。许家每年的食品消费开支，大约是15300元，其中，粮食2000元、蔬菜（仅冬季需要购买）1000元、禽蛋300元、肉类2000元、奶制品1万元。因为儿子还处在哺乳期，所以奶制品消费量很大。

许玉平认为，当前的食品安全问题比较严重，他对于市场上蔬菜和肉类产品的安全性最为担忧，粮食和禽蛋其次。在"三鹿奶粉"事件后，许玉平反倒觉得当前的奶制品安全问题不像以前那么严重了。当然，他对于自己家的自留地里产的蔬菜和水果还是最放心的。

4. 案例分析

第一，许家是绵羊养殖专业户，有自己的养羊场，规模大约为400只羊。第二，羊的饲料主要是玉米和苜蓿，自家种植。种养结合，生态循环。第三，卖向市场的羊和自家吃的羊是统一养殖的。第四，羊场内单独开辟出了一块菜地（约两三分地），用传统方式种植瓜果蔬菜，供自家消费，这是典型的一家两制。

许大叔认为现在食品安全问题的总体形势比较严峻，他也会通过看电视了解一些食品安全问题的报道。但在本地，他觉得这一问题并不那么严重。本地市场上，"买卖双方都认识了，信任了，以后就在你家买菜买肉，也没啥不放心的。"

关于农用化学品的投入，许玉平认为它们能使农作物增产约30%。一般来说，他会根据作物品种和虫害的严重程度，参考使用说明，确定用量。当然，本地每个农户每年都使用了相当数量的农药、化肥，政府在化肥、农药合理使用的宣传引导方面实际上并未发挥太大作用，这些农药、化肥渗入地下水，造成的污染已经非常严重。因此，他希望本地政府能重视这一问题，推进当地的自来水工程建设，保证当地居民能喝上安全的饮用水。

在社会关系方面，许玉平认为邻里乡亲之间关系还都挺好的，邻里间时常会互赠自己家自留地里出产的农产品。维持人际关系的压力也不大，主要表现在随礼金额上，一般200元也就可以了。在他看来，这并不是一笔称得上负担的开支。事实上，"差序责任"意识在许家也有一定的体现，自留地产品优先满足自家成员，之后吃不完才会送一点给邻里乡亲。至于城里人，"没有亲戚关系的不送，也不卖，不图那几个钱"，还是得优先保证自家的消费。

三、河北武强区域案例

（一）张红旗的家庭农场基本描述

河北衡水武强县孙庄乡张法台村农民张红旗经营的家庭农场是典型的种粮大户转化型家庭农场。该家庭农场经营 380 亩小麦地，由张红旗夫妻和弟弟三人经营，他们技术熟练，不雇工。张红旗从 2006 年开始大规模种植，当年是经营的第 9 年。被访者张红旗是当地有名的种田能手，精神和精力都非常好。其女儿在江苏南通打工，年收入 20 万元，每年春节回家，儿子在县城工作，他和老伴留守家里种地。

据张红旗介绍，由于他所种植的小麦是种子公司的试验田，2012 年亩产1000 斤，每亩地种小麦的收益可达 600 元。他的土地实行小麦和玉米轮作，亩产玉米 1400 斤。其经营的地块在早已开始实行国家的水肥一体化灌溉，由于已注册家庭农场，享受免费灌溉待遇。在成本方面，张所经营家庭农场的种子和化肥都由种子公司提供，每亩地的灌溉用水费用大概是 15 元，此外，还需要支付 26元的收割费。张红旗经常与农科院的粮食专家通电话交流，加之其多年的种植经验，有很好的种植技术。据介绍，在麦苗抽穗前再追加一次肥料可以显著提高产量，并且他希望把这一信息传达给更多农户。

据同行人员介绍，目前该地区主要是抽取地下水灌溉，灌溉费用就是抽水电费。由于华北平原长期抽取地下水，目前已需要钻井 300 米深才能见水，而此深度的地下水已很难补给进去。为了实现可持续发展，该地区一年以后将实行引黄河灌溉，届时每亩地灌溉成本可降至 6 元。据估算，张红旗每年的种田收入大概为几十万元，是本地周知的有钱人。

（二）粮食的小规模差别化种植

张红旗告诉我们，他家除了大面积的现代化、标准化种植以外，六七年来还开辟了 3 亩地进行传统种植，施加农家肥、不施用农药和化肥，其产出用作自家食用和礼品交换。之所以采取差别化生产模式是源于 2005 年，他的一位在北京的亲戚要求他种植不施用农药化肥的食物，以作礼品用。这位亲戚告诉张红旗，食用大量农药和化肥生产出来的粮食是不安全的。因此，他开辟了 3 亩地种植小麦，施用农家肥，其管理成本也很低。其产出除了自家食用外，也供给在北京的亲戚。

（三）蔬菜种植和畜类养殖

张红旗家跟本地其他农户一样，也采用传统模式自己种植安全蔬菜，品种有韭菜、茴香、油菜、豆角、茄子和番茄等，都是时令蔬菜。这些蔬菜只供自家消费，不卖向市场。另外，当问及猪肉等是否有通过家庭养殖时，张红旗说："他家的猪肉也都是从市场上购买。原因在于没有那么多的时间和精力养猪。"

（四）案例分析

种田能手转化的家庭农场由于以家庭劳动力为主经营，减少了雇工存在的监督困难、道德风险和逆向选择等问题，效率很高。加上种田能手有丰富的种田经验，并且愿意投入精力到农田里，不计家庭劳动的投入，所以产量非常高。正如张红旗告诉我们，以雇工为主的家庭农场因为雇工人员偷懒、缺乏激励、成本高等问题，根本没法和他所经营的家庭农场产出相比。同行人员也认为家庭农场因为以家庭为基本核算单位，只要能增加产量就会进一步投入劳动，因此效率非常高。此外，这类家庭农场资本化程度很高，且是实体经营、有家庭作为经营主体，因此，较合作社等主体化程度等高，商业金融机构更愿意给其融资。此类家庭农场的经营主体，已经成为农村发展中以资本创造财富的新富裕阶层。

自家种植蔬菜以此自足，不仅是传统庭院蔬菜种植的延续，也是一种自我保护。而差别化的小麦生产，则经历了从传统的 B 模式到 A 模式，又到 B 模式的转变。不过这种 B 模式只是供应家庭和小范围的亲戚，用作人情交换。是典型的一家两制行为，小麦生产是大田作物的一家两制。

张红旗采取大田作物一家两制行为的主要原因是北京亲戚的要求这一外部推动。但也正是这一外部推动，不仅带动了两个家庭 B 模式粮食的消费，也带动了送礼这一社会网络内部的安全食品消费。因为，B 模式的成本并不高，因此，这为开拓安全食品通道提供了思路。

第三节 本章小结

通过区域案例的讨论，可以得出三个主要结论：第一，从结构层面来看，A 模式与 B 模式在资本与劳动的配比有着显著区别。A 模式的生产侧重于资本的投入，呈现资本密集型的特征。在多数情况下，大量化学品投入可以自动减少农户的劳动力投入。在农业收入整体偏低的市场背景下，农户便可以更多地通过非农经济活动，增加总体收入。但也有资本与劳动双密集的农业模式。而 B 模式的生产侧重于劳动的投入。这种劳动往往并不被计算在市场活动内，同时，参与者往往是留守村庄的老人，他们不是家庭主要劳动力，在生产过程中，也不需要面临太高的技术门槛。

第二，从行动层面来看，A 模式与 B 模式的出现是一个演进过程。A 模式的系统性出现，是在市场经济浪潮席卷整个乡村食物市场之后。它晚于改革开放，并且要求当地的农产品市场与全国市场建立系统性的联系。但在建立联系的同时，熟人社会和为家庭内部的生产并未停止。在市场深化所带来的危机面前，农户开始主动选择为了食品安全而重新寻回 B 模式的生产。

第三，通过结构层面与行动层面的综合对比可以看出，差别化生产与消费，具有复杂且多元的行动意义。A 模式所遵循的行动逻辑与 B 模式的显然不同，前者更多的是服从市场逻辑，后者则是更多地体现生命的逻辑。我们想要知道的是为什么这两种截然不同的行动逻辑能够同时发生在中国不同区域的农户的自我保护行动中。这就引出了下文需要进一步分析的问题：多元理性是通过何种机制，怎样主导一家两制的具体行动过程。

第九章 多元理性：农户自我保护行为的实践意义

导读：本章的目标是理解农户一家两制行为的实践意义，讨论农户的多元理性与差别化生产行为的生成、演变和发展的相互关系。其中，包含对多元理性的量化判别；基于多案例研究方法的多元理性内在机制归纳以及对多元理性中"合理审查"机制的拓展讨论。

多元理性同时具备"差序责任"与"合理审查"机制。"差序责任"机制就是差序社会格局中，食物交换场域对农户行为所形成的内外有别规定。"合理审查"机制就是理性与场域之间的多对多映射关系，凸显了农户行动推己及人的价值方向性。两类机制体现了多元理性的二重性，前者是对实践客观性、表面性的静态理解，后者是对实践能动性、深刻性的动态理解，两者之间存在紧密互动。一方面，食物生产实践在不同场域中的差别，是由"差序责任"机制所决定的；另一方面，存在"合理审查"这个黏合剂，农户在场域互动和环境改变时，进行对行为合理性的反思，同时，能完成对多元理性行为动机的权衡，从而通过更新自身实践，反过来影响和改变"差序责任"机制，推动其在食物生产中形成自洽的行动。

第一节 多元理性的判别

本节目标是利用 Probit 模型估计结果，判别农户的一家两制并非由单一的经济理性动机引起。在分析过程中，将基于前文的理论框架，借助调研的整体数据，分析由食物体系转型所带来的食品安全威胁对生产者一家两制生产的影响，说明在食品安全威胁下，农户的生产动机已不再仅仅是单一的经济理性。由此，为下一节继续讨论命题 H1，以及后续相关命题奠定基础。

一、模型设定：一个判断性的理解视角

基于上述的理论设计和实践调研经验，本节希望进一步讨论在食品安全威胁下，生存理性会支配农户为满足自家消费而进行的安全食品生产。从实证分析的角度来看，需要对这两个概念进一步操作化。因此，解释变量的选择是首先要明确的问题。

多元理性作为一个理论概念，主要是指农户满足自身生存、社交和经济需求的多样化生产行为动机。本节进一步聚焦讨论其在食品安全层面的定义。需要特别指出的是，在概念的操作化过程中，本节将食品安全威胁下农户多元理性的测量指标适当地简化为农户食品安全自我保护意识的程度，并在调研中完成测量。因为，只要存在差别化生产行为的农户，形成了获取经济利益之外的行为向度，其行为动机就不再是单一的经济理性（方平和周立，2018）。由此，完成对单一理性向多元理性发展的分析，为一家两制行为的详细讨论奠定基础。

从被解释变量来看，农户为自家进行生产是一个长期以来的习惯，而本书讨论的一家两制则是一个随着农户食品安全意识提升而出现的新现象。因此，对于农户家庭生产行为的测量，恰当的指标是农户因为具有相应的食品安全意识而进行的差别化生产。由此，可以将参与差别化生产的农户定义为"1"，而没有参与差别化生产的农户定义为"0"①。

二、控制变量设定

（一）农户食品安全环境变量

这类变量包括食品安全威胁感知程度和食品安全信息渠道。一般而言，农户对食品安全威胁的感知程度会通过影响食品安全意识，而对农户的差别化生产形成积极的影响。如果农户在所处的熟人社会中，感知到的本地食品安全的威胁越大，则他们主动采取食品安全自我保护的可能性越大。

而食品安全信息渠道，则给出了影响农户食品安全意识的另一种可能。在实际生活中，农户很有可能是通过广播、电视以及新媒体搭建的平台与外界进行食品安全信息沟通。如果他们能获取相关信息，提升了食品安全意识，那么即使身边的食品安全威胁很小，他们也有可能进行差别化的生产。因此，食品安全信息渠道对农户的差别化生产应存在积极影响。

---

① 在调研问卷中，没有采用差别化生产行为，被定义为农户按照 A 模式所进行的农业生产行为，几乎不采用 B 模式进行生产。

（二）农户内在的食品安全需求

这类变量主要考虑来自家庭内部的主动的食品安全需求。一方面，当家中有12岁以下的小孩时，农户采取差别化生产的概率会受到影响。在课题组所进行的案例访谈中，发现很多农户都会为自家的孩子准备他们需要的应季蔬菜。很多农户认为，如果自家能种植，就没有必要到市场上再去购买，毕竟这样比较安全放心。如果有更小的孩子，家人还会准备蛋鸡，因为自家产的鸡蛋比市场上的更安全。

另一方面，当家中有65岁以上的老人时，农户采取差别化生产的概率同样可能受到影响。这是因为老人有为自家进行农业生产的习惯，而在食品安全威胁之下，他们会主导家庭的差别化生产。随着农户的食品安全意识提升，他们会减少使用农药和化肥，以强调农产品的安全性。因此，这种差别生产是基于食品安全威胁的理性行为，并不等同于习惯式的差别化生产。

但需要注意的是，有部分农户也可能直接选择在市场上购买更安全的产品，作为一种替代自家生产的方式，满足这些特殊的食品需求。也就是说，在实践中农户主动的食品安全需求，不是只有通过自家生产才能得到满足。

（三）农户特征

这类变量包括受教育水平、户主年龄、家庭人口三个方面（见表9-1）。农户的受教育水平对农户的差别化生产存在一定影响。受教育水平越高的农户，与市场进行交易的成本会相对较低，因此，他们为市场进行大规模生产的可能性提高。在这种条件下，会出现两种可能性。一种是他们能接触到食品安全的知识会更多，而相应的技术保障、生产规模和条件会让他们主动选择为自家进行食品安全的差别化生产。另一种与之相反的可能是，农户也可能会创造新的条件，向市场提供更加安全的产品。而这些农产品，也同样可以提供给自家食用。

户主年龄也存在对差别化生产的影响。户主的农业生产经验随着年龄的提高而增加。一般来说，年龄越大的户主，选择差别化生产的可能越高。但也可能出现相反的情况，即由于劳动能力的下降，他们生产的食品主要是供给市场，而家中的晚辈则通过从市场购买的方式满足自家的食品需求。

另外，农户的家庭人口规模会影响农户的差别化生产。规模越大，他们为保障家庭成员的健康而进行的差别化生产就可能越多。需要说明的是，本书所指的自家范围根据受访户主观判断进行定义，重要的标准为"同灶吃饭"或保持频繁联系，而不仅局限于统计学上的户口意义或社会学上的核心家庭。

主要变量统计描述可以初步反映出多元理性与差别化生产的情况。其中，农户的食品安全自我保护意识的均值较高，达到3.49。具体含义为，农户在知道食品安全事件发生之后，会更多地关注自己家庭的食品安全健康。同时，共有516

位受访农户进行了差别化生产，占到总数的 62.39%。

表 9 - 1　变量的定义与描述性统计

变量		定义与占例（%）	均值
被解释变量	差别化生产（Y）	1 = 是（62.39）； 0 = 否（37.61）	0.62
解释变量	食品安全自我保护意识（X_1）	1 = 很弱（13.78）；2 = 较弱（20.31）；3 = 一般（12.58）；4 = 较强（9.79）；5 = 很强（43.53）	3.49
控制变量	农户食品安全环境变量 — 食品安全威胁感知程度（X_2）	1 = 很弱（30.59）；2 = 较弱（26.48）；3 = 一般（21.77）；4 = 较强（7.62）；5 = 很强（13.54）	2.47
	农户食品安全环境变量 — 食品安全信息渠道（X_3）	1 = 很少（18.38）；2 = 较少（31.20）；3 = 一般（21.89）；4 = 较多（9.07）；5 = 很多（19.47）	2.80
	农户内在的食品安全需求 — 家中是否有 12 岁以下小孩（X_4）	1 = 是（44.50）；0 = 否（55.50）	0.44
	农户内在的食品安全需求 — 家中是否有 65 岁以上老人（X_5）	1 = 是（33.98）；0 = 否（66.02）	0.34
	农户特征 — 户主教育水平（X_6）	1 = 小学及以下（38.69）；2 = 初中（48.73）；3 = 高中（11.85）；4 = 大学及以上（0.73）	1.73
	农户特征 — 户主年龄（X_7）	1 = 18 ~ 29 岁（4.23）；2 = 30 ~ 49 岁（42.08）；3 = 50 ~ 69 岁（47.88）；4 = 70 ~ 75 岁（5.80）	2.63
	农户特征 — 家庭人口（X_8）	1 = 1 人（2.30）；2 = 2 人（11.25）；3 = 3 人（16.69）；4 = 4 人（26.96）；5 = 5 人（18.62）；6 = 6 人及以上（24.18）	4.35

资料来源：根据调研问卷所得结果整理，第九章使用的数据为更新至 2018 年 1 月的 827 份调研问卷数据。

（四）模型的选择

由于农户是否采取差别化生产（Y）属于典型的二分类离散变量，较为常用的方法是运用 Probit 二元选择模型分别进行分析。首先，将解释变量设定为食品安全自我保护意识（X_1）。随后，分别用不同的模型对其他的控制变量进行测量。

其中，多元回归变量总体的 Probit 模型为：

$$\Pr(Y = 1 \mid X_1,\ X_2,\ \cdots,\ X_k) = \Phi(\beta_0 + \beta_1 X_1 + \beta_2 X_2 + \cdots + \beta_k X_k) \tag{9-1}$$

具体而言，被解释变量 Y 是以 0 和 1 构成的二元变量，而 Φ 表示累积标准正态分布函数，X_1 为回归变量，X_2，…，X_k 为其他控制变量。该模型可以通过计算预测概率和回归变量变化效应的方法来解释。也就是说，在给定 X_1，X_2，…，X_k 的取值时，计算 $Y = 1$ 的预测概率，可以通过 Z 值的计算来求解。其中，$Z = \beta_0 + \beta_1 X_1 + \beta_2 X_2 + \cdots + \beta_k X_k$，然后寻找正态分布表中的 Z 值。

本书需要讨论的主要关系是食品安全自我保护意识（X_1）对农户是否采取差别化生产（Y）的具体影响。此时，系数 β_1 恰好表示在保持 X_2，…，X_k 等控制变量不变的情况下，一单位 X_1 变化所引起的 Z 值的变化。

回归变量变化对预测产生的效应则可以通过两个步骤来计算。第一步，计算回归变量取初始值的预测概率并计算它取新值，或者回归变量变化后对应的预测概率；第二步，对两者求差。

进一步来看，本节还需要在控制其他变量的条件下，讨论食品安全自我保护意识（X_1）对农户采取差别化生产（Y）的具体影响。因此，可以设计三组不同的 Probit 模型，希望逐个测量其边际变化情况。

三、回归结果讨论

通过设置不同层次的控制变量，可以建立三组回归模型。从表 9 - 2 的结果看，被解释变量与解释变量之间关系的显著性较高，三组模型都在 1% 的水平上显著。而其他的控制变量也表现出很好的显著性。这说明，Probit 已具有计量研究稳定性意义。在具体解释的过程中，我们可讨论 Probit 模型初步结果。

表 9 - 2　模型回归结果

回归模型	回归结果			边际变化		
	Porbit 1	Porbit 2	Porbit 3	Porbit 1	Porbit 2	Porbit 3
解释变量						
食品安全自我保护意识	0. 166 ***	0. 167 ***	0. 177 ***	0. 102 ***	0. 103 ***	0. 109 ***
	(0. 030)	(0. 031)	(0. 030)	(0. 019)	(0. 019)	(0. 020)
控制变量						
食品安全威胁感知程度	0. 058 *	0. 055	0. 057	0. 036 *	0. 034	0. 035
	(0. 035)	(0. 035)	(0. 035)	(0. 021)	(0. 021)	(0. 022)
食品安全信息渠道	0. 088 **	0. 091 ***	0. 095 ***	0. 036 **	0. 056 ***	0. 058 ***
	(0. 034)	(0. 035)	(0. 035)	(0. 021)	(0. 021)	(0. 022)
家中是否有 12 岁以下小孩	—	- 0. 070	- 0. 209 *	—	- 0. 043	- 0. 128 *
		(0. 091)	(0. 107)		(0. 056)	(0. 067)

续表

回归模型	回归结果			边际变化		
	Porbit 1	Porbit 2	Porbit 3	Porbit 1	Porbit 2	Porbit 3
控制变量						
家中是否有 65 岁以上老人	—	− 0.152 (0.095)	− 0.226 ** (0.101)	—	− 0.093 (0.058)	− 0.139 ** (0.063)
户主教育水平	—	—	− 0.156 ** (0.067)	—	—	− 0.096 ** (0.042)
户主年龄	—	—	− 0.090 (0.032)	—	—	− 0.055 (0.021)
家庭人口	—	—	0.081 ** (0.071)	—	—	0.050 ** (0.044)
常数项	− 0.639 *** (0.146)	− 0.559 *** (0.154)	− 0.371 (0.305)	—	—	—
LR chi2 (3)	52.99	56.12	68.33	—	—	—
Prob > chi2	0.000	0.000	0.000	—	—	—

注: ***表示在 1%的水平上显著, **表示在 5%的水平上显著, *表示在 10%的水平上显著, 未标记则表示该变量在模型中不显著。括号内为标准误。

首先, 农户食品安全自我保护意识与采用差别化生产之间呈现出正向相关的联系。这较好地验证了前文所提的命题。对数据的分析表明: 在普遍的食品安全威胁之下, 农户对食品安全自我保护意识的提升会促使他们采取各种各样的差别化生产方式, 以最大限度的自我生产来保护自家的食品安全。而对于边际变化的测量结果说明, 农户的食品安全自我保护意识每增加 1 单位, 其选择差别化生产的响应概率将会相应增加 10.2% ~ 10.9%。结合访谈的材料, 可以发现, "自己种养的食品更安全放心" 是很多农户的共同表达。这也可以进一步说明, 农户食品安全自我保护意识越高, 采用差别化生产的可能性越大。

其次, 农户食品安全威胁感知程度与采用差别化生产之间呈现出正向的联系。说明食品安全威胁感知程度对差别化生产存在直接的影响。而对于边际变化的测量结果说明, 农户的食品安全威胁感知程度每增加 1 单位, 作为响应他们选择差别化生产的概率将会相应增加 3.5% 左右。实际上, 农户对本地的食品较为信任, 对当地的食品比较放心。相比之下, 农户对于总体的食品安全威胁感知来自他们对外界的接触。在案例访谈中, 许多农户表示 "自己种的和周围邻居种的食物分别是什么样, 心里有底, 很放心。外地来的食品就不那么放心"。可见,这种对威胁的感知来自农户所生活的熟人社会之外。而从表9-2中的描述性统计可知，总体样本对于食品安全威胁感知程度是2.20，进而也论证了访谈中得到的观点。

再次，农户食品安全信息渠道与采用差别化生产之间呈现出正向联系。这说明食品安全信息渠道对差别化生产形成直接影响。对边际变化的测量结果说明，农户的食品安全信息渠道每增加1单位，他们选择差别化生产的响应概率将会相应增加3.6%~5.8%。因此，农户对于食品安全信息了解越充分，对于食品安全的意识的改变可能会更加明显，这也是促成农户的差别化生产的动机之一。

又次，需要对农户内在的食品安全需求完成讨论。从模型的结果看，它与差别化生产之间呈现负向的联系。农户家中有小孩或老人的数量每增加1单位，对应的响应概率将会分别下降4.3%~12.8%与9.3%~13.9%。这存在三种可能的解释。其一，农户的差别化生产已经存在，孩子和老人并不是构成生存理性支配的差别化生产的最主要因素。或者说，农户不一定为家中的孩子和老人进行更加特殊的生产行为。在案例调研中，进行差别化生产的劳动力多是家里老人，他们考虑更多的反而是为自己的成年子女提供安全的食品，自己的倒不是特别在意。其二，孩子和老人的食品需求变化是短期的行为，例如，有些农户表示，在孩子很小的时候会专门养鸡并食用鸡蛋。"这考虑到给小孩吃上健康、放心的东西，但孩子长大之后，自己也就没工夫养鸡了。"抑或者，为暂时生病的老人准备他喜欢食用的蔬菜和水果。而差别化生产行为，是农户针对食品安全威胁所做出的生存理性选择，因此，以上针对孩子和老人的短期行为，相比在模型里，会更多地反映在案例当中。其三，匿名市场的产品可以满足孩子和老人特殊的食品需求。在案例调研中发现，农户常会从市集和附近的小卖部、超市购买食品，而这些食品很大一部分是为孩子和老人准备的。

最后，本节完成了对农户特征的讨论。其中，户主的教育水平和户主年龄对差别化生产有负向的联系。农户的受教育水平每增加1单位，他们选择差别化生产的响应概率将会相应下降9.6%。而户主的年龄增加1岁，农户选择放弃差别化生产的概率就会提高5.5%。这说明农户的受教育水平和年龄对于其生产行为的影响是复杂的。而这一回归结果证明了本书之前所讨论的一种可能性。农户的教育水平越高，他可能与市场接触程度就越深刻，受到农产品市场化思维的影响就越明显，这反而让他们放弃了为自家生产食品的机会，并将主要的精力投入到市场的生产中。与此同时，农户的年龄越高，他们参与为自家生产的可能性越低。此外，农户的家庭人口数量与差别化生产有正向联系。具体而言，每增加1个家庭成员，农户会选择进行差别化生产的概率就会提高5%。这说明，农户家庭规模越大，他们选择为自家专门生产安全食品的可能性就越高。

四、小结

本节建立了多元理性的讨论框架，试图说明农户的差别化生产行为不只是由单一逐利动机构成。在食品安全威胁下，农户的多元理性支配其差别化生产行为。其理论含义是，相较于单一的经济理性，多元理性的分析框架能更准确地把握差别化生产行为所包含的真实行动意义。

在与经济理性对话的过程中不难发现，单一的经济学视角无法触及食品安全问题的实质。农户在生产过程中注入了多元价值，但目前过度强调追求经济利益的食品生产与交换体系，无法让农产品的自然、社会等多元价值在实际的交换和消费过程中得到体现。

第二节　多元理性与农户差别化生产

本节使用 6 省份调研的 149 个案例中的 6 个典型案例，说明多元理性的不同组合。基于理论抽样的方法，研究团队在 2012 年 6 月至 2020 年 6 月，针对受访农户的主要家庭成员进行了采访。

在调研中，每次采访持续 30～120 分钟，目的是从这些受访农户家庭中，收集与以下研究主题高度相关的资料（见附录 1）：①基本家庭信息，比如，家庭收入来源和增长情况。②土地类型和种植方法，比如农药、化肥、激素或兽药的使用品类和频率。③农户食品消费信息，如农户的食品安全评估知识的主要来源渠道以及获取安全食物的主要途径等。④农户对食品安全和农用化学品的认识程度，以及自我意识的形成过程和发展轨迹。⑤农户在不同的食物交换场域中所表现的互动情况，如食物互换的次数、对象以及针对不同层次对象时所反映的特征等。

在表 9-3 中，呈现了调研案例库中的 6 个典型案例，可以反映出整体案例库中农户的基本特征。虽然案例之间存在经营规模差异，但本书仍可将它们视为典型案例，进行逐项复制。主要原因是它们符合理论抽样的原则。King G. 等（1994）认为，研究设计的首要目标是获取构建理论的相关信息，同时避免引入可能有损推论质量的偏误信息。在案例中，即使是规模经营的农户，其自有的土地面积也与当地的平均经营面积接近，依然保留了部分农业小规模生产特点。而更重要的案例选择合理性的判断依据是，从多元理性的分析角度看，无论生产经营面积多少，农户均表现出了差别化生产的行为特点。

表9-3　典型案例概况

编号①	家庭结构	主要农业生产行为
CH-CK-1	常住村里只剩2位老人，有6个子女，多会回家探望	家里有5.7亩地，生产稻米，房前有0.1亩菜地，种植常见的应季蔬菜和水果，平时养有10多只鸡鸭
LA-HL-1	一家5口，夫妇2人养育2个小孩，扶养1位老人	家里有5亩地，生产稻米和玉米，房前有0.1亩的自留地，用于种植常见的应季蔬菜和水果
CH-GB-1	一家6口，夫妇2人养育2个小孩，扶养2位老人	经营6亩地，其中1.5亩用于种植蔬菜，其他的生产水稻，还散养了20多只鸡
WQ-ZF-1	常住村里的只有2位老人，有2个子女，过年才回家探望	家里有8亩地，在租赁之后，经营超过380亩的家庭农场，主要种植小麦和玉米，还另辟3亩地，专为"自家人"和"熟人"种植粮食和蔬菜
SG-DYT-1	一家6口，夫妇2人养育2个小孩，扶养2位老人	经营1亩的大棚茄子，并在大棚边种植多种应季蔬菜，庭院前后都种有柿子树、杏树、葡萄等常见瓜果
XT-JG-1	一家4口，夫妇2人，1个读大学的孩子以及1位老人	家里有5亩地，经过土地流转，经营超过50亩的家庭农场，种植水稻，和以西瓜和葡萄为主的水果，大约有0.2亩用于种应季蔬菜，庭院里还养有一些鸡鸭

资料来源：本书调研案例库。

这些受访农户，在家庭结构方面较为类似。与受调研区域的多数农户一样，他们主要从事农业生产，且家庭成员长居农村。而从食物的生产和消费情况看，他们长期处在熟人社会之中，但又不可避免地与匿名市场产生交集。因此，在食品安全威胁的调研背景之下，这些农户基本都呈现出一家两制的差别化生产特点。为此，本节可以基于这些农户鲜活的实践，揭示具体表现背后的多元理性动机？

一、农户为家庭消费的生产遵循生存理性

（一）典型案例分析

案例 CH-CK-1：广东从化区的邱家。两位老人常住村里，从事农业生产。他们有6个子女，散居在广州和附近城镇。

第一，在粮食消费方面，家里有5.7亩地，用于晚稻种植的面积为3.5亩，一般来说，早稻会卖向市场，少数留在家里用来煮粥，而晚稻基本都是自家食用。第二，在蔬菜消费方面，农户在自家二层楼房前，有大小约1分的菜地，已

---

① 为方便阅读，下文将使用案例编号的简写。

可满足二老的所有需求。菜地里种植的品种丰富，有油麦菜、番薯、紫苏、茄子、豆角、韭菜、辣椒、红葱头等常见应季蔬菜。种植过程中不用化肥和农药，而使用鸡粪等有机肥。成本是其中一个考虑，但更多的是口感和安全性。户主说："都是自己吃的，没必要放化肥。"第三，在肉类消费方面。当地村民以鸭肉、鸡肉和鱼肉为主。雏鸭先吃饲料，而为了肉质更好，待养到3个月左右时，就改喂米糠饭。鸡的养殖也遵循类似的分段管理，但成本更低，而且鸡蛋还可以自己吃。鱼肉主要来自屋子旁边的"祖宗塘"，因为是公共的池塘，村民们相约都不喂饲料，就此保证了鱼肉的鲜美。

家里的食品除了二老自己消费外，主要是供给儿孙。住在镇里的子女周末会来拿新鲜蔬菜。住在城市的子女则在节假日回家聚会，顺道拿菜干。户主说："自己肯定会多种些儿孙喜欢吃的菜。"（2015年5月5日访谈）

邱家的农业生产，主要是为了满足家庭内部消费。其具体原因考虑了三个方面，包括：方便地满足基本食物需求、满足自身口味需要、顾及食品的安全性。

首先，从方便性考虑，自家的种养基本不使用所谓的现代生产要素。由于年事已高，邱家不再参加逐利性的生产活动，因此，为自家的生产几乎不考虑劳动力的机会成本。而且，生产的地块是自家的土地，不存在地租成本。两者相加，这类房前屋后的简单农业生产，无疑为老人在乡村的田园生活增加了乐趣和便利。

其次，种养的目的也包括满足自家的口味需要。在种养的品种选择上，农户进行多元化种植，确保品种的丰富性，满足家人的偏好和需求。另外，户主认为化肥种植的菜口感不佳，因此，采用尽可能保留传统口味的生产方式。例如，在种植蔬菜时使用有机肥，在养殖的后期不使用饲料等。

最后，生存理性主导下的农户生产，突出考虑了食品安全的因素。这表现为农户在种养过程中尽可能不使用有安全隐患的农药。在农户的访谈中，他们反复提及"尽可能"这一词，并进行重点解释。我们可以将其理解为，农户不可能完全在实践中，过渡到标准的有机生产模式，但他们在自己有限且不断拓展的食品安全知识视野内，已经想尽办法规避了现代农业投入品对自家食物生产过程的负面干预。反过来看，这与农户行动的生存理性是直接相关的。它一方面突出了食品安全变化下的生产模式改变，另一方面则突出了产出的食物尽在自家消费，因此，这种生产行为即便在匿名市场所惯有的制度化标准下依旧显得不规范，但却并不妨碍它成为各家各户蔚然成风的生产方式。

由案例CH-CK-1可知，邱家的行为反映了生存理性主导的特点。因为家庭成员较多，又无须考虑以农业谋利，邱家的生产很少涉及熟人社会与匿名市场，仅仅表现为由生存理性主导的自给自足生产。

（二）"为家庭消费生产"

生存理性是农户为家庭消费进行生产的基本行为动机，其主要的表现是农户为满足基本生活而进行生产，并主要向自家供给农产品。从总体的案例库中生存理性可以从三个方面进行说明，具体的案例证据如表9-4所示。

表9-4　生存理性主导农户生产的案例证据

编号	案例证据	生产实践	交换实践	行为动机
CH-CK-1	两位老人无须，也无力进行商品化生产，但对经营自家屋后的小菜园依然很有热情。"种菜就是娱乐，有时间就去看看"	有剩余劳动力，时间充足，有足够的生产空间（130；318）	用简单方便的方式为自家提供食物	生活便利需求
LA-HL-1	家里养有20只鸭子，自然放养，以稻谷、剩菜剩饭为主，基本不喂饲料			
CH-CK-1	蔬菜种植考虑自己和子女的口味。住在镇上的子女经常来拿新鲜蔬菜	通过在品种选择、施肥、洒药等环节的管理，优化农产品的口感（35；51）	为自家提供满足特殊饮食口味或健康需要的食物	饮食偏好需求
LA-HL-1	屋后空地种的主要是家人喜欢的蔬菜			
CH-GB-1	为保证自家空心菜的口感，很少使用化肥			
SG-DYT-1	医生已经叮嘱她不应再吃辣椒，她就不再种植辣椒，改种其他品种			
CH-CK-1	用化肥种的菜不好吃，而农药使用非常不安全，清楚甲胺磷等农药有很长的残留期，"都是自己吃的，没必要用"	通过在品种选择、施肥、洒药等环节的管理，尽可能保证食品安全（50；87）	为自家提供相对安全健康的食物	食品安全需求
WQ-ZF-1	开辟了3亩地进行传统种植，既有蔬菜，也有小麦和玉米。在管理中，施加农家肥，很少使用农药，以保证食品的质量安全			
SG-DYT-1	在大棚旁边种植了十多种本地作物，仅供自家消费，虽然只能满足少部分需求，但这样的生产"就是为了安全"			
XT-JG-1	自家吃的和卖向市场的都一样，但都减少了农药的使用，为的是确保食品安全			

注：括号中的数字分别表示同类的语句和行为表达在案例库中对应的案例来源数量以及相应内容的出现频次。例如，在149个案例中，共有130个案例体现了生活便利需求，同类的表达共出现318次。下文的数字亦可如此解释。

第一，农户方便地满足基本食物需求的行为动机。生存理性最初反映农户为糊口而进行的生产，即使在农户收入多样化的今天，农户依然愿意用最方便的形式满足家庭的基本食物消费需求。一般情况下，他们会选择在房前屋后种植一些应季蔬菜。访谈中许多农户都认为，这种生产投入和产出都很低，但"只要够家人吃，就很满意"。

第二，农户满足自身口味需要的生产动机。在为自家生产过程中，农户对食品的偏好可以直接影响其生产行为。从种植的品种到生产的管理，完全由农户自己把控。有些农户"为了保证鸡肉的口感，在最后三个月不喂饲料"，有些则会种植家人喜好的蔬菜瓜果。

第三，农户有意识地采用传统生产方式而进行的食品安全自我保护。在调查过程中发现，部分农户的食品安全意识很强。他们会在农业生产中侧重考虑自身和家人健康以及村落、社区环境可持续等因素，从而选择本地传统品种进行多元化种养。在生产管理阶段，减少或取消化肥、农药、饲料、激素的投入，以确保农产品的安全性以及环境的可持续性。因此，生存理性的存在，导致了农户在食品安全威胁下进行有明确目的的自我保护。在本书调查整理的 149 个案例中，关于生存理性的表达共出现了 456 次，且在全部案例中都得到体现。

二、农户为熟人社会的生产遵循社会理性

（一）典型案例分析

案例 LA–HL–1：广西雁江镇的陆家，户主 30 岁，家中还有一位老人和两个孩子。陆家的蔬菜自给自足，屋后的小菜园生机盎然。来自四川的妻子对此很有发言权。她刚嫁到村里时，也不会种菜，多是上街买。久而久之，村里的妇女们开始说闲话，认为外来的媳妇太懒，"不勤俭持家，连菜都没有得吃"。为了维护自己的名誉，她就向邻家亲戚请教种植技术。在这个过程中，村里人逐渐接纳了外来媳妇。从某种程度上看，是自己精心打理的菜园帮助她融入了村里的生活。

在管理过程中，农户会根据季节与蔬菜的特点处理虫害，如果种植反季节蔬菜，虫子就会很多。因此，需要喷洒一定量的农药，但在食用一个星期前，会严格禁用。因为没有猪、牛等养殖，农家肥无法自给，所以种植过程中，也会使用少量化肥。

邻里之间相互馈赠种子和蔬菜的情况普遍。菜地的生产受到季节影响比较大，需要到菜市购买或者邻里之间相互交换，以解决各家种植品种单一的问题（2014 年 7 月 30 日访谈）。

在陆家的案例中，社会理性主导的行为在小菜园出现之初就很明显。对于陆家媳妇而言，为了更好地融入村社的社会网络，她需要进行自给自足的生产。而

为自家生产的食品，在提供给社会网络的成员分享的过程中，实现了社会理性所要追求的目标——增进交流、维系情感和维护社会关系。具体而言，维护小菜园的经营为她和村社成员建立了沟通的机会。在访谈的表述中，她认为有时交流生产经验，就是打开话匣子的好方法。而这些相对安全的食品，承担了礼物的作用，成为家庭与亲戚、邻里相互增进感情的重要手段。这些产品的市场价值很低，但社会意义重大。最终，陆家媳妇靠这些产品的生产和交换，赢得了社区信任，逐渐融入当地社会网络，并与其他成员一起维护稳定的社会网络关系。

当然，社会理性主导的生产行为，除了以上案例所描述的在邻里之间进行的小范围交换之外，也有更大范围的交换，例如农户对社区市场的供应。

（二）"为熟人社会生产"

社会理性是农户为熟人社会进行生产的关键行为动机，最主要的表现是农户在熟人社会交换农产品，如表9－5所示。

表9－5　社会理性主导农户生产的案例证据

编号	案例证据	生产实践	交换实践	行为动机
LA－HL－1	为了表现出外地媳妇的勤劳，开始在自留地上种植应季蔬菜，逐渐融入了当地社会	有剩余劳动力和生产空间，与熟人社会成员分享自家生产的农产品（14；17）	增加与熟人社会的交流与沟通机会	人际交往需求
SG－DYT－1	平时在地里摘水果和蔬菜，如果遇到邻居和朋友，就会分给他们。有的时候，也会给不种地的邻居专门摘一些菜送去			
CH－CK－1	嫁到外村的姐姐们会经常回家，临走前就会带走母亲种的蔬菜。过节时还会带走散养的鸡鸭	有剩余劳动力和生产空间，将自家生产的农产品作为礼品馈赠（78；120）	增进熟人社会的情感联系	感情增进需求
WQ－ZF－1	自己种的农产品，会不定期地邮寄给住在北京的亲戚			
CH－GB－1	生产过程中基本使用有机肥，注意农药的残留期。主要消费群体是本地居民。有时还会为老顾客预留好菜。"都是熟人，没必要赚那么多"	重视与熟人交易时的社会责任，以自家生产为信任背书(10；11)	维系熟人社会内部的信任关系	关系维系需求
XT－JG－1	在本地销售的莲子基本不使用化肥和农药，属于纯天然的食品。向度熟人销售，价格不会太高，只够维持生产成本			

注：括号中的数字分别表示同类的语句和行为表达在案例库中对应的案例来源数量以及相应内容的出现频次。

首先，农产品在农业社会中具有增进相互交流的作用。在一些受访区域，邻里、亲戚之间相互赠予农产品是农村生活的普遍现象，"不会种菜还会被认为不勤俭持家"。可见，在农户看来，这种分享自家的食物是提供谈资。增加交流机会的方式。

其次，农产品在农业社会中具有维系情感的价值。最常见的情况是进行农业生产的农户向自家不进行生产的亲戚提供农产品。另外，在节庆时，自家以传统方式经营的农产品，常会作为重要礼品，送给不常联系的外地亲戚。有些农户说，"每到年底，就会有城里的亲戚联系，让我们帮忙留几只鸡鸭"。也有农户认为，这种馈赠在食品安全危机的背景下开始重新流行。"城里的亲戚说，还是村里的鸡鸭好吃，外面有钱都买不到"。

最后，农户的生产对维系熟人社会成员相互信任有重要意义。社会理性追求的是社会资本最大化。农户为熟人社会的生产与生存理性主导的生产行为类似。相比与匿名市场，这类生产所包含的社会价值更能被熟人社会所认同，而农户也通过产品交换，建立并增进了熟人社会成员的信任。社会理性有别于经济理性，后者追求货币收益的最大化，前者主导的行为不能实现"发家致富"，微薄的生产收入仅够"补贴家用"。因此，社会理性主导的生产，其更深层次意义是追求互惠交换背后的社会资本，包括维系亲人、邻里之间的交流和情感联系，并维持熟人社会成员之间的稳定关系。在本书调查整理的149个案例中，社会理性的表达出现了148次，分别体现在86个不同的案例之中。

三、农户为匿名市场的生产遵循经济理性

（一）典型案例分析

案例 SG - SJ - 6：孙家去年总收入 8.5 万元。农业毛收入 8 万元，务工总收入 5000 元。其中农业生产成本为 2 万元。去年纯收入约为 6.5 万元。该农户并没有加入任何组织，在农业生产过程中，政府并没有过多的监管。主要的监管来自卖农产品时所碰到的收购商。

孙家共有 4 亩经营性土地，建起了两个大棚，主要种植黄瓜、苦瓜，所种农产品全部卖向市场，自家几乎从不食用。由于当地政府在 20 世纪 80 年代就在田间地头修建了水井，大概每十户拥有一口水井。因此灌溉条件一般都采用机灌，灌溉方式为漫灌。

农户选择黄瓜与苦瓜套种的种植模式。大概一排 50 颗黄瓜，5 颗苦瓜。黄瓜一般根茎比较粗，苦瓜根茎一般比较细。黄瓜是 9 月 20 日种下去的，11 月 15 日开始卖，这样一直卖到 2 月过年。刚开始黄瓜价格为 1 元/斤，后期价格会随着天气变冷而上涨到 1.5 元/斤。临近年关，价格能涨到 2 元/斤。黄瓜亩产约为

1.2万斤。而苦瓜一般是9月种下去，3月开始卖第一次，价格约为2.5元/斤。就这样一直持续卖到6、7月，价格约为1元/斤。苦瓜亩产约为1万斤。每次销售都要赶早，即便是冬天，有时也需要1～2点起床，完成采摘和整理。农户说："为了卖个好价钱，能得多一点就多一点，再早也值得。"

由于该农户采取的黄瓜与苦瓜套种的模式，农药、肥料使用方面基本相同。农药方面主要使用百菌清，10天用一次。0.3斤药兑50斤水。肥料方面，底肥使用的是稻壳粪，120元/立方米。追肥使用的是复合肥，每半月一次，每次15斤。（2015年10月14日第一次访谈）。

孙家的案例反映了经济理性对农户生产行为的深刻改变。农户为迎合市场对农产品的需求，一方面，增加了现代生产要素的投入，并随着市场的要求，改变要素组合的方式。结合寿光大棚技术发展的历史，会更清晰地看到商品化、专业化、规模化、组织化的轨迹。首先，当地之所以要引入大棚种植技术，就是为了迎合市场对反季节蔬菜的需求，希望通过蔬菜的商品化，提高农户收入。其次，在大棚面积有限的情况下，大棚生产的规模化表现为通过增加良种、化肥、农药和激素的使用，最大限度提高单位土地的产量。再次，生产专业化程度不断提升。田间管理技术不断创新，以满足消费者对于农产品越发苛刻的要求。例如，使用生长激素的重要目的是让茄子的卖相更好。最后，随着市场对于绿色食品的需求扩大，农户在当地质监部门的组织下，开始普遍使用低毒农药，并更多地施用有机肥料。

另一方面，大棚的生产方式，决定了农户必须增加自身的劳动力投入。农户在田间管理过程需要投入比传统生产方式更多的时间和精力。长期过量劳作让很多大棚种植户都患上了肌肉和骨骼系统的疾病。另外，他们在销售过程中也需经历激烈的竞争。为赶上售价最高的时间，农户往往在晚上11点前就需完成采摘，为准备凌晨1点左右开始的竞价出售做好准备。这些逐利行为的出现足以说明，在经济理性驱动下，农户会为了迎合市场需求，提高自家货币收入，改变一系列生产行为。

（二）"为匿名市场生产"

经济理性是指农户为获得更多利润而向市场供给农产品的行为。它随着中国食物市场的深化进程而逐渐产生，并表现为很容易观察的行为特征，具体如表9－6所示。

首先，在经济理性的主导下，农户的生产具有非常明显的逐利动机。例如，以资本替代劳动的方式进行生产、节约劳动成本。在生产管理过程中，有些地区的农户，从播种到收割都实现了完全机械化，而更多的农户则是依靠选择良种和增加化肥等资本品的投入来提高产量。这两种方式都是农户有意识地在为农业生

表 9 - 6　经济理性主导农户生产的案例证据

编号	案例证据	生产实践	交换实践	行为动机
WQ - ZF - 1	所有的大田作物都出售，每年从种植业的净收入超过 60 万元	与市场的联系紧密，交通与信息可及性高（128；339）	通过向市场供给更多的农产品，增加货币收入	商品化
XT - JG - 1	西瓜和水稻大部分都用于销售，每一季可以净收入 5000 元以上。紧挨 107 国道，几乎不愁销路			
SG - DYT - 1	实际种植茄子的面积大约是 1 亩，几乎全部卖向市场，去年获得了 4 万元收入			
WQ - ZF - 1	从 2006 年开始规模经营，目前拥有超过 380 亩小麦地	借助政策，增加土地经营面积（105；230）	为满足市场需求而扩大生产规模，实现规模效益	规模化
XT - JG - 1	从 5～6 年前开始扩大经营规模，已经超过 50 亩。大部分是从亲戚邻居手里租的			
SG - DYT - 1	单独一人经营一亩大棚，已经实现规模生产			
WQ - ZF - 1	主要经营小麦和玉米，没有其他品种的规模生产	减少生产品种的多样性，并用资本要素替代劳动投入（114；123）	为满足市场需求而进行专业化管理，降低成本	专业化
XT - JG - 1	主要种植西瓜，其他的品种都不上规模			
SG - DYT - 1	大棚仅仅种植茄子，每年超过 10 个月都需要在大棚中进行生产管理，需要借助激素促进茄子发育			
WQ - ZF - 1	从播种、施肥直到收割，都采取机械化和自动化的方式进行，大大节约生产成本	生产管理过程中借助于社会和政府的帮助（38；45）	为满足市场需求而进行社会化的生产组织，降低生产成本	组织化
XT - JG - 1	在水稻收割时会雇用收割机，否则忙不过来，而请劳动力也不划算			
SG - DYT - 1	政府提供技术指导。平时可以收看本地电视台的农业相关节目			

注：括号中数字分别表示同类的语句和行为表达对应的案例来源数量以及相应内容的出现频次。

产创造更大的利润空间，为的是让自己生产的农产品能更快、更多地变为提高家庭货币收入的商品。

其次，向度市场的生产行为多以规模化为目标，并且有明确的收入及产出的计算方式。其主要表现是，农户会选择产量和经济效益更高的单一品种，通过规模化经营，提高产量的方法增加收入。

再次，专业化也是经济理性主导下的农户生产行为特点。以大棚种植为例，农户每年需要投入超过 10 个月的时间进行生产管理，用农户自己的话说就是"起得比太阳早，睡得比月亮晚"。这些行动的目标为的是抢在其他竞争对手之前上市，并尽可能提高产量，获得最大的效益。

最后，组织化也是成为经济理性的重要行为表现。有些农户已经注册了家庭农场，获得了很好的组织化生产机会，在种子、灌溉等方面还享受政府或相关企业的优惠待遇。在本书调查整理的 149 个案例中，关于经济理性的表达出现高达737 次，分别体现在 132 个不同的案例之中。

四、小结

表 9 – 7 反映了本节对案例库的整体编码统计，案例频数和农户的表达频数都得到了呈现。结合已有的 6 个典型案例，可以看出，农户的行为动机分类在编码的过程中得到了较为充分和清晰的梳理。而从方法论上看，可以说明典型案例与案例库之间能够达到理论抽象所需要的效度和信度。

表 9 – 7　农户生产动机案例编码统计

行为动机	生存理性 案例频次	生存理性 表达频次	社会理性 案例频次	社会理性 表达频次	经济理性 案例频次	经济理性 表达频次
生活便利需求	144 (97.30%)	386 (0.81%)	—	—	—	—
口味偏好需求	49 (33.11%)	72 (0.29%)	—	—	—	—
食品安全需求	64 (43.24%)	99 (0.89%)	—	—	—	—
人际交往需求	—	—	20 (13.51%)	27 (0.20%)	—	—
感情增进需求	—	—	88 (59.46%)	129 (0.04%)	—	—
关系维护需求	—	—	23 (15.54%)	17 (0.01%)	—	—
商品化	—	—	—	—	149 (90.54%)	345 (1.72%)
规模化	—	—	—	—	105 (70.95%)	234 (0.58%)

续表

行为动机	生存理性		社会理性		经济理性	
	案例频次	表达频次	案例频次	表达频次	案例频次	表达频次
专业化	—	—	—	—	117 (79.05%)	126 (0.44%)
组织化	—	—	—	—	39 (26.35%)	46 (0.08%)
总表达频次	—	557	—	173	—	751
总文本编码率 (R)	—	1.91%	—	0.24%	—	2.25%

注：多元理性文本编码率（R）＝多元理性文本编码总数（C2）/案例文本总字数（W）。

进一步来看，可以从表9－7所述的内容，得到如图9－1所示的解释框架。由此从实践的话语和行动中归纳得出，在多元理性主导下，农户生产实践中进行了差别化生产。

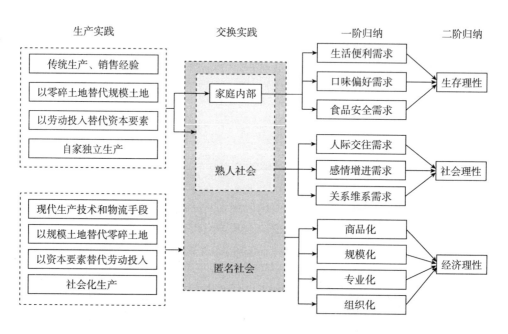

图9－1　农户差别化生产动机的归纳性解释

资料来源：根据前文资料整理。

根据农户在案例中的不同表现，将其生产实践从技术、土地、劳动与资本的关系和组织归结为两大类型：一是依靠传统生产、销售经验、小规模的自给式农业；二是向度大市场，依赖现代要素的社会化农业。可见，这两类生产实践所得产品的交换对象有着明显区别。因此，本书将农户的交换实践分为三个层次，自家独立的生产主要是为了满足自家消费和熟人社会的交换，而市场化生产则是满足匿名市场的需求。

进一步来看，可以将农户为这三类对象的生产动机进行一阶归纳。农户为自家的生产主要考虑了方便、口味和食品安全三个主要因素。为熟人社会的生产则考虑了增加沟通机会、增进情感联系和维系成员间信任关系三个方面。而在为匿名市场生产的过程中，农户考虑了商品化和规模化的方式以提高货币收入。同时，通过专业化和组织化的方式降低农业生产成本。

根据上述分析，本书完成了二阶归纳，认为农户为自家生产的动机可以归纳为生存理性，为熟人社会生产的动机可以归纳为社会理性，为匿名市场的生产归纳为经济理性。以此，将多元理性的三个具体动机与农户的生产实践进行连接，形成对农户差别化生产行为的解释。

至此，结合本章的第一节，本书完成了对命题 H1 及其相关子命题的讨论。在多元理性分析框架中，农户的生产行为不仅由单一逐利动机构成。在与不同场域环境的互动中，农户所意识到的不同层次需求都会反映在其理性实践之中，由此采取合理的差别化生产。可以说，在农户生产中的具体实践，其背后都指向了农户的多元理性。相较于单一的经济理性，在多元理性的分析框架下，农户的差别化生产行为所包含真实的动机与社会意义将可以被更清晰地分类说明。

通过以上讨论可知，多元理性可以作为理解农户生产行为的重要概念。其中，三种类型的动机对于农户在生产过程中的某类行为具有一定解释力，但以下的问题依旧没有得到解决：一方面，未能说明社会互动场域之间与多元理性产生关联的过程；另一方面，也没有讨论三类理性动机之间的内在互动逻辑。为此，可以把本书的研究问题进一步操作化，接下来的研究将分别通过逐项复制和差别复制的方法，侧重讨论两个层面的问题：

A. 在食物体系转型的历史背景下，特定的社会互动场域如何与不同的理性动机相互关联，促成农户的差别化生产？或者说，在何种条件下，农户的多元理性会导致一家两制差别化生产，向匿名市场提供有安全风险的食物（对应命题 H2.1）。

B. 在农户的微观实践中，不同理性动机之间如何进行互动和转换，进而改变差别化生产行为？或者说，在何种条件下，农户的多元理性会改变一家两制差别化生产，向匿名市场提供相对优质食物（对应命题 H2.2）。

实际上，这些关联与转换经常发生。农户差别化行为的背后，包含了相当复杂的理性反思过程。这些过程并非明晰可见，需要进行进一步理论解释。而从认识论层面分析这两个问题的解释，有利于对应地建立起具有历史感和真实感的研究坐标系。这对重新认识农户的差别化生产行为至关重要。

为此，下文将以多案例形式，首先讨论"差序责任"社会互动机制，与多元理性三种类型的相互关联，把握在食物体系转型的背景下，农户和消费对象在不同场域中的距离与一家两制存在的三种对应关系：①生存理性与家庭内部的生产。②社会理性与熟人社会的生产。③经济理性与匿名市场的生产。

随后，本书分析在"合理审查"行为生成机制下一家两制发生的具体变化，讨论农户在微观实践中三类行为的动机互动与转换过程。具体的场景包括：①家庭内部与匿名市场之间互动融合；②家庭内部与熟人社会之间互动融合；③熟人社会与匿名市场内部互动融合。

第三节　　"差序责任"社会互动机制

一家两制最引人关注的特点是，在食品安全危机下农户表现出的差别化生产现象。在农户在道德层面，似乎有能力平衡包含很强悖论的实践行动，一方面追求最高标准的道德；另一方面他们本身可以接受较低的道德底线，选择与高标准相互背离的实践行动。具体到食物的实践中，即行动者可以不去顾及 B 模式当中体现出来的重视生命逻辑的状态，进而可以让 A 模式和 B 模式同时存在，并呈现出表面的兼容性。更重要的是，行动者很少去甚至不会去形成任何的自我反省以及对合理性的审查。

因此，本节进一步希望讨论，从实践中的差序场域出发，在中国以人情、面子和强调特殊主义的社会格局中，理解多元理性内涵的三个向度，并说明它们各自是如何在食物的生产、交换和消费过程中分离，并分别主导差别化生产的过程。

这个理解，一方面是向下发掘的过程，它使我们在观察食物交换场域的变化当中，可以去理解场域的复合和互动所带来相关的影响。通过案例的呈现，可以更具体地说明，为何这种道德或者道义上会产生具体的责任差别，并进一步讨论其合理性。

另一方面则是向上探求的过程，"差序责任"的分析框架是支撑多元理性概念二重性的一个重要部分。"差序责任"机制可以将不同场域中人与人的关系的变化一对一地呈现在案例当中，形成具体的行动归纳研究，有利于接下来的讨论中有新的延展，引出"合理审查"机制以求分析三类理性向度的凝聚、互动与融合过程。

一、生存理性主导为家庭消费而进行的生产行为

农户家庭内部消费的食物，一般来源于自家的生产。在案例库中，本书访问了6个省份的农户，他们大多表示，在自家住宅附近会保有一小块"自留地"，面积一般不到0.5亩，其产出基本只供自家食用。通过观察农户在"自留地"的生产行为变化，可以说明生存理性是农户生产最基本的动机。

在逐利的食物市场尚未完全建立的时候，农户用"自留地"进行维持家庭成员生存的生产。"自留地"的出现可以追溯到集体化农业时期。如陆家（LA - HL - 3）在20世纪60年代初期就开辟了一块"自留地"。在为集体生产的同时，这块"自留地"让他在当时的困难条件下有机会"丰富"自家的餐桌。虽然几年前因道路扩建，"自留地"被占用，但陆家依然保留了为自家生产的行为，转而在自家的阳台和花园里种菜。而李家（XT - XF - 1）原先的菜园则在更早的时候就被占用，但他自己重新开发荒地用作"自留地"，至今也已有超过20年的时间。

而在因食物市场"脱嵌"于社会后的食品安全威胁下，农户选择坚守自己的"自留地"，并把它改造成"小菜园"，为自家生产赋予了"个体自保"的意义。以邱家（CH - CK - 2）为例，他家的房子周围有大约3分大小的菜地，常年为自家供应蔬菜。在生产中，使用鸡粪等有机肥，而不用化肥、农药。成本是其中一个原因，但更多考虑的是食物的口感和安全性。农户认为，"种出来的，都是自己吃，没必要放化肥和农药"。可见，对于农户而言，食品安全个体自保的行为很容易实现。在土地、劳动力和生产技术等方面，农户都比城市消费者有更便利的条件，为自家生产安全食物。

另外，"差序责任"中不同场域的距离，阻碍了农户向匿名市场提供自家生产食物的意愿。胡家（XT - RH - 1）就认为，自己想对自己生产的食物负责到底，但是他也没有能力对后期的运输、加工进行跟踪和监管，"毕竟食物从田里走到城里人的餐桌上，需要经历的途径太多，不可能认识所有环节的负责人"。而无论从数量上还是品相上，多数农户在"小菜园"的生产，都不具备替代市场化食物生产的能力。因此，"可算是有心无力，只能尽力做好自己的生产工作"。

生存理性一定程度上解释了农户为自家生产的行为动机。在"差序责任"机制的作用下，生存理性主导的生产方式影响范围很难超出家庭内部。这种食物交换场域与理性选择的相互关联，构成了"差序责任"的最基本内核，即生存

理性主导的农户生产行为只能顾及家庭内部的食物消费。

二、社会理性主导为熟人社会而进行的生产行为

农户为熟人社会所提供的食物，在生产的方式上与为自家生产的食物基本相同。由于同一地区的自然条件和生产历史较为接近，因此，农户之间的农业生产行为、品种也都比较相似。需要注意的是，以传统方式在自家庭院或"自留地"生产的食物，在家庭的总食物消费中占比较小，而依靠熟人馈赠的部分就更少。然而，在食物品种类似且产量较低的情况下，依然出现普遍互惠行为，正说明自家生产的食物是农户在熟人社会中进行互动的"润滑剂"。

当熟人社会的范围向外延展至村社范围时，农户之间的互惠行为就开始变得更为"正式"。社会理性要求从互惠中获取社会资本的特点逐渐显现（Skinner G. W.，1964）。以山东的王家（SG - HW - 4）为例。王家在村里有一些亲戚，他们已经不再从事农业生产，而且大多都是留守老人。因此，王家的户主义务承担起了照看他们的责任，定期往他们家里送自家种的蔬菜。这种方式的互惠在现实的农村生活中很常见。农户在这类互惠行为中，并不会马上得到回报，但长此以往所积累的社会资本，例如孝敬老人的好名声，可以让他在未来的某个时间获得其他方式的回报。

在以村社市集为代表的更大范围的熟人社会中，农户的生产动机和生产方式，又与前两者有所区别。以广东的黄家（CH - GB - 1）为例。户主的母亲将家中1.5亩地用于种蔬菜，主要目的是为了供应村社市集，剩余的部分自家食用。在生产过程中，农户适量使用化肥和农药，但不会在采摘之前喷洒农药。另外，除草的方式基本依靠手工，因为她有时间，而且知道使用除草剂对身体不好。户主的母亲会根据蔬菜生长的情况适时采收，并带到市集去贩卖。市集的主要消费对象是当地的居民。在市集出售的时候，她常常嘱咐自己熟悉的当地居民，"这也是自家吃的，不打药"。

农户供应村社市集的行为有三个特点：其一，生产目的仅是为了保持投入和产出的平衡。从家庭的收入来源上看，卖菜的收入仅占整个家庭收入的很小一部分，主要收入还是来自外出务工。其二，在为更大范围的熟人社会提供食物的同时，自家也在消费同样的产品。其三，农户与村社市集的消费对象保持一定程度的社会联系。这些特点说明，供给村社市集的生产行为同样是社会理性支配下的表现。

在案例分析中不难发现，对于熟人社会，仍可细分出三个不同的食物交换场域。从中观察农户的互惠行为，可以发现，随着场域间的距离逐渐加大，农户与消费对象之间的关系也变得相对疏远。在生产中，逐利的目的性也越发明确，直

到农户对交换的界定脱离了熟人社会，走向匿名市场。这时，农户开始选择不同的生产动机，更强调从食物的供给过程中获取货币收入进而主导完全不同的生产行为。

社会理性一定程度上解释了农户为熟人生产的行为动机。在"差序责任"机制的作用下，社会理性主导的生产方式影响范围较难超出熟人社会。这种场域与理性选择的相互关联，构成了"差序责任"的中间层，即社会理性主导的农户生产行为，一般只能顾及熟人社会内部的食物消费。

三、经济理性主导为匿名市场而进行的生产行为

农户为匿名市场提供的食物，在生产的方式上与为自家生产有着更明显的区别。随着农业市场化进程的深入以及市场消费水平的升级，以专业化和规模化农业为代表的工业化生产方式，逐渐成为农业生产的主流（Van der Ploeg J. D.，2009）。此时，农户一家两制的特征，就越发明显。

在山东寿光大棚蔬菜生产模式的演进过程中，这种一家两制的趋势很早就凸显出来，并一直存在至今。以孙家（SG－SJ－2）为例。他家经营大棚已经超过15年，经历了3代大棚技术的变革，2015年的经营面积1.2亩，属于当地典型的"夫妻棚"，黄瓜和苦瓜产量约3万斤，平均出售价格是每斤1~2元，年末得到了超过4万元的收入。

大棚经营所需的劳动和资本的投入都很大。以"蘸花"为例①，农户要把需要授粉的花蕊全部浸入生长激素中，使其变成红色。由于大棚内的每一朵花都需要被照顾到，因此，这些繁重而细致的工作，每天至少进行8小时。实际上，从抗虫种苗的选择，到黄瓜与苦瓜间种，从化肥、农药和生长激素的定期投入，再到对大棚温度的控制。这些生产行为都有明确的经济目的：让大棚的产量最大化。最终，从大棚生产的蔬菜几乎全部卖向市场。主要的过程是由经销商在村里统一收购之后，集中到本地的批发市场，再由货主转运至外地销售。寿光同时也调配不同地区运过来的蔬菜，并将这种模式称为"买中国、卖中国"。

大棚蔬菜虽然畅销，但农户自己却极少消费。家庭对蔬菜的需求，还是由家中的"小菜园"②供给，这主要是为了方便种植和食用。以山东寿光农户种植大白菜为例，它耐储存，但农户更认可它具有方便种植和食用的特点，能为自己经营大棚节省更多的时间。冬天正是大棚生产的关键期，"冬天吃白菜方便，忙着赚钱的时候，哪有工夫到市场去买"。由此可见，在经济理性支配下，农户为匿

---

① "蘸花"是人工授粉在当地的俗称。
② 具体来说，山东寿光农户将这类B模式的种植行为称为"棚头菜"，湖南湘潭农户称为"房前屋后"或是"山前山后"，陕西定边农户则称为"田间地头菜"。

名市场进行的生产行为，甚至已经改变了农户对自家食物消费的看法。最大限度地从市场上获得收入，成为专业化和规模化生产的主要动机。

经济理性一定程度上解释了农户为匿名市场生产的行为。在"差序责任"的这一场域，经济理性处于支配地位。匿名市场这一场域，与理性选择的相互关联，构成了"差序责任"最外层的边缘部分。

四、小结

针对以上三组案例逐项复制分析，可以看出，只要有"差序责任"机制发挥作用，农户的一家两制就会出现，如图9-2所示。

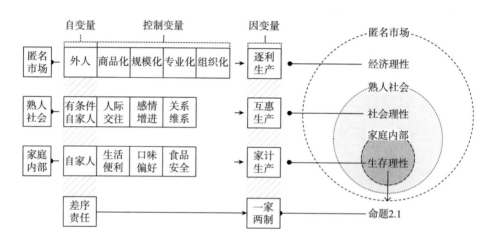

图9-2 逐项复制分析："差序责任"社会互动机制

在图9-2中，三类案例分别反映了在三类不同场域之间距离增加的过程中，农户的理性类型与生产行为之间的因果关系。其中，在左侧部分，横向反映三个复制案例组，纵向的含义则为：第一列表示三类不同场域。第二列表示上述三类案例中的自变量。虽然在不同场域中，其具体的表现有别，但归纳起来都能明确指向"差序责任"。第三列表示农户在一家两制生产过程中，其具体的动机可被设定为控制变量。第四列表示自变量和控制变量共同导致的因变量，即农户的一家两制生产。

于是，在对不同场域的案例组进行逐项复制的过程中，由于自变量"差序责任"的作用，可以推导出因变量一家两制。在此过程中，"差序责任"机制的作用表现为，在家庭内部生存理性主导为"自家人"的生产；在熟人社会，社会理性主导为"有条件自家人"的生产；在匿名市场，经济理性主导为"外人"的生产。上述三个层次的分析，说明了不同场域与理性选择之间存在相互关联的过程。由此，完成了案例的逐项复制。

基于此，可以联系到右侧部分，进一步刻画"差序责任"社会互动机制的形成过程。其表示多元理性的不同类型与互动场域的不同层次的相互关系。一方面，三类场域之间存在包含关系。农户家庭的场域范围最小，并被熟人社会包含在内，而熟人社会又进一步被匿名市场包含。这种图形上的包含关系，实际上就是差序格局中"越推越远，越推越薄"的体现。另一方面，在每一类场域中，都有具体的理性向度与之相对应。两方面相互结合，即可说明，随着不同场域之间距离的增大，农户在食品生产中所体现的责任意识越小（"越推越远，越推越薄"），"内外有别"的一家两制行为越容易出现。由此，实现对命题 H2.1 的证明。

值得注意的是，理性选择和场域叠加之间，存在相互促进的关系。具体而言，它们之间的关联不仅是场域之间的距离对理性选择的塑造作用，也包括了后者对前者显而易见的反作用。在食物体系转型的背景下，农户同时为不同的场域生产食物。这时，不同类型支配下的理性行为，才能在实践中共同构成农户的一家两制。一般情况下，生存理性和社会理性受到生命逻辑的支配，而经济理性则是市场逻辑支配下的产物，两类逻辑生产过程存在较大区别。经济理性主导下的生产，有可能对食物的质量安全和农业生产的自然环境构成潜在威胁。这一事实，增加了农户与城市消费者之间的不信任。由此加剧食物市场的逆向选择，出现食物供给上的"劣币驱逐良币"现象。可见，多元理性具备拉大不同场域距离的能力，客观上进一步固化了"差序责任"的社会互动机制，并有可能导致食物供给质量下降、农户收入水平下降、农业生产环境持续恶化的循环。

但"差序责任"并不是支持多元理性概念的唯一理解路径。通过引入新的行为生成机制，也可以从另一个层面解释不同场域间的理性选择和互动融合，揭示农户与消费者实现小范围的"个体自保"的可能路径。

第四节　"合理审查"行为生成机制

"合理审查"行为生成机制，能够解释三种不同类型的理性相互之间的转换与互动，并改变农户生产行为的过程。本节将深度讨论三个具有典型的农户案例，第一户是在山东寿光经营大棚茄子的孙家（SG－DYT－1），第二户是在广东广州经营蔬菜的黄家（DH－GB－1），第三户是湖南湘潭经营综合家庭农场的文家（XT－JG－1）。他们的生产行为各具特点，并形成互补，构成了一幅不同规模和不同市场化程度同样出现一家两制行为，并且实现 B 模式拓展的图景，概况如表 9-8 所示。它们作为中国农户的实践经验材料，能为"合理审查"行为生成机制的构建和检验提供重要经验支撑。

表 9-8　三类典型农户个案概况

案例	案例 1	案例 2	案例 3
调研地点	山东省寿光市	广东省从化区	湖南省湘潭市
主要产出	茄子	应季蔬菜	稻米
参与农事的家庭成员	6 口之家，妻子 40 岁，主持农事，丈夫从事运输，2 个孩子读书，还有 2 个老人帮忙照顾小菜园	家中 5 口人，长子 29 岁，在外从事农工，母亲 68 岁，从事家里的农业经营	家中 4 口人，长子 45 岁，从事农业
耕地面积（亩）	3	6	50
A 模式	2.8	5	5
B 模式	0.2	1	45
差别化生产的起因	2008 年，孙妻想要第二个宝宝，但始终没有成功。在医院检查时，医生问她是否长期接触农药，因为这样有可能导致不孕。孙妻回忆说"当时我就吓怕了。"从此以后，她就开始关注食品安全问题	农户重视当地的蔬菜口味，同时，能长期与菜市场的消费者互动，知道熟人市场对优质农产品的特殊需求，而小儿子在 2009 年参与了当地生态农场的种养工作，借此能更有意识地认识绿色技术对食物质量的重要性	在 2010 年，生态农业在当地兴起，意识到周末的农家乐能提高家庭收入。农户自己当过兽医，长期钻研生态农业技术，有生态试验田。借力于国家对于家庭农场的扶持政策，扩大了生产
差别化生产的方式	A 模式：在大棚中，选择劳动和资本双密集的模式，每天至少投入 12 个工时，并按照工业化农业的模式，系统性地投入化肥、农药、激素，确保食物按时按量供应上市； B 模式：在大棚周边和住宅庭院内外进行种养，仅用闲暇时间简单打理，不会投入化肥和激素，尽可能避免使用农药	A 模式：在租来的水田中进行种植，不使用机械，投入化肥、农药，确保生产数量并能按时上市，以最高产量确定采摘时间； B 模式：在自家的农地上选当地品种进行种植，不使用化肥和农药，以最优口味确定采摘时间	A 模式：单一化常规种植，使用小型机械，投入化肥、农药和激素； B 模式：多样化种养，使用小型机械，尽可能避免投入农药，不使用化肥

续表

案例		案例1	案例2	案例3
食物的供给	A模式	匿名市场	匿名市场	匿名市场
	B模式	家庭成员、邻里	家庭成员、熟人市场的熟客	家庭成员、匿名市场的中间商、周末下乡消费的市民
总收入（千）		30	10	80
A模式		30	8	20
B模式		0	2	60
备注		劳动和资本双密集的大棚种植户	典型的半工半耕农户家庭	县级家庭农场，生态转型的农业生产者

资料来源：根据案例库资料整理。

一、家庭内部与匿名市场的交叉互动

第一个案例是山东寿光的孙家[①]，可以描述在家庭内部与匿名市场交叉互动融合过程中，"合理审查"机制的作用过程。该农户是典型的一家两制，存在非常明显的自我保护动机：为了健康的生育而进行B模式生产。更为典型的是，她区分了自家消费和卖向市场两套食物体系。自家生产虽然不能完全满足自家消费，但存在明显的生存理性动机，区别于出于习性进行的家计生产。大棚作物大多卖向市场，追求经济利润最大化。农户有清楚的食品安全认知，体现表达与实践的背离和抱合。在实践中，农户已经采用了差别化的生产方式，对应着两类生产体系，但在表达上依旧认为B模式并不算作农业生产。而在进一步地调查了解过程中，受访者能清晰地描述自己生存理性形成的过程。

（一）农户基本信息

我们采访的对象是孙家的媳妇王氏（下文下称孙妻），36岁，高中毕业，村妇女主任。一家6口人，目前家庭收入以农业和运输业为生。丈夫37岁，上过初中，在村外从事建筑运输。女儿13岁，在读初中。儿子，5岁，在读幼儿园。丈夫的父母年事已高，虽然能够自理，但是患有高血压、糖尿病等慢性病，已经不能参加经营性农业劳动，家中的大棚基本靠自己经营。

孙家在钓鱼台村，村里本身就有市集，每逢农历初五和初十一各有一次。她家有超过200平方米的双层楼房，还有占地30多平方米的院子。由于当地发展

---

① 访问对象：王文花，时间：2015年10月13日；2017年10月进行电话回访；地点：寿光市孙家集街道钓鱼台村；方式：深度访谈；案例撰写：方平。

较早，房子在 1997 年前后就已经建好，当时她还没有嫁到村子。按当地绝大多数农民的习惯，庭院前后都种有柿子树、杏树、葡萄等常见瓜果，她家也不例外。

孙家在 2014 年的家庭纯收入 8 万多元，来自农业的超过 4 万元，其余的部分是丈夫在县城跑运输的收入。家中主要种植大棚茄子，她自己没有加入任何合作社，目前农业生产受到的监管基本上来自市场上的收购商。据她介绍，收购商会比较关心食品质量安全。对于每个分散的农户而言，平均每销售 4~5 次，就会被抽查一次。

（二）农户种植模式和产出概况

土地类型及种养结构方面，孙妻家有 3 亩水浇地，主要从地下抽水。其中，2 亩用于大棚生产，实际种植茄子的面积大约是 1 亩，剩下 1 亩则用于种植小麦。

在大棚内外的空地处，大约合计有 0.5 亩的土地用于种植专门供给自家食用的蔬菜，主要品种包括大白菜、菠菜、大葱、大蒜、韭菜、黄瓜、圆茄子等。种植品种及种植方式主要有两种，分别对应 A 模式与 B 模式。

品种 1 是茄子：2015 年种了 1 亩，2014 年总产量为 3 万~4 万斤，几乎全部卖向市场，平均出售价格是每斤 1~2 元，得到了近 4 万元的收入。茄子主要供给通过经销商统一收集到寿光，再由货主直接转运至东北三省进行销售。自家消费的非常少。她家种植茄子的大棚在 2000 年左右就已经建成，当时的修建成本 1.5 万元，包括人工费用在内。她分析，如果现在建造同等技术水平的大棚，大约需要 3 万元。

茄子具体的种植过程如下：6 月末到 7 月初结束上一年的种植，进入整地阶段。整地要持续到 8 月底。其间，需要进行闷栏操作，使用从周边市场购买的有机肥作为底肥，加上气候炎热，当时在棚内劳作是非常艰辛的。这期间的有机肥投入需要约 5000 元，主要是从周边市场购买鸡粪和豆壳。另一项重要工作是重新设置架子和薄膜，分别花费 2000 元和 3000 元。

大约在 8 月 20 日前后，农户种植幼苗。孙妻家经常选择的品种是"大龙"。这是一种选择已经嫁接好的抗病品种。嫁接技术作为一种传统的抗线虫技术，早在 20 年前就已经开始使用。但近 3~4 年出现了新的技术，在育苗之前就可以把嫁接工作完成，省去了很多劳动力投入。具体而言，她家当年种植 2000 株成苗，每株 0.6 元，共花费月 1200 元。

进入 9 月，农户要进行非常复杂而精细的田间管理，包括蹲苗和铺地膜等繁杂的工作。在授粉过程中，每一株都需要照顾到，并且在已经完成授粉的植株上用滑石粉做好标记。这样的重复工作每天需要从早上 5 点开始，到上午 11 点下午大棚温度过高时结束，中午稍作休息之后，从下午 14 点继续进行到 17 点。从这个阶段开始，就要进行系统性的追肥和喷洒农药。肥料主要是生物菌，通过小水灌溉进行施用。水肥结合大约 8 天一次。农药的喷洒节奏也是类似的。

第一次收获大约在 10 月初开始。大约每隔 3 ~ 4 天进行采收，每次的收成大约 400 斤。这一期间，逐渐施用滴灌替代漫灌，肥料和化肥的使用 8 ~ 10 天进行一次。值得注意的是，农户非常在意采摘前的农残检测，因此会选择采摘之后马上进行新一轮的农药喷洒。这样的工作会一直持续到立春之前。

立春之后，茄子的生长进入旺盛期。这时每次采摘可以收获大约 800 斤，这个过程一直会持续到 6 月底。其间，浇水的频率也更为密集，5 ~ 7 天一次。相伴的是，生物菌和农药的使用频率也会提高。在我们的观察中，生物菌这类水溶肥已经包括了常见的膨大剂。据农户估算，每年追肥的开支大约 3000 元。而农药的开支则约 1000 元，再加上水电费用，全年大棚生产的总成本约 1.5 万元。从浇水、施肥和农药的使用趋势上看，立春是一个重要的时间分界点。而农户调节这些配置的目的，都是将棚内的水热条件始终控制在最适宜茄子生长的范围内。

品种 2 是棚边种植：农户在自己的大棚内和棚外的空地上种植了 10 多种常见的本地作物，只供给自己消费。主要品种包括大白菜、菠菜、大葱、大蒜、韭菜、黄瓜、圆茄子等。

（三）农户养殖模式及产出概况

养殖类型与差别化生产有明显的关系。村里的普遍情况是很少进行养殖。一般而言，养鸡的农户是为了自家小孩能吃上健康放心的鸡蛋。实际上，自己家养殖母鸡，比从市面上买现成的成本更高。之所以这样选择，也就是"考虑到给小孩吃上健康、放心的东西。"

（四）农户家庭消费情况

在粮食方面，由于大队足够富足，因此每年会为没有"口粮地"的新增人口免费发放 830 斤小麦，折合下来，大约有 560 斤面粉。加上自家种植的一部分小麦，她家基本不用购买粮食。

家里的蔬菜，由于品种单一，因此需要大量在市场购买，大约占到总消费的95%，大约花费每年 2000 元。品种主要是本地的，"外地的不放心"。

水果基本上需要从市场购买，由于小孩爱吃，每年大约 7000 元。禽蛋、肉类和奶粉基本也是从市场购买。

（五）案例说明和分析

孙家是典型的农业家庭，一家 6 口人，在 2014 年，全家庭纯收入已经超过 8万元，家里经营的大棚收入占 50% 以上，其余部分主要来自丈夫在县城跑运输所得。

大棚茄子主要由户主的孙妻负责经营。孙家的行为很明显是受经济理性所支配，将棚内的水热条件始终控制在最适宜茄子生长的范围内，让茄子的产量达到最高，最终目的是从匿名市场获取更多的经济收益。在棚头、棚尾和棚间，大约有0.5亩的空地，用于种植专门供给自家食用的蔬菜。与棚内的品种单一和工序繁复相比，棚外面积虽小，但品种多样，主要包括大白菜、菠菜、大葱、大蒜、韭菜、黄瓜、圆茄子等十多种当地常见品种。而管理方式相较棚内，可谓"简单粗放"，生产的过程非常简单和天然。农户不用化肥，几乎不使用农药，更加不使用棚内常用的生长激素。所有的投入品只是一点种子和有机肥。这种一家两制行为背后的动机，值得我们深究。

在2000年，孙家种植茄子的大棚就已建成。经营之初，家里并没有专为自家种植作物，原本在自家庭院中的开发"自留地"，也因大棚劳作繁重而无力管理，几乎没有产出。

孙家的"合理审查"反思形成于孙妻注意到农药对身体健康的潜在威胁之时。在2008年，她想怀上第二个孩子，但始终没有成功。到医院检查时，医生问她是否长期接触农药，因为这样可能影响受孕。孙妻回忆说："当时我就吓怕了。"该意识的提升看似偶然，但实际上代表了很多农户在面对系统性的市场脱嵌危机时所面临的必然挑战。在我们采访的其他农户的经历中，由于亲身经历过食品安全问题，而直接形成反思和权衡并改变自身行动，重新经营"小菜园"的不占少数。农户已经把经济理性部分转换为生存理性。生存理性有明确而合理的目的，即确保农户自身的健康而不是为了提高经济收益。这种动机支配了农户一系列有意识的个体自保行为。

从此以后，孙妻开始特别关注食物生产中的食品安全问题。在种植行为上，最明显的改变是她开始投入时间为自家另外生产食物。除了把庭院里荒废的"自留地"改造为"小菜园"外，还在大棚周边种上了"棚头菜"。在种植过程中，这部分蔬菜极少使用化肥和农药。"只有那么几个黄瓜，只要看到上面有虫子，就可以用手捏掉，这都不费事。"虽然产量很少，但已经可以满足自家需求。至于动机，她说最主要的"不是为了数量，就是为了让家人吃起来安全、放心"。

孙妻认为，总体的食品安全问题并不严重。主要原因是大多数"自己种和周围邻居种成什么样，心里有底，很放心。但外地来的，可能就不那么放心了。"就安全程度的评价看，认为自家种养的最安全，在问卷评分中可达到5分（满分为5分）。邻里亲友赠送的比较安全，可以达到4分。市场上购买的，不够安全，可达到2分。对于自家没有办法种养的食物，"但是不放心也得买，不然就没得吃了"。

在区分自家和市场购买时，孙妻提到"给市场的会注意休药期，因为收购商会监管。给自家的则会更加注意"。她认为，"农药最关键的不是计量多少，而是品种是否低毒。现在自己用的低毒农药，第二天都可以摘下自己吃，但是要削皮，如果超过两天，则洗洗干净就可以吃了"。

说起安全食品的来源，她认为自己和亲友重新开辟的"小菜园"是重要的渠道。一是自己的母亲为了小孩的健康，已经养有很多母鸡。每个月她们家都会回母亲家吃一次饭，每逢节庆就能吃到自家养的鸡肉，"非常有味道"。二是邻里之间的相互调剂，一个情境是房前屋后的果树，在量不大的情况下，不打招呼就摘点菜，没人在乎是谁种的。另一个情境就是自己从地里摘出来的菜，路上遇到邻居，也会分一点。

可见，孙家有明确的健康和食品安全意识。而这种意识与她形成食物的自我认同，包括动机上逐渐形成的生存理性以及行动上逐渐重视的"小菜园"，有着相互促进的作用。她自己怀二胎故事，向我们呈现了一个农户从食物的市场逻辑中重新找回生命逻辑的重要转折历程。

在访谈时，我们给出了一个假设："如果有条件，让其他人来代替你经营大棚，却又不影响你这部分的收入，你会花心思去经营为自家生产的菜园，直到所有消费品种都能从里面得到满足吗？"她的回答是肯定的。可见，她目前面临的问题还是大棚生产牵制了太多的精力。当然，孙妻也意识到，在对接市场的过程中，完全不使用农药并不现实。她以大白菜和黄瓜为例，后者的虫子基本是可以用物理方法消除的，但大白菜的虫子在叶心里面，不用化学方法，很难处理。而说起对外提供农产品，她认为主要有几个难点：一是运输跟不上。二是自家经营的农产品，放在市场上品相一般，价格会很低，个体农户也没有价格主导权，更不会形成规模经营。三是不用化肥农药，产量肯定上不去。这也是当地其他农户典型态度。可见，这些都是市场逻辑主导下的经济理性的重要表现，它并不会因为生存理性的出现而消失。

总体而言，孙家的案例分三个阶段，呈现出不同的理性类型之间转换与互动的"合理审查"机制作用过程，最终体现在由于食品安全的自我认同出现，而优化对匿名市场的生产行为之中。其一，当经济理性在生产中起到支配作用时，逐利的生产行为特征明显：食物生产针对匿名市场，自家极少消费。同时，为自家生产和邻里交换的生存理性和社会理性不明显。其二，2008年怀孕事件后，孙妻开始意识到食品安全的重要性。生存理性的重要性开始上升，并主导了一家两制的出现，差别化生产特征明显。其三，随着生存理性的作用日益显著，在以后的生产中，农户受经济理性支配的行为也开始改变。农户逐渐重视为匿名市场生产时潜在的食品安全问题。于是，孙家开始尝试有条件地向匿名市场提供将"自家人"的食物，为自家的生产，和对匿名市场的生产之间的差别开始减弱。

二、家庭内部与熟人社会的交叉互动

第二个案例来自广东省广州市从化区高步新庄的黄家①。这个案例希望说明，农户在熟人社会与匿名市场之间交叉的场域中，所经历的社会互动过程，将会对其具体的多元理性"合理审查"机制构成影响。

（一）农户基本信息

黄家住在高步新庄，家中有 6 口人，父亲 67 岁，母亲 64 岁，上面有 8 个姐姐，自己是 90 年出生，有 2 个小孩。总共有 6 亩，分成 5 块，1.5 亩种菜。其中的 2 亩多是租邻居的，其他都是自己家的，家中的前三位大姐都有分到土地，水肥条件较好，旁边有一条河流，灌溉方便。现在主要是在邻村农场打工，每月有 5000 元收入，妻子在家带小孩，几乎不存在食品支出，而父母每月还有 180 元左右的养老金。

（二）农户种植模式和产出概况

在生产方面，有 1.5 亩地是用于种蔬菜，主要目的是为了在当地市场上出售，但没有进行差别化生产。在管理上，遵循少放化肥和农药的原则。主要驱动力是：一是认为化肥对土壤不好，二是有机肥种植的蔬菜口感好。以通菜的种植为例，种子一般是自己留。

施肥的决策是：如果播种之后，自然长势较好，就不需要放复合肥，只放以鸡粪为主的有机肥。如果长势不好，就要放肥料，保证其生产数量。每年在复合肥的投入大约是 500~600 元。除草基本是依靠手工，因为有时间，而且除草剂使用对身体不好。

使用农药的决策是：蔬菜种植需要根据实际观察喷洒农药，不定期，但是知道上市前需要预留时间。这方面的知识是通过社会网络相互交流形成的，具体的操作是针对性的。

黄家的粮食的自给率可以达到 100%，亩产约 700 斤，种两季，还有些剩余的拿去市场销售。家中有 20 多只鸡，有些会适时带到市场去售卖，一般每斤的 17 元，基本都是放养，其他的主要是家里节庆使用。

在销售方面，家中的蔬菜由小黄的母亲经营，她会根据生长的情况，适时带到市集去贩卖。市集在县城，距离家 2 千米，平时用自行车就可以完成运输，主要消费群体是当地的居民。有的人对蔬菜很熟悉，有一部分是老顾客，会挑菜，所以会为其预留。"都是熟人，没必要赚那么多。"如果当时蔬菜不够，就会直接在市场内批发，然后用来零售，换取差价。

---

① 访问对象：黄沃文；时间：2015 年 5 月 5 日；地点：广东省广州市从化区高步新庄；方式：深度访谈；案例撰写：方平。

· 174 ·

小黄在农场已经开始用有机的方式进行种植，他来这里当雇工主要是为了谋生，但也逐渐认识到有机种植的好处。他对有机肥有较深理解，认为现在的化肥都是短期的，尤其是尿素，一次使用之后有效果，但长期下来会有依赖性。而有机肥对土壤是有长期好处的，虽然不会短期见效，但是慢慢会减少，土地肥力会在 2 年左右有显著提升。母亲对这些不太相信，因为本身家里的种植就很少使用现代投入品。

（三）案例说明和分析

可以看出，黄家主要供给社区市场的蔬菜也是互惠行为的一种。同时，农户自己在管理上并没有采取刻意的差别，但针对不同的消费者还是进行了区分。这其中就包含了一种互惠的行为和一种家计的行为。即在为小范围的市场生产产品的同时，自家也在消费这类产品。

户主平时在农场当雇工，骑摩托车上班，8 千米左右，非常关心自己种的东西，晚上 10 点还会到农场查看，不仅是雇工关心，而是对自然的尊重和对生命的热爱。家里中丝瓜和农场里的丝瓜产量差距有一半以上。对市场的认识，一是农产品上市要早，早于平时 1 个月就可能赚钱。二是农产品要填补市场空缺，物以稀为贵。

户主认为当地的食品安全问题不是很严重。大家都学会控制要素的投入，因为这里面有很多成本。不进行一家两制，也主要考虑人工成本。村里的人在土地使用上有些矛盾，但邻里间的总体关系较好，经常往来，尤其是节假日。在食品交换方面，因为大家都各自有菜地，应季蔬菜的品种和出产时期都相似，所以没有必要相互交换。而家族内部的交换多，姐姐们经常回来，就会留菜给她们带回家。

当然，这类农户在市场社会当中仅剩下很小的比例。这种生产由于规模小，劳动投入多，因此缺乏竞争力。一个佐证便是从其收入来源上看，这部分生产的收入仅是整个家庭收入的很小部分。家庭的主要劳动力分布，还是用于外出务工。

但从积极的方面来看，在社会理性与经济理性的互动下，互惠范围在这种情况下实现了扩大。农户产生的自我保护行为，恰恰是因为在市场化程度加深的过程中，其自身的食品安全意识得到了提高。在市场化过程中，农户一方面与需求市场保持长期而频繁的联系，可以获取市场关于安全食品的需求信息，由此进一步增强其关于生产的认识。另一方面这种市场参与程度会使其专业化的程度增加，导致他自己供给自家的品种逐渐单一化，反而让其与供给市场接触更频繁。这时，自身的专业知识可能也会让农户认识到为自家生产安全食品的重要性。但从无公害的生产到有机生产需要一个成本很高的转换期，其中包含了很多被称为技术路径锁定的因素，导致农户的生产方式很难立刻转变，因此，也就采取了退而求其次的方式，逐步找到质量和数量之间的平衡点。

在食物交换的过程中，农户将"自家人"的食物提供给"有条件的自家人"，是其获得社会认同的重要途径。农户提供优质的农产品，在社会交往中获得了积极的评价，维系了已有社会关系。在这一过程中，作为"外人"的消费者，也因为长期真诚的交往成了熟客，转换为"有条件的自家人"。

因此，农户的"合理审查"机制，在推己及人的作用下让社会理性和经济理性形成互动，社会认同作为其中的重要条件，已经在吸引一些新的生产者从事农产品生产。他们拥有更明确的目标，为市场提供安全的食品，构成社会自我保护的重要方面。当农户能感受到生产安全农产品带来的实惠以及背后的社会认同时，他们就有可能在经济理性和社会理性的互动中，为社会提供优质的农产品，实现一种以价换优的良性互动。

三、熟人社会与匿名市场的交叉互动

第三个案例讨论湖南湘潭的文家，从其行动变化中，可以描述熟人社会与匿名市场互动融合的过程，进一步讨论"合理审查"机制的作用过程。

（一）农户基本信息

文大叔40岁出头，与小弟分家之后，家里户口上还有3口人，包括60多岁的老母亲，自己的妻子，还有在长沙读大学的孩子。年轻的时候，他是村里的医生，也长期经商，自己在种植方面逐渐摸索出门道，现在的经营规模已经超过50亩，另外，他根据不同的品种特点，在农场中开辟了小规模"试验田"（总计约5亩），进行生态化农业生产。根据当地20亩水稻外加50亩经济作物的标准，他申请成立了家庭农场，开展多种农产品的种植。

（二）农户种植模式和产出概况

在水稻种植方面，他经营了约30亩地。其中，自己家原本分到的土地大约5亩，由于村里其他人外出打工之后留下，让其代理种植的有5~6亩，其他都是以每年800元的租金租用的。最大连片经营的面积约有20亩，已经从浙江引进了水肥一体化设备，并可以使用机械收割。目前，文大叔经营的这片水稻田可以维持两季稻米的生产，但多需要请村里的短工来帮忙种植。种子以本地农科院推广的杂交稻为主，也没有采取差别化的管理。在肥料的使用上，农家肥和复合肥可以到达1:1的比例。农家肥需要从附近的养鸡场购买。在农药的使用上，尽量以低毒农药为主，根据以往的经验和村里的虫情预报施用。早稻收成每亩约700斤，而晚稻估计每亩约1000斤。由于雨水太多，早稻收割时，本地的收割机无法使用，需要请河南的大型机械来帮忙。这样，每亩的收割费用从120元上升到

500 元，因此，水稻的经营只能维持成本。这些稻米大约只有 2 亩晚稻供自家消费，其余的全部出售。

文家进行专业化生产和规模化经营的目标，是为了提高家庭收入。在经济作物方面，经营了 5 亩左右的莲子，7~8 亩的提子，7 亩香瓜，还有 12 亩西瓜。文大叔的西瓜种植已经有超过 5 年的经验，是家庭主要的收入来源。现在的亩产可以达 1 万斤以上。主要以麒麟瓜为主，销路主要分为两块。由于种植基地紧挨 107 国道，因此大约 80% 的瓜都可以在 7~9 月，散卖给路过的客商，每斤的售价能达到 1.5 元。而剩下 20% 的瓜，用于批发给湘潭的瓜贩，每斤 0.8~0.9 元。总体而言，西瓜每亩一季下来，可以净收入 5000 元以上。但种植西瓜的土地需要轮休，一般间隔 5 年才能重新种植，因此每年春天都需要重建瓜棚，基础建材主要是竹条和薄膜，这些材料大部分可以重复利用，但这件事情耗费工时。

莲子的种子是到附近乡镇的其他农户手里购买，只要觉得长势好，就可以引进，维护成本每亩约 200 元，基本不使用化肥和农药，属于纯天然的食品。新鲜的莲子可以卖到 10 元钱一斤。

提子的经营则需要投入大约 3 万元的成本，除了引进品种之外，还需要建水泥桩，挖引水沟渠。这些提子主要销往湘潭，市面价格可以到达每斤 10 元以上。但若是遇上雨水多的年份，提子没有来得及上市就出现了破损。这些提子只能用以泡酒，自家饮用。

香瓜的经营基本失败了，还是与雨水多有关。年初盖起的薄膜都没有效果，只能让瓜苗烂在地里，属于颗粒无收。现在就在这些地里重新种上应季蔬菜和一些辣椒，也用于自家消费。

另外，还有大约 2 分地，用于种植自家消费的蔬菜瓜果。这里面主要种植空心菜、白菜和其他应季瓜果。由于种类丰富，基本上全年不需要都买菜。唯一的例外在春节之后，因为新种的菜没有发芽，所以要到市场上买些反季节蔬菜。此外，这个庭院里还有 20 只的鸡鸭，基本以稻谷为食，不对外出售，只用于宴请客人以及节庆时使用。

（三）案例说明和分析

文家的案例也属于一家两制现象的典型，但他所形成的在地技术是我们关注的重要变化。

首先，他是学医出身，加之多年农业从业经验，因此，他对于化肥、农药、激素等方面的使用知识有清晰的理解。现在市面上已经很少找得到使用后超过 20 天才能上市的高毒农药。正因如此，他认为从农药使用的角度来看没有必要做差别化生产，农民即使使用了农药，也很清楚什么时候可以采摘上市或者自己食用。但他对于市场上买的农产品并不放心，但并不是担心他们使用了过度的农药，而是出于两个方面的考虑，第一，确实有农药残留。他清楚地记得，大约10年前，村里有个农民吃了自家种的菜中毒，是因为忘记农药残留退去的时间。第二，长距离的运输，使得保鲜过程中，掺杂了新的污染源。他以西瓜为例说明。如果从河南运来长沙，需要 3～4 天时间，这时候采摘上车的西瓜肯定是生的，需要在长沙本地，在西瓜表面喷洒药剂，第二天方可上市。但这种瓜与在河南自然成熟的瓜相比，卖相相似，但甜度相差很多，由于消费者越来越不买账，瓜农和瓜贩也就不这样做了。

其次，他通过自学掌握了多种经济作物的种植方法，说明他具备合理使用现代农业要素的能力。在他看来，书本上说的比例需要结合自己的地力和虫情进行变化。他使用低毒农药，一般的上市时间可以控制在喷洒后的 1～3 天内，这些农药的使用是为了保障产量而必须使用的，而且杀虫效果好。实际上，村里的青蛙和草蛇的消失，多因为人为破坏严重。但黄鳝和其他稻田里的水生动物消失，确实与使用农药有关，即便是新型农药也对于水生动物具有明显的危害。

最后，作为适度规模的农业经营者，他对规模经营的认识超越了书本。他很清楚有机农业的经营方式，也经历了多次小规模试验的失败。之前，他完全不使用复合肥，种出来的西瓜，连虫子都不愿意吃。因此，他认为如果只是自家经营，也就无所谓产量和卖相。但规模达到 30 亩左右，如果不考虑产量，是不现实的。他自己摸索的复合肥与农家肥混合使用方法以及尽可能使用低毒农药，都是在保持土地肥力、保障自己的健康以及迎合市场需求和保障产量之间寻找平衡点。

在推己及人的作用下，他的行为改变是从经济理性的反思开始的。访谈中，文大叔总是强调，需要在尝试找到农业可持续与货币收入最大的平衡点，而这是由他的农业生产经验和市场经历决定的。而从动因上看，他与之前研究家中的多元理性有所区别在于他的生存理性、社会理性和经济理性的权衡，并没有使他在行为上做出明确分割。或者说，文家已经开始把 B 模式的拓展作为一种替代性的方案，逐渐影响其 A 模式的生产规模。

在生存理性方面，文大叔自己生产满足自家消费的农产品，包括水稻、蔬菜和水果。这些产品既用于销售，也用于自己使用。他每天的早餐基本都是自家田里的西瓜。如果否认自家产品的安全性，他不可能有这种习惯。因此，在农药的使用方面，农户需要在确保产量和保护环境、确保食品安全之间找到平衡点。例如，根据虫情预报使用有针对性、效果好的低毒农药以及在采摘前不使用农药等。

在社会理性方面，农户会把小菜园生产的多余部分赠予村里的熟人，维护社会关系网络。例如，他自己家种的水稻，足以供给整个家族的消费，妻子家和弟弟家都不用在市场买米。

而在经济理性方面，主要体现在水果的种植与销售方面，追求基于农业可持续性的高收入。文大叔的环保意识和市场意识都很强，他尝试过有机种植，虽然不成功，但也已经在施肥和农药使用方向度可持续农业方向靠拢；他希望自己的家庭农场成为生态庄园，除了为达到适度规模租用土地，更希望以生态立园。

另外，西瓜的销售行为能给家庭带来的收入十分有限，但能体现家庭内部与熟人社会的互动融合，超越了单一理性行为动机。户主在走亲访友的时候，多会带上试验田的瓜，给大家尝一尝。"传统方法种植的西瓜，只要熟人认可，就会带来更多人的认可"。这种对食品安全关注的生存理性动机，逐渐与社会理性发生互动。例如，户主生产的西瓜口碑良好，在村社市集上留住了很多"熟客"，当中不乏"很会挑的客人"，他因此专门为他们预留那些试验田里更接近传统种植方式的西瓜。

更重要的是，这种经营方式的改变表明"合理审查"机制正在推进经济理性动机自身的反思。在访谈中能发现，专业化程度提高带来了农户市场地位和议价能力的上升，让户主对未来食物市场的判断能力超过其他农户。他已经着手将自己的家庭农场升级为生态农庄。

同时，由于农产品需求升级，让农户为"自家人"食物开始得到合理的价格支付。换言之，农户的行为优化开始获得市场认同。农户一方面与需求市场保持长期而频繁的联系，可以获取市场关于食品安全和生态农业的相关信息，增强其差别化生产和目标客户群体的认识。另一方面市场参与程度提高会使其专业化程度增加，导致他自己供给自家的品种逐渐单一化，反而让其消费越发依赖匿名市场。这与寿光的孙家形成强烈反差。这时，他自身的专业知识可能会让他认识到，为自家和熟人社会甚至匿名市场生产安全食物，都十分重要，虽然仍有差序责任，但需要促成更大的社会共保。

恰是因为农户的生产与匿名市场互动融合程度的加深，以合理价格支付为标志的市场认同，促成了对传统的经济理性的改变，进而优化了农户的生产行为，让农户"个体自保"转向"社会共保"。这表现为，文大叔对市场方向的把握能力提高，推动了他主动向匿名市场提供安全食品。这一方面催生他对现代生产方式的反思，即传统方式生产的食物同样可以供给匿名市场。具体而言，农户希望在匿名市场上实现互惠交换：农户提供更为安全的食物，城市消费者愿意相信其安全性，并支付更为合理的价格。另一方面引起了传统生产方式的改进，农户不排斥现代生产要素的投入，并通过合理配比，达到了产品数量和质量的兼顾，使得差别化生产，重新走向了无差别化，自家和熟人食用的产品，和面向市场供给的一样。

四、"合理审查"：从经验中提炼的实践逻辑

对"合理审查"机制的讨论，需要突出农户行动的动态特征，并从诸多故事化的实践变迁中勾勒其内在的动机变化。因此，在案例分析的过程中，我们试图在认识的方法上有所创新。每个案例的叙述过程，主要包括三个步骤：第一步是梳理和回顾案例的基本内容，我们已经尽可能将案例的主要信息叙述清晰，主要包括三个部分，即基本信息、种养模式和产出概况以及食物消费情况。第二步是把握和理解关键的事件进程，在农户故事的细节被提炼和讨论之后，其内在的实体和理论部分，也自然得到理解。而这种理解，其实恰恰是基于时间变化的理解。第三步是提炼和判断农户对行动合理性的认识。在每个案例中，不同场域的融合时间一定是不同的，但我们强调，当这种时间的区别得到比较好的呈现时，就能看出农户对合理性的判断，之所以会有不同，并不是在于农户的具体生产条件不同。而是在不同场域重叠的过程中，农户对食物的认同产生的区别，这种认同的区别程度，最终决定了农户的实践进程。

一个极端的例子是场域重叠不突出、不频繁的情况。例如，只为自家生产的农户，一般只存在生存理性的可能。这并不是因为农户并不跟市场和社会在其他时候进行接触，而是在真实的农业生产当中，农户确实会弱化市场影响，尽管这种弱化是极少数的，但却可以反过来更好地去理解生存理性本身，作为一种特殊的理想类型所具有的独特价值。

实际上，很多受访的农户认为，干净或清洁的食物多指不依赖外部投入而生产的食物，它不仅是尽量减少化肥、农药的使用，实际上也减少了不必要的现金支出或者生产性借贷。因此，B模式意味着遵循自然逻辑和社会逻辑的生产。

而在更多的情况下，针对"合理审查"机制的讨论，要认真审视场域之间的叠加。在那里，不同的理性会让实践进程当中具体的时间节点中的具体行动产生区别。而这种区别会开始淡化三类理性向度之间相背离的核心原则。这时，农户的生产实际上已经发生了改变。在案例对比组中，控制变量的变化随之出现，即农户对合理性会形成新的食物认同。

比如，在山东寿光的案例当中，生存理性的形成是首先引起变化的关键。而农户在食物的生产、交换和互动中，从家庭内部一直到熟人社会和匿名市场，会成为被这种变化依次改变的场域。当然，也有可能是从匿名市场中的经济理性本身引起的变化。比如，在湖南湘潭的案例中，这种变化对场域的顺序则是反向的，即首先形成的是市场认同，其次影响了农户对于食品本身的自我认同，最后也影响了生存理性的出现时间点。

从案例的分析可以看出，在"合理审查"机制的作用下，多元理性的三个

方面在实践中做到了协调统一。多元理性在以自家人为中心的关系圈子中形成作用，并且在不同的场域重叠之处，形成了不同的食物供给模式，特定的模式对应着具体的条件。

根据讨论，我们可以把多元理性与食物交换场域的辩证关系进一步细化。首先，将家庭内部的场域称为"自家人"；其次，将熟人社会一分为二，包括基于亲友的"自家人"和基于市场关系的"自家人"；最后，将匿名市场定义为"外人"参与的食物交换。当具体的场域和交换条件在实践中不断变化时，就形成一家两制的改变路径。以上的讨论认为，在积极的情况下，可以出现"外人吃上自家饭"的改变，如表9-9所示。

表9-9　三类典型农户个案的对比

多元理性矩阵		案例1	案例2	案例3
自家人	交换场域	家庭成员	家庭成员	家庭成员
	场域位置	核心圈子	核心圈子	核心圈子
	产销模式	B模式	B模式	B模式
基于亲友的自家人	交换场域	亲友和邻居	亲友和邻居	邻居
	场域位置	次中心	可进入的次中心	可进入的次中心
	产销模式	B模式	B模式	B模式
基于市场关系的自家人	交换场域	—	熟客	熟客的新朋友
	场域位置	—	有条件的圈子	有条件的圈子
	产销模式	B模式	B模式	B模式
外人	交换场域	匿名市场	匿名市场	匿名市场
	场域位置	无法进入的外围	可以进入的外围	可以进入的外围
	产销模式	A模式	A模式	A模式

资料来源：根据前文分析整理。

总之，对"合理审查"当中，三类认同的形成与演变，一定需要以理解不同场域的交织融合为前提。这三类认同，一方面，当然可以体现为存在与不存在；另一方面，也可以体现为存在的时间有差别。但若是认同能够出现，多是因为农户在接触到场域重叠时，开始理解食物所蕴藏的多元价值。这其中，推己及人的思考起到了关键作用。只有这时，农户才开始对自己原有的食物概念进行深化，并改变自己的理性行动。

五、多元理性、合理审查与食物互动场域的实践

多元理性是一个说明农户行动具备方向性意义和能力的概念，可以有助于我们理解农户在场域中客观存在的行为合理性。农户行动的逻辑本身源自食物生产交换场域内在的规则。与此同时，农户的实践不可避免地在不同的场域之间出现复合，并根据"合理审查"机制，在推己及人的作用下生成新的，甚至不同于已有场域规则的实践。这种二重性的理解视角，展现了多元理性与场域相互构成的张力。一方面，从静态的表象来看，农户需要继续遵循场域之间的差别，在"差序责任"的机制下，按照不同的规则行事，表现出内外有别的特征。另一方面，从动态的内核来看，农户具备理解客观实在的主观能动性，能通过"合理审查"机制，在场域的复合处由推己及人的反思形成新的合理行为实践。由此，多元理性构成了理解农户不同生产逻辑之间内在关联的新视角。

进一步来看，合理审查中的合理性与现有的经济理性之间存在根本性的区分。但把握这种区分，需要超越新自由主义经济学视野的局限。经济理性当中的效用强调的是选择，等同于由稀缺性引致的最优解或者最大化（布赫迪厄和华康德，2008；加雷斯·戴尔，2016）。通过梳理已有对于效用理论的批评，我们发现，效用理论对于经济学帝国主义的扩张至关重要，影响了很多主流研究者的思考，通过多次论战，效用已经在各个社会科学领域构建了形式主义的研究堡垒（庄孔韶，2008）。

但该范式最核心的缺陷在于无法摆脱演绎方法的视角。形式主义习惯从工具理性的逻辑出发，验证农户行为总是经济收益最大化的特点，并通过把"理性人"变为"均值人"，将这种经济理性论证为普遍真理（叶启政，2018）。这样很难从实践中抽象地归纳出符合农户主观认同的理解框架，因此，基于形式主义分析对于农户理解往往仅停留于表面刻画和浅白论述。

事实上，社会科学的其他学科分野，包括社会学、人类学、民族学和其他的需要田野调研技巧的研究，对于多元理性的理论建构有重要启示。经济学帝国主义对于社会学和人类学的具体影响，实际上并不如他们发表的文章数量那么明显（加雷斯·戴尔，2016）。人类与食物之间的互动逻辑可以是多元的，而非只有市场和逐利（马歇尔·萨林斯，2002）。

已有的文献讨论指出，多元理性的各个向度之间，具有不可忽视的联系。布赫迪厄（2015）强调，农户与食物的互动，包含了身体、时间、自然环境、社会习俗等诸多方面的内容。他使用孪生型图示说明，农户在场域、惯习、资本、身体之间存在复杂的联系，并构成了农户生动的实践（布赫迪厄和华康德，2008）。这种实践的逻辑，一方面，是指食物与自然的紧密关系。比如，在开耕和祈雨仪式时，需要在当天由有经验的村民观察田地的湿度，而不是呆板地依靠日历行事。另一方面，则包含了食物与社会的紧密关系。比如，公共节日中使用的公鸡或者公牛，是食物与村落社会关系相互构建的重要标志，通过对这些食物的捕获、饲养、宰杀、烹煮、分配，村民之间的沟通、互动，权利的构建和义务的分配都得到了落实。可见，在实践中，食物在自然和社会方面的连接，存在密不可分且相互促进的关系（迈克尔·格伦菲尔，2018）。

而马歇尔·萨林斯（2019）则指出，人类与食物的联系，既包括了生存的考虑，也包括了社会文化与经济条件的反思。在这几个理性向度之间，存在一种被行动者主观建构的适应过程。他从历史实践中观察美国人对牛肉偏好的形成过程，论证美国人对于牛肉的偏好并不是一开始就存在的，也非"成本—收益"框架的产物。这种选择由美国早期农业中地广人稀的特点，所形成的畜牧业优先发展模式所决定。或者说，这是基于美洲特有的自然环境衍生出的农业模式（菲利普·阿梅斯托，2018）。在这个背景下，美国人形成特殊的生存伦理和社会互动，逐渐认清了自己在食物方面的需求。食物的选择既包括了人类本身的生理动力，也包含了社交功能。固定的人际交往场域，特殊的社会阶层，都会在餐桌上连带出固定的食物搭配。这才是影响美国人对牛肉偏好的关键。如果把这段清晰的行为合理演进路径，生硬地化约为经济理性假设，把所有的选择行为都直接划为市场逐利和效用最大化的影响，那么，重新基于"理性人"的演绎性的讨论，必定得出一条概念混淆的轨迹。

可见，多元理性中的"合理审查"实际上是考虑合理行为对于逐利行为的具体影响过程。它否定了经济理性从形式主义出发的观点，即只有在逐利的情况下，理性的建构才有意义。事实上，后者是一种因果倒置的论述。

当我们反回去理解食物与行动，就能够看出"合理审查"机制在其中的根本含义。或者说，多元理性背后的这一套遵循实体主义的归纳逻辑方法论，它一定是指向基础的实质性的历史唯物主义的构建，而不是一种唯心主义的构建。因此，多元理性有能力观察农户对于生存本身，对于社会互动和文化历史以及对于市场交易之间的绞合，存在谱系式的理解。

一方面，场域之间的复合，是实践中归纳到的观察。之所以将农户对食物的生理性动力理解称为生存理性，是因为它跟当地的文化和道德紧密联系了一起，如果没有这样的联系，那么个体在社会的生存空间是很小的。这就构成了家庭内部和熟人社会的复合。它可以印证生存理性和社会理性的互动在农户进行食物和生产选择当中的重要作用。同样地，匿名市场在迅速形成之后，并没有能力阻断外人与自家人千丝万缕的联系。正如波兰尼（2013）所说，真正完全脱嵌于自然和社会的市场经济，是一种乌托邦式的存在。

另一方面，场域中的实践，其背后的动力既可以让场域的区隔越发增强，正如"差序责任"机制所主导的行动一样，也可以让场域的融合越来越深，正如"合理审查"机制所主导的行动一样。当农户对食物的理解发生改变的时候，外人通过熟人社会中的交易，获得原本只在家庭内部生产和消费的食物。

可以说，多元理性构建了一个具备二重性的理解视角。它为观察农户一家两制的实践中，提供了一种认识和沟通的"差序责任"结构；而这个结构又是构建动态的"合理审查"机制，并为这个审查的实践结果凝聚共识，进而重新再造结构的先决条件。

进一步来看，我们将多元理性放置于实质主义和形式主义的争论当中，已从更宏大的角度对其进行讨论。它的存在是希望能够融合形式论和实质论之间的间隔。这种间隔实际上形成于学科方法的争论以及对研究对象的误解。但中国复杂的实践环境已经为这样的间隔给出一种非常好的理解条件。在西方视角当中，看到的是深刻的裂痕，但在中国的实践当中，农户则用一家两制的行为将其弥合在一起。它体现的是中国农户在长期历史实践中所形成的综合适应性。

首先，"合理审查"机制是一个动态的进程讨论。当外部的冲击来临的时候，农户需要去思考具体的应对，见招拆招。比如，在实际的市场深化过程当中所形成的系统性的食品安全问题，很难通过农户单方面的力量去系统性化解。在这种压力之下，农户当然会选择将自身最好的资源组合起来，去适应这种市场的冲击。因此，一家两制，是在市场副作用冲击之下形成的。它一定会区别于之前的生产状态，并呈现出不一样的逻辑。这种逻辑是多元的。在之前的案例叙述当中，生存理性和社会理性需要结合每个农户所体现出来的个人经历来理解。而农户在市场当中盈利的深度，组织化程度以及价格话语权，能够形成对农户逐利行为的深层次理解。

其次，"合理审查"机制可以理解为农户在实践中对食物认同的更新。在萨林斯的讨论当中，可以看到对应的视野其实是从马克思的思考角度去看存在交换价值和使用价值之间的重要区别。使用价值恰恰是需要生存理性和社会理性相互构建的一种过程。之所以要把生存理性区分出来，是因为社会理性恰恰不能去理解其中的生态含义。社会理性更侧重于描述农户对于食物价值和其社会内涵之间的联系。所以，在三个向度的权衡、审查与融合过程中，可以很清楚地意识到，农户在推己及人的作用下，对食物的认同最终会向哪个方向去进行。一个方向是必须要回归到生存理性和社会理性；另一个方向则是抽象为一种更清晰的经济理性逐利行动。可见，三个向度的融合恰恰体现在了一家两制实践的无缝衔接中，它是一种系统性的特性，在形式和实质上都能兼顾农户的行动合理性的解释。

需要注意的是，理解形式主义当中的经济理性，构成了多元理性区分于传统实体主义的重点。在社会经济市场发展的进程当中，波兰尼所提出的实体性是指社会本身是实质的内核，市场无法脱离它的运作环境，而不是像格兰诺维特

（2003）一样去把经济作为形式上的嵌入。而在这样的过程当中还是要反思，如果没有对应的经济思考，没有对应的市场深化，脱嵌不会发生，那么对形式主义的批判将会伴随经济理性的消失而失去意义。因此，在现在的实践背景下，必须要将经济理性纳入实体主义的分析当中。

最后，"合理审查"机制可以引出重要的政策含义。它在理论上能够解释场域中的规则与经济学的效用是不同的。正如前文所述，农户的思考、话语和行动逻辑在中国的实践当中，清晰地实现了合理而非最优的融合。因此，在实际的政策操作和未来的研究讨论当中，若不去主动区分和理解农户合理行动的逻辑，那么，政策对农户的理解将会越来越偏离本身的实际的逻辑。

更具体地说，当用经济理性的逐利眼光去看待农户的生产行为时，自然会认为如果他为自家生产的食物，或者是他在当地社区交换食物，可以基于市场价格的提高，而增加供给，那么政策将会偏向于刺激价格的提高。这种思路还会引发一套更危险的激励方案，即当有机食物跟国际资本深度结合之后，所形成的新一代食物帝国。这个帝国可以规定，食物需要达到市场的有机标准才是对环境和社区有利的，而只有更多地支付价格，才能吃上这种早就被资本所阶级化了的有机食物（拉杰·帕特尔和詹森·摩尔，2018）。

事实上，生产"小菜园"食物的成本并不一定能体现在价格之上。很多农户在 B 模式投入的成本近乎为零。在实践的轨迹当中，可以发现中国的有机食物供给，也已经出现了两种分化。一种是在市场主导之下，它的价格持续维持在正常商品价格的高位；另一种是借助有农户和消费者的联合体，如社区支持农业、农夫市集或巢状市场，就能将优质的有机食材降至普通的价格。可以看到，后者对环境和对社会的思考是更可持续的模式。

不可否认市场深化的政策，会在一定程度上鼓励农户扩大 B 模式的生产。但之前文家和黄家的案例，尤其强调 B 模式的拓展，不是单一地源于食物市场高价的刺激，还包括了熟人沟通成本和市场监管成本的降低。需要注意的是，这种生产成本降低的逻辑，并不符合经典市场理论所设定的信息完全可知的原则，而是符合熟人社会的局部信息可知的原则。如果没有社会理性所做的这种沟通和信任，匿名市场的消费者也就仅限于通过最终价格去理解生产成本，而这无疑又会增加误解。

因此，多元理性的分析反过来否决了当效用出现的时候，市场价格必定会上升的一种逻辑判断。因此，在对于经济理性的理解过程当中，恰恰需要关注单一的经济理性，它能擅长理解的是市场的价格，但如果剥离了食物的无限市场，这种理解便失去的解释力。然而，我们回到食物交换的原点，则依旧可以发现有更好的交换方式，能够实现真正的目的，促进优质食物的生产和交换，并让"外人吃上自家饭"。在这种情况下，食物价值的体现恰恰不仅在价格的提高，而是在人际关系的互动以及对于食物生产环境的尊重当中。至此，我们完成了对多元理性的最重要的政策含义观察。它将是未来推进政策实践，理解可持续农业生产的关键点。

六、小结

总体而言，针对以上三个案例差别复制分析，可以看出，只要没有"合理审查"机制发挥作用，农户的"行为优化"就不会出现，如图9-3所示。

在图9-3中，三个案例分别反映了在三类不同场域之间互动融合程度增加的过程中，农户的理性类型与生产行为之间的因果关系。其中，在左侧部分，横向内容反映三个复制案例，纵向的含义则为：左起第一列表示三类不同场域之间的互动。第二列表示上述三类案例中的自变量1。虽然在不同场域中，其具体的表现有别，但归纳起来都能明确指向"合理审查"。第三列表示农户在一家两制生产过程中的具体动机，可被设定为控制变量1自变量2。第四列表示自变量和控制变量共同导致的因变量1，即农户的行为优化生产。第五列表示自变量2所对应的因变量2，即农户在不同场域中，由于存在不同的生产动机，导致不同的生产行为。

于是，在对不同场域的案例组进行差别复制的过程中，由于自变量1"合理审查"的作用，可以推导出因变量1"行为优化"。而当剔除了"合理审查"机制的作用时，控制变量就改变为自变量2，与因变量2之间存在因果关系。

基于此，可以联系到右侧部分，进一步刻画"合理审查"行为生成机制的形成过程。其表示，多元理性的不同类型与互动场域的相互联系，是借助差别复制过程中所找出的三类具体条件相互连接，在推己及人的作用下，促进理性类型的融合与改变的过程。这些条件说明，随着不同场域之间互动融合的程度增加，农户在食物生产动机之间的转换和互动越来越频繁，推己及人的反思越有可能转换为改变条件的行动，至此，一家两制行为越有可能发生"积极的"改变。由此，实现对命题H2.2的证明。

借助差别复制的方法，以上三类典型案例，帮助本书认识了"合理审查"机制的作用过程。一方面，农户的"差序责任"机制让多元理性中的不同类型理性相互区分，各自支配了为不同场域进行的一家两制差别化生产。另一方面，"合理审查"机制让不同类型的理性之间可以相互影响，并共同作用。农户在自己的实践中能够充分意识到，市场经济是只由市场价格主导的经济。在它出现之前，经济生活是社会生活的重要组成部分，但它不是主要部分，更不是轴心部分。这使"个体自保"式的农户一家两制，可以被引导和改变。

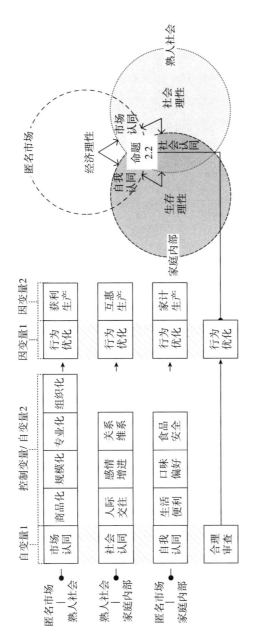

图 9 - 3 差别复制分析："合理审查"行为生成机制

需要说明的是，推己及人的思考在行为的价值方向做出了重要规定。不同类型的理性是否能在不同场域中，从一种形式转化为另外一种形式，在很大程度上需要这些行动者在场域的互动过程中做出具体努力。一方面，农户自身有较好的食品安全认识，逐渐形成对安全食物的自我认同；另一方面，农户需要获得较好的社会认同和市场认同。客观而言，匿名市场的食物交换，还是基于市场逐利的逻辑。但在"合理审查"机制作用下，生存理性和社会理性支配的行为产生的影响不断扩大。当农户能感受到为匿名市场生产安全食物带来的好处时，他们才有可能在生存理性、社会理性和经济理性的共同支配下，放宽条件，将更多"外人"视为"有条件的自家人"，为社会提供优质的食物，从而让食物体系的恶性循环（"个体自保"）走向良性互动（"集体共保"和"社会共保"）。

以上对案例的具体研究，包括三个方面：

其一，完成了对食品安全威胁下，农户生产动机从单一理性向多元理性进行转变的过程刻画，并利用案例编码方法，明确细分三个类型的理性所对应的生产行为，进而完成了对命题 H1 的论证。

其二，针对各个场域内部的农户行为进行解释，提出"差序责任"社会互动机制。通过逐项复制的案例分析方法，对农户在各个场域内的行为进行归纳，并指出在食品安全威胁下，"差序责任"机制让农户在食物生产过程中，区分出"自家人""有条件的自家人"和"外人"，并以此为标志提供不同的食物。通过案例的分析，可以证明这种区分是农户不得已的自我保护行为，而且实际上反过来加重了食品安全的威胁。

其三，针对不同场域互动的部分进行解释，提出"合理审查"行为生成机制。通过差别复制的案例分析方法，真实地呈现关系变化，具体划分农户案例中所涉及的社会互动层次。这不仅是案例中文字的呈现，也不只是场域结构的呈现，而是要突出食物与人和自然的复杂关系。在此基础上，结合案例的差别复制，可以把农户与消费者之间的相互关系表达得更加清晰。这样，在场域互动过程中，把人际关系互动进一步操作化，以便明确关系边界，更好地分析不同类型理性的互动。

综上所述，本章完成了对命题 H2 的论证。需要说明的是，命题 H2.1 和命题 H2.2 之间存在紧密的关系。"合理审查"机制就是将理性动机类型与场域之间的多对多映射关系。一方面，场域是由"差序责任"机制决定；另一方面，存在"合理审查"这个黏合剂，一是让农户在场域互动和环境改变时，进行理性的反思，二是让农户完成对多元理性动机的权衡，从而通过实践，反过来影响"差序责任"机制，最终推动其在食物生产过程中的行为优化。

第五节　更深入的讨论

一、农户生产中的自给自足

在调研的其他案例中，我们还发现，很多农户会把一些残次品（但仍具有消费价值）用作自家或送给亲友消费，而把同一地块上生产的品相较好的农产品作为商品出售。他们认为品相好的更容易实现商品化，而品相好坏并不影响自家或同在农村的亲友的消费，但会影响产品的市场消费价格。这就形成了一个更深入的问题，农户自己种植蔬菜和养殖肉禽，是否完全出于食品安全的考量？

这需要展开对农户自给自足行为的讨论。它是一种降低生活成本的策略，在20世纪八九十年代就已经存在了，而且越来越多的农户倾向于从市场上买菜和肉。而农户自种自养作为农业生活方式的重要组成部分，已经在中国存续至少三四千年（King F. H.，1911）。而且，这种行为的背后，的确存在农户降低生活成本、满足自身口味以及基于当地文化所形成的饮食偏好需求，在市场不发达的条件下提供食物获取便利性等多方面的考虑。

本书在近20年来食品安全威胁的基本背景下，讨论这种种养行为动机的变化。我们需要再次澄清B模式生产的表现形式，包括两种：

第一，因为意识到食品安全威胁，农户在A模式的耕地之外，另开辟出一块土地或者从A模式的土地上"划拉"出一小块地，来做B模式。在这一块土地上，不使用化学投入品、选择本地品种、不注重产量、更加注重质量和口味，与A模式的为钱而生产（Food for Money）相对应，我们将其动机定义为生命而生产（Food for Life）。B模式的生产动机不同于过去的自给自足，而是意识到食品安全威胁后作为一种社会自我保护的形式，又重新出现或转变的。甚至很多产业化大农场的经营者，自己都专门辟一块B模式的地，为自家生产。还有一些CSA等生态农场等，更是针对工厂化农业带来的环境和食品安全问题，作为B模式出现在中国食物生产之中。目前，中国已有至少上千家农场采用了CSA模式。

第二，农户过去在食物供给上的自给自足与食品安全威胁下的一家两制行为存在显著区别。其核心差异在于，农户是否在意识到存在食品安全威胁后，增加或改进了B模式生产。我们的调查发现，超过七成的农户了解正在面临的食品安全威胁，多数开始有意识地进行B模式的生产。由此可见，近十年来为满足自我消费而进行的食物生产，不同于传统的自给自足动机，而是有意识的一家两制行为。

讨论两者区别的前提是认识到中国农户已经有所分化，而不是铁板一块。姑且简单分为种植大户和普通农户，种植大户可以是土地面积大，比如河南的小麦大户，每个家庭农场可以经营 500 亩以上的高产作物（这是中国平均家庭经营规模的 60 倍以上），也可以是面积小但是非常集约化、高产值的生产方式，比如山东寿光的大棚，一亩地最高的年产值可达 15 万元以上（这是中国普通大田种植亩均产值的 150 倍以上）。普通农户则是大多数的小农，耕地面积少。按照中国 2017 年发布的第三次全国农业普查数据显示，中国现有农户 2.07 亿户，其中，规模经营农户有 398 万户，仅占农户数量的 1.9%，71.4% 耕地由小农户经营，主要农产品由小农户来提供。他们户均承包耕地 7.8 亩，仅为半公顷，10 亩以下农户超过 90%，即不到 2/3 公顷。这些小农的生产方式也不会是高度的劳动密集型或资本密集型的。

对于大户来说，自给自足和一家两制区别是很明显的，大户是非常有意识地主动开辟出一块地，进行 B 模式生产，严格区别于 A 模式。对现有的案例进行提炼，已经可以支撑这个观点。

进一步来看，讨论的分歧，在于超过九成的小农户，对一家两制行为的认识上。一方面，要看自给自足的数千年传统。小农自给自足的生产方式，是一直延续的，只要有富余的劳动力和劳动时间，中国的农户就会进行这种存在数千年之久的自给自足生产，一般是就近便利的地方，即各家各户庭院，或房前屋后，或自留地种点菜、养点鸡，没有什么主动性选择或思考。

另一方面，要看劳动力外流和近十年来频发的食品安全事件。从 20 世纪 80 年代开始出现农民工浪潮，到 2018 年达到接近 3 亿劳动力，大多数农村青壮年劳动力已经不再务农，农村富余劳动力和劳动时间的状况越来越不明显。以至于自 2002 年以来，中国普遍开始出现用工荒，人们争论起经典的劳动力无限供给的刘易斯拐点已经在中国出现了。同期，农产品价格的低廉也使农产品馈赠的千年传统在中国 1978 年改革开放后发生了改变，馈赠农产品的习俗因为馈赠农产品没有面子曾经消失了近 30 年。调研中我们看到，在超过 2.88 亿劳动力离开农业农村进城务工的情况下（国家统计局，2018），B 模式的农产品成了联络城乡之间家庭成员感情的重要纽带，并扩散到比农民更先感知到食品安全威胁的城市消费者那里。馈赠 B 模式的农产品成为近十年来中国城乡交流新模式的时尚。

传统的房前屋后种菜养鸡，的确是习惯性的延续和节省生活成本，提供便利性，满足口味偏好。但是在感知到食品安全威胁以后，对于这一小块房前屋后的地，更加"有意识"地注重其食品安全价值，即能够保护自己和家人健康和口味偏好的价值，在行动上体现为品种更加优选、不使用化学投入品等。2018 年的跟踪调研显示，超过 64.2% 的普通农户，都已采用了一家两制的形式（总共827 份有效样本，一共有 516 个样本农户属于一家两制）。这相比 2015 年的比例上升了 5.8%，而在 2005 年我们开始这项调研时，只观察到大约 20% 的农户有一家两制行为。这显示了食品安全威胁对恢复传统型种养方式的明显影响。

可以说，近十年来，越来越多的消费者和小农户都意识到了严重的食品安全大环境，食品安全危机凸显出来以后，传统、安全、生态的自给自足方式重新得到重视，生态农产品价格数倍于产业化农产品的事实，也让生态农产品种植、消费和馈赠成了很有价值、很有面子的事情。生态农产品销售也带来巨大的市场机会。农户传统的自给自足生产动机，由此发生了很大转换，这是本书研究的价值所在。

在这个背景下，现有的案例分析认为，自给自足在食品安全背景下增加了新意义，变身为本书研究的一家两制。在食品安全危机下，农户开始意识到，庭院生产等 B 模式能够给自己和家人带来安全保护，也能带来面子和新的发展机会，因此，不再是数千年传统的习惯性延续，也不再是节省成本、便利性和口味偏好，而有了更为广阔的农产品生态价值、健康价值等农业多功能性内涵。

这种观念的改变，使"行为"本身在原有的自给自足习惯性延续的基础上出现了新行为。例如：增加了地块分开（A 模式与 B 模式的土地是分开的）、不使用或者刻意减少农药和杀虫剂、特意使用老种子与本地品种、农户为了种些安全蔬菜，自家院子特意留出一块土地，没有全部用水泥硬化等新行为。

可以说，一家两制赋予这些"土里土气"的食物以新价值。在社会交往（邻里互惠或亲戚间送礼，特别是给城里的儿女侄甥送东西）时变为了更加"拿得出手"的礼物。土特产本身就不那么好买（稀有）、口味也更好，而现在又增加了"安全、健康"的内涵。但是安全健康，并不否认它已经具备的稀有和口味更好的原有内涵。越来越多的人要消费生态化的农产品甚至有机农产品，更加带来了商机，使陷入增产不增收陷阱 20 多年的农业种植行为又有了广阔的市场机会。

因此，对于普通农户而言，一家两制行为并不否认以前的自给自足，只是在食品安全的威胁下，这一行为在某种程度上被找回来了，某些环节被增强和改进了，人们对这一行为的动机也有了变化，是一种从"无意识"或者"弱意识"的行为转变成为更加"有意识"的行为。

通过完成这个问题的讨论，可以更加凸显本书研究的理论贡献：一家两制的研究，扩充了对中国食品安全威胁下食物价值和多功能性的认识。B 模式的扩大，不仅拾回了传统，更加更新了传统。让更多人认识到食物不仅具有经济价值（赚钱致富），更有社会价值（馈赠予互惠性的交换）和自然价值（生态与健康）。由此，B 模式的扩大，事实上也在推进 A 模式的反思和生态化、社会化转型。

二、农户消费中的市场购买

近些年的跟踪调研显示，有越来越多的农户从市场上购买蔬菜和肉类，而不是自己生产。如何去理解这个现象与一家两制盛行之间的关系？本书试图从农户劳动价值的变化展开分析。

目前近 3 亿农民外出务工，给家庭带来了更多的收入，农户收入提高以后，节省成本的动力，在一定程度上降低了原有的自给自足行为，很大程度上是一种节省成本的策略。3 亿劳动力外出务工，的确会对自给自足造成致命性的冲击。但食品安全威胁又找回并强化了自己种养的行为。在调研中，我们听闻了许多这样的例子。比如，被放弃很久的菜园子，让家里的老人重新种上了蔬菜。或者已经多年不进行家庭养殖的父母为了城里的孩子吃上放心肉，又开始养猪养鸡。收入提高降低自己种养的行为与安全考虑重新开始家庭种养，这两种力量共同"拉扯"，影响着农户的行为。

进一步的讨论还可以从食物的消费品类角度展开。B 模式的生产意味着获取的食物符合自然逻辑。因此，B 模式的食物应该强调食在当地、食在当季。这个要求，反过来同样也是其自家 B 模式的限制条件。在市场深化的过程中，农户的餐桌早已丰盛，食物选择范围早已扩大，因此，在市场上更多购买食物，也是中国城市化不断深入、收入不断增长的常见的现代化行为。农户的表述是"本地本季有的产品，我就自己种，本地没有的、本季也没有的产品，没法自己种，就从市场上买"。

根据调研组的观察，我们认为在自家有能力生产的情况下，愿意去市场上购买蔬菜和肉类的农户比例相对较低。现有的调研材料没有集中在市场购买行为，而是农户家庭 A 模式和 B 模式分开的一家两制行为，所以没有采集市场购买的数据。但访谈的大量案例表明，农户强调食物在当地生产、当季消费的重要性。

上述两个层面的考虑，可以放在实际的情景中完成说明。大部分青壮年劳动力需要在附近的村镇，甚至遥远的城市和东部沿海地区务工，没有时间种植反季节蔬菜，更没有时间和精力养猪。在夏季，自家庭院种植的蔬菜丰盛，而且，年初养的鸡鸭已经可以食用。所以，在农户夏季的餐桌上，既有市场上供应的猪肉，也有自家的鸡鸭和蔬菜。从问卷调查和案例材料中可以清晰判断出农户自家种养的行为生成背后，与他们日益增强的食品安全意识有关系，则可以认定这户农户在进行一家两制。即使他增加了市场购买行为，也不影响我们对他进行一家两制的认定，他们在市场购买的选择，与他们进行 B 模式生产，不相矛盾，反而相互兼容。

我们回到食品安全一家两制的基本定义进行讨论。由于发展中国家普遍存在的农户生产和消费的不可分性，"A＋B"模式实际上既指向生产，也涵盖了对消费的讨论。因此，农户从市场上购买蔬菜和肉类（A模式下的消费行为）的现象，并不能否定农户同时还会出于食品安全的考虑，为自家准备食物（B模式下的生产和消费）的理论和实践价值。

进一步来看，在农户的食品消费中，自己生产的种类与市场购买的种类是有区别的。我们在调查问卷的设计中，从数量、频次和种类方面都涉及了这个问题（见第七章与附录）。而在实际调研中，农户对数量和频次的回答都比较模糊（因为实际生活中没有人会去专门统计），因此，对品类的说明应该成为回应这个问题的主线。需要说明的是，本书的讨论主要是聚焦在食用农产品和初级农产品，因此，农户消费的副食品，如糖果类等零食不在调查范畴内。

第一，粮食作物较少，占比2.9%，一共有15户，其特点是通过土地流转形成规模经营的农户，在原有的自家土地上进行粮食的差别化生产（河北的张家是典型案例）。对此类作物占比低的解释有两个，其一是农户种植的粮食作物很难进行小规模的一家两制生产，其主要目标是卖向市场，而自家吃的面粉（没有机器加工）、大米（北方地区）也大多是从市场购买。其二是农户认为在大田的粮食作物种植中农药残留很少，对自身的食物安全没有实质威胁。但有些案例表明，粮食作物也存在自己消费的情况。在湖南的案例中，农户专门留下晚稻（种植时间长，口味好）供自家食用，在晚稻种植过程中采取B模式，基本没有化学投入品，且地块在春季处于休耕状态（考虑到土壤恢复、劳动力投入不足等原因）。而早稻则用于自家养猪场的使用，在早稻种植过程中采取A模式，在区别于晚稻的地块正常投入化学品进行生产。

第二，果蔬最为普遍，占比99.0%，一共有511户，其中水果占56.8%，共有290户，蔬菜则是占100%，共有511户。一般果蔬的供应量比较少，品种单一，主要向度家庭消费，不卖给市场。需要注意的细节是，按照B模式生产的应季果蔬，会出现集中大量生长的现象（尤其是南方地区的夏季）。因此，部分农户在这时会选择将它们馈赠亲友，调剂余缺或者在当地村镇的市集上售卖，添补家用。实际上，B模式的扩展主要是这种形式。即在乡镇范围内，扩展半径是很小的。所以若认为B模式的产品既然能卖，消费者在市场上能买到，就不是一家两制，而是一家一制，这个质疑是站不住脚的。B模式的扩展，只是非常小范围内、偶尔的时间段内，才会有部分出售。但这成为B模式实现食物社会价值，扩大影响的重要路径。

第三，肉类比较普遍，占比91.6%。其中，小型家禽，如鸡、鸭等占

99.3%，共有470户，大型的家畜，如猪、羊等，占9.9%，共有47户。一般的农户都会用B模式饲养小型的家禽，尤其是有小孩的家庭，因为孩子对蛋类有很大的需求。但当自家生产的蛋类不能满足需求的时候，农户会选择从市场购买。出于需要蛋类生产功能、养殖时间和方式以及对肉质和口感的要求，农户不会经常食用B模式的家禽。更多情况下，他们会在市场购买大型畜肉，比如猪肉、牛肉和羊肉，丰富自己的日常生活。这种生产和消费的互补，并不矛盾，而恰能进一步证明B模式的存在和发展与农户的食品安全意识及行为的关键联系。

三、农户与消费者的场域重叠

在实践的观察中，农户既会去附近的市场购买食物，也会把多余的部分带去市场卖掉。健康生产的食物和普通方式生产的食物都在一个市场销售，陌生人或者说外人也获得了健康生产的食物。

但这与一家两制的讨论有根本性的冲突，只要能了解农户可以参与的市场范围以及这种参与背后的行为互动机制，就可以理解外人获得B模式食物存在着实际的门槛。

如同施坚雅（1998）在1940年研究的中国农村市场所展示的，乡村是一个相互熟悉、信息流动很充分的熟人社会。即使在当前已经高度流动的社会形态中，乡村集市的熟人社会和半熟人社会特征，仍然十分明显。这带来了如下两方面的效果，使外人在B模式食品消费上很难浑水摸鱼。

一方面，考虑市场范围。乡村集市常常可被视为扩大化的一家两制，表现为在乡村范围内，乡村或乡镇集市的蔬菜和肉类，一部分是商贩从县城或市区的批发市场进货来的（A模式），还有一部分是周边农户（尤其是老人）把多余的菜和养的鸡鸭鱼拿来卖（B模式），贴补家用。由于我们的调研对象主要是农户和消费者，对于市场上的"A＋B"模式的具体比例并没有专门的统计，但基于观察和案例访谈，我们知道在短距离和小范围的熟人与半熟人市场，例如村庄、社区和乡镇集市上，"A＋B"模式是并行的，每个人的生产方式和销售数量，也是内部人人皆尽知的。而在长距离和大范围的陌生人市场（如县城以上的市场）以及超市中，几乎都是A模式的食品，非标准化的（品相和质量不统一）数量较小的农户B模式产品，在这里没有市场空间。因此，对于城市消费者来说，几乎只有消费A模式食物的机会。

另一方面，则考虑社会关系和社会信任。从行为逻辑来看，我们可以把乡村集市贸易刻画为熟人、半熟人社会的社区交换，而不仅是一种单纯的市场交换。现在的案例可以说明，把自家按照B模式生产的食物拿到市场贩卖的关键在于农户与消费者，通过多次基于食物交换的互动，重新建立了熟人关系、相互熟悉和信任，因此，这个市场实际上是基于食物互动所建立的半熟人市场，或者熟人市场，是一种社区市场。因此，这种"A＋B"模式产品并行的市场，只有在乡村市场中存在，乡镇以上的市场很难出现 B 模式产品。这与我们论述的，只有"有条件的自家人"才能吃到 B 模式的产品的分析相一致。

四、B 模式拓展与土地流转

中国推动土地整治的力量并没有停止。比如"三权分置"政策，说明土地整合和农业企业的扩张政策没有变。另外，大农场和农业企业也有一家两制的现象，所以，一种可能的推论是，土地流转不会导致一家两制现象的消失。但同时，土地流转又会导致大量农户丧失给自己生产食物的机会。

本书需要说明，推动 B 模式拓展的动机，不仅在于土地资源的优化整合。事实上，中国土地流转的面积虽然经过近 20 年的不断政策推动，已经达到 2018 年的 35.1％，但由于土地确权和农户生命力的顽强和不可分性（恰亚诺夫，1996；Schultz T. W.，1964），近几年趋势明显放缓，稳定在 35％左右，没有太大变化。国家的确没有停止推进土地流转。

进一步来看，对于 B 模式的精确描述是非常重要的。因为这种描述有助于讨论自给自足与一家两制的关系，也有助于回答诸如土地流转怎么影响一家两制的问题，土地流转影响的是如下的第二类 B 模式行为，不影响第一类和第三类。前文讨论中，在食品安全意识出现之后，B 模式可以详细分为三个类型。

第一类是在 A 模式生产规模不变的情况下，专门开辟 B 模式生产。例如，一种情况是开荒，小范围土地开荒在中国尤其是调研所及的中国南方丘陵地区，如湖南、广西，普遍存在。另一种情况就是进行小规模的家庭养殖，比如广西案例中的土鸡，就是本地品种。

第二类是缩小 A 模式的生产规模，增加 B 模式生产。例如，在河南的家庭农场案例，就展示了这个过程。在获得了足够的小麦种植面积之后，农户会选择一部分土地进行 B 模式种养，供给自家人，并作为礼品带给城里的亲戚和朋友。

第三类是改变传统的庭院种养方式（已经是 B 模式的生产，主要指生命逻辑，包括了生活的价值，节约成本，注重口味等），更加突出 B 模式生产逻辑的生态价值和食品安全价值，进一步通过 B 模式找回食物的社会价值和自然价值。例如，中国农户已经有了数千年的庭院种养等农耕传统，但过去可能仅出于劳动成本和便利性的考虑，不会限制化学投入品的使用。又如，在广东调研时，农户特别强调，在食品安全危机爆发前，即便自家食用也会少量使用农药，以减少消除病虫害所需的劳动投入。而在 2004 年和 2008 年先后爆发的食品安全危机后，农户的食品安全意识得到增强，其生产动机中出现食品安全的考虑，直接影响其生产行为，表现正是完全不考虑投入化学品，并选择本地的品种。因此，庭院种养的广泛存在与一家两制中 B 模式的扩张，是可以通过是否在意识到食品安全问题后改变生产行为来验证。而现有的案例正好支持了这种验证。

我们观察到，中国国家政策的方向性转变，在近两年面对小农户长期存在的基本事实开始出台政策，重视并不断强化小农户在中国农业发展中的基础地位。比如 2017 年底的中共十九大报告第一次提出"促进小农户与现代农业发展有机衔接"，2018 年和 2019 年出台的中央一号文件，都在落实小农户的基础地位。实际上，2017 年发布的中国第三次农业普查公报显示，在中国的 2.07 亿户中，规模经营农户 398 万户，仅占农户数量的 1.9%。绝大部分仍是小农户，71.4% 耕地由小农户经营，主要农产品由小农户来提供。确权颁证，一方面有利于流转，另一方面强化了农民的产权保护功能。中国 2017 年出台并计划推进到 2050 年的乡村振兴计划，更加强化了农户对土地价值的长远预期，不愿意轻易将土地转让出去。前文也提及，中国农户户均承包耕地 7.8 亩（仅为半公顷），10 亩以下农户超过 90%。故此，流转和单位经营规模扩大会是一个十分长期的过程，而且并非一直在扩大。

我们之前的调研主要集中在农户 A 模式和 B 模式的生产行为上，并没有聚焦在土地流转与一家两制的关系上，只是调研到一些农户（家庭农场和农业合作社）的时候，他们因为拥有更多的土地和加上规模的生产方式，其一家两制才会出现得更加突出（越是知情，越会增强自我保护意识）。这种突出体现在，通过土地流转而形成的大农户，其食品安全意识非常强，而且会利用多余的土地进行 B 模式的生产，且这类食物的用途也有非常明显的指向，即利用 B 模式的食物塑造和维系社会关系。

同时，中国大农场和农业企业，的确存在一家两制的现象，而且是出于食品安全的考虑。但是这些大农场和农业企业，都是相对"隐秘"进行 B 模式的，自己卖向市场的 A 模式农产品不"那么"安全，自己内心是忧虑的，所以开辟 B 模式来自保。但对于自己的 A 模式产品，在"人前"更多是夸赞和宣传自己的产品是安全的。我们在调研中访问大农场时，一开始对方都是宣传自己的生产基地拿到了什么认证，受过什么奖励，采用的农业新科技等内容。等到访谈非常深入了，彼此也比较熟悉，才"掏心窝子"地向我们展示，农场有的一小块 B 模式土地，种植了什么东西，有多么安全，吃得怎么放心，特地送给谁吃等。

总体来看，土地流转与一家两制的改变没有太直接的关系。一家两制主要跟农户的理性反思与场域互动有关系（见第十章），而不是土地规模。土地流转不影响房前屋后的 B 模式和开辟荒地荒山进行的 B 模式；但是会影响从 A 模式"划拉"出一小块地进行的 B 模式，因为土地流转后，就没有这么一块地可以进行 B 模式的生产。然而，调研发现，大户几乎都会开展一家两制，为了自己的家庭，更多是为了面子的交往，会有一块私家菜园、私人茶园、定制化肉类，如同定制化的窖藏红酒一般，增强 B 模式的边界性和私密性，"A + B" 模式的生产动机分离，常常比小农户更为清晰。所以，流转的土地一方面剥夺了流出方农户进行 B 模式的机会，另一方面也赋予了流入方大户的 B 模式生产机会。两者孰多孰少，目前没有系统性的调查数据，但可以纳入未来我们的研究观察。

第六节　本章小结

综合上述两个命题，可将一家两制的演进分为 4 种理想类型。在图 9 - 4 中，两个维度分别代表"差序责任"的强弱和"合理审查"的深浅。我们将纵横交叉所形成的 4 个象限，分别代表 4 种类型的生产模式。农户根据"差序责任"与"合理审查"的实际程度，生成不同的实践行动。

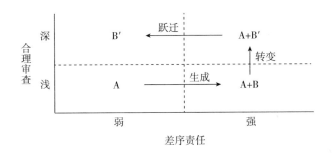

图 9 - 4　多元理性中的"差序责任"与"合理审查"

这些模式包括：第一，仅为匿名市场的逐利生产（A 模式）；第二，一般的一家两制（"A + B"模式）；第三，为外人生产的一家两制（"A + B′"模式）；第四，为替代性市场的生产（B′模式）。本书需要进一步结合经验材料，讨论这 4 个模式之间的三个演进阶段。

在生成阶段，食品安全危机让农户开始意识到生存理性的重要性，亟须重启家里的"小菜园"，生产让自己放心的食物。但由于生产供给能力和范围有限，"差序责任"增强，开始区分"自家人"和"外人"。在转变阶段，农户认识到市场对 B 模式的需求，却局限于现有的市场渠道、技术选择和经济收益等结构约束，无法全部转型为 B 模式的生产。于是，农户在部分保留原有的 A 模式的同时，拓展出 B′模式。即依旧遵循生命逻辑生产，但可以将消费对象从"自家人"拓展为有条件的"外人"。其间，推己及人的反思明显深化。在跃迁阶段，多元理性在熟人构成的替代性食物市场驱动农户的实践①。农户更主动地让更多的"外人"吃上"自家饭"。他们重新理解了食物在生存、社会和经济层面的多元价值。而且，当地既有的市场结构让他们有机会建立替代渠道，选择并形成在地化的可持续生产技术体系。他们还重视在食物生产消费中与消费者共同承担责任、分享利益。由于单纯的 B′模式足以成为农户的主要收入来源，于是，农户开始放弃 A 模式生产。

多元理性所理解农户合理的行动逻辑具有二重性，可以分别表现为"差序责任"与"合理审查"两个相互绞合的机制。"差序责任"与"合理审查"共同构成的多元理性分析框架。"合理审查"所要面对的三种类型的理性以及这些理性存在的特定场域，都是"差序责任"社会互动机制所赋予的。因此，从某种程度来看，"合理审查"建立在"差序责任"的基础上，并通过其社会互动实现。而"合理审查"，则是对"差序责任"的补充和超越。在"合理审查"为不同类型的理性转换和互动提供了依据，甚至通过支配新的行为，反过来加深场域之间的互动融合程度。一分一合，一静一动，农户理性选择的过程，成为更高层次的多元理性行为生成过程，而这恰恰超越了原有的"差序责任"机制。

图 9-5 展示多元理性同时具备"差序责任"与"合理审查"机制。"差序责任"机制就是差序社会格局中，食物交换场域对农户行为方向所形成的规定。"合理审查"机制就是理性与场域之间的多对多映射关系。两类机制体现了多元理性的二重性。前者是对实践客观性、表面性的静态理解，后者是对实践主观能动性、深刻性的动态理解，两者之间存在紧密互动。一方面，食物生产实践在不同场域中的内外有别，是由"差序责任"机制所决定的；另一方面，存在"合理审查"这个黏合剂，既可以让农户在场域互动和环境改变时，进行对行为合理性的反思；又可以让农户在推己及人的反思下，完成对多元理性行为向度的权衡，从而通过更新自身实践，反过来影响和改变"差序责任"机制，推动其对实践中出现的行为自洽。

第一，"差序格局"机制体现农户在行动上受到结构性的约束。这种宏观结构，一方面表现为农户家庭所处的食物交换场域位置，因为实际的交换距离差距而体现的内外有别。另一方面则反映出每个场域内所对应的行动逻辑各不相同。多组案例的讨论，可以说明农户在食物生产、交换的实践中，其生存、社会逻辑明显不等同于经济逻辑。换句话说，经济理性、生存理性和社会理性是并列关

---

① 替代性食物市场的重要作用是，改变主流食物市场的权力架构，强调农户与消费者的直接对接。这类市场提倡的方案包括社区支持农业、巢装市场、慢食运动、公平贸易等。

系，而非包含关系。借鉴韦伯的理想类型的分析方法，前文的讨论以农户行为内在的逻辑为核心，可以将多元理性划分为三个向度的理想类型。相较之下，强调经济逻辑的效用概念，只是一个被新自由主义经济学普世化了的分析工具（加雷斯·戴尔，2016）。在我们选择案例研究的时候，已经充分考虑了这点。希望通过观察和分析农户的日常食物生产行为以及相应的对话表达，更深入地讨论农户行为的内在逻辑及其演进的轨迹。

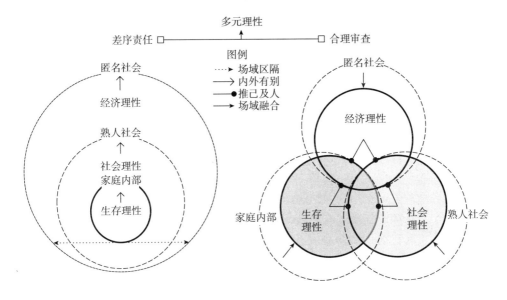

图 9-5 多元理性分析框架

第二，"合理审查"机制则体现农户在具备自觉反思和行动的能力。赫伯特·西蒙（2016）的有限理性的学说，对于理解"合理审查"机制有重要启示。他所强调的内容是，当人类有完全意志在现实中行不通的时候，行为的动机有必要用有限理性来进行讨论。进一步来看，Sen A.（2004）对理性内涵的四重区分则强调，一方面，人类的理性认识和行动是一个反思过程，而不是一个假定不变的前提；另一方面，理性存在多个向度，在一定条件下，向度之间的互动可以改变最终的理性行为。

这两类观点为"合理审查"机制提供了重要的研究启示。当我们具体讨论农户在不同场域之间处理食物生产、交换等实践时，不难发现，由于推己及人的反思，农户对食物的理解和认同发生改变意味着生存理性、社会理性和经济理性也在改变。这些多元理性的各个向度将会超越原有场域的限度，实现新的融合，构成新的场域秩序。

例如，在食物互动场域的实践当中，对于生存理性的理解是第一位的。而食物的安全问题和环境破坏危机，则是引发这个讨论的起点。若是没有这个具体的时代背景，我们就无从分辨农户以往的小菜园生产与食品安全危机下的自我保护行为有何区别。同时，生存理性也还要涉及口味的需要，这是农户在宏大的文化背景和个体的经历的互动中逐渐形成的习惯。超市货架上的食物则与之不同，它们只是一种选择的需要。这两种需要有着本质的区别，很明显不能通过量化来转变成为统一的效用，去分析其实际的经济价值。因为，无法对口味及其背后的文化价值进行定义并测量，这种做法不具备经济学含义。

而食物交换置于社会交往、社会关系和社会文化中的价值，则是解释外人如何吃上自家饭的关键。在具体的案例中，我们发现，食物的交换象征意义非常突出。虽然发生得并不频繁，交换的食物也不一定是其他农户必需的，但它却是农户日常生活中必不可少的。某种程度上，熟人社会的食物互动可以将食物交流作为礼物交换（翟学伟，2014）。同时，农户对食物的生产并不一定是单纯的送礼，它还包括对于人情、面子、关系的基本维护与发展（阎云翔，2000）。进一步来看，食物交换可以提升自己在熟人社会的地位，显示自己的勤奋和高人一筹的生产能力。这一系列由食物交换所赋予的满足感，构成了社会理性的核心。在案例中，熟人社会场域链接了家庭内部和匿名市场，当这种满足感被社会和市场以具体的关系建立和巩固、话语地位提升等形式被认同的时候，农户的一家两制就有机会偏向扩大 B 模式的生产。这点也从侧面说明，在行动逻辑上看，对社会价值的追求与经济学的效用和单纯的经济算计有显著的区别。

第三，"差序责任"与"合理审查"密不可分，并在实践的自然进程中相互影响。"合理审查"机制，显然与之前"差序责任"机制有所关联，但有时也在行动逻辑和行为影响上截然相反。两个机制之间的张力需要结合一家两制的观察方法和实践材料展开更深层次的讨论。无论是划分理性的三重向度，还是划分食物交换的具体场域，都遵循符号化的理想类型研究方法。经过归纳后，理论概念所出现的区隔是抽象理解的基础，被赋予了客观性与结构性。但正如布迪厄（2015）所说，实践的特点在于它能在既有客观的结构秩序下，将原有场域重新组合、再造，进一步地说，即主体的能动性赋予实践行动不得不然的合法逾越感。因此，当概念与经验材料相互连接，重现实践逻辑的时候，便可发现，基于场域的复合，实践中农户所具备的多元理性，其三重向度之间的关系，具有双重特性，既可在"差序责任"机制下实现"分"，也可在"合理审查"机制下实现"合"。

换句话说，"差序责任"机制与"合理审查"机制之间的张力，可以动态地体现多元理性二重性。两个机制存在的"分"与"合"之间的辩证状态。它可以解释农户既可以在食物交换的场域内，根据生命逻辑和市场逻辑构建完全不同的行动组合。同时，也可以在实践中所具备反思性能力，能够让其根据场域重叠处所呈现的新特点，重新理解合理性，通过新的价值判断，构成新的食品安全自我保护行动。

第四部分

一家两制与社会自我保护

第十章　社会自我保护的可能路径

> 导读：本章是关于一家两制中 B 模式拓展机制（B′模式）的理解，并展开对社会自我保护路径的讨论。首先，我们将一家两制重新放置于社会自我保护的框架中，说明现有一家两制行为的特点，梳理其可能发展的方向。其次，分析多元理性与双重回嵌在微观经验中的表现互动过程。基于双重回嵌的视角，观察农户对食物的自我认同、社会认同和市场认同的形成与演进过程，讨论自然回嵌与社会回嵌在 B′模式时的作用机制。最后，提出宏观的社会自我保护演进模型。食品安全社会自我保护的可能演进过程，可以通过多重均衡模型进行模拟讨论。社会自保的出现是社会各个主体受到市场深化负面威胁之后出现的合理反应。市场社会的出现，冲击社会上各个阶级共同拥有的多元、整体利益，而不仅是经济利益，于是，不同的主体会不自觉联合起来，参与社会自保。

第一节　社会自我保护：个体自保、集体共保与社会共保

以 2008 年三聚氰胺事件为标志，中国食品安全问题的集中爆发，激起了中国的社会自我保护行为。一个主要表现就是以政府立法和行政的方式加以改善。政府开始推进综合施治，也开始了分段监管、品种监管，全程监管等各种尝试，以及"重典治乱"的立法方向。近几年也开始尝试具有政府、市场、媒体合作内涵的制度安排（周开国等，2016）。

另一个主要表现则是以农户、消费者为主体，通过"无合作的联合"方式

推进的社会自我保护运动。食品安全的社会自我保护分为三个主要类型，即以家庭为单位的个体自我保护（个体自保），以有边界的社会互动网络为单位的集体自我保护（集体共保）以及整个食物体系范围内的社会自我保护（社会共保）。三类场景在理论上存在递进关系。但实际的观察表明，个体自保和集体共保的现象同时存在，且已经是较为普遍的现象。前者以一家两制为代表，后者则通过多种形式的替代性食物市场（Alternative Food Networks，AFNs）呈现在实践中。

替代性食物市场为跨越复杂食物体系提供了一条直接却又隐秘的路径。其直接的一面在于，替代性食物市场提供了一条让"优质"产品获得"优价"的"农消对接"捷径（Marsden T. 等，2000）。在食品安全的威胁下，生产者和消费者逐渐自觉地创造直接联合的条件，两者转向创建替代性食物体系。在这个过程中，消费者可以获得健康营养的食物，而生产者可以确保更好地控制其食品生产流程。因此，供需双方通过建立"基于关系"的信任来进行交易，增进了双方的福利，达到帕累托最优（Hinrichs C. C.，2000；Winter M.，2003）。

其隐秘的一面在于，中国的替代性食品体系作为食物体系的 B 模式，与 A 模式相比，参与其中的消费者相对有限，对其有深入了解的则更少。对于中国庞大的食物需求而言，替代性食物市场的影响的确有限。首先，替代性食物体系缺乏农户的自觉性。中国的替代性食物体系是由强烈的消费升级意愿驱动的，而由"真正"的农民主导的组织仅占少数（Si Z. 等，2015）。其次，现有的替代性农业生产组织属于严格意义的"劳动密集型"的农业模式。在农业劳动生产率、流通渠道、融资机会成本方面，其与主流的农业经济组织模式相比缺乏竞争力。最后，在 A 模式主导的食物体系中，小生产者很难比大型农业企业获得更多的市场关注。这让前者陷入"最依靠信任卖产品，却又最缺乏信任"的低水平陷阱（Woodhouse P.，2010）。

但作为 B′模式的主要体现，替代性食品体系在形态上存在多样化，食物的安全性是他们共同强调的要素。社区支持农业（CSA）、农夫市集（Farmers' Market）、巢状市场（Nested Markets）作为其中的典型实践尝试，已经为创设 B 模式的替代性食物市场，发挥了示范性作用（Feenstra G. W.，1997；Papaoikonomou E. 和 Ginieis M.，2016；Le Velly R. 和 Dufeu I.，2016；Dodds R. 等，2014）。替代性食品体系发起者、生产者和消费者之间的价值追求存在不一致性，这有助于中国替代性食品体系的多元化发展。截至 2019 年底，在中国近 20 个省份，都已出现了社区支持农业农场。而在北京、上海、广州、深圳、南京、成都、南宁等大中城市，均已建立了常规性的农夫市集①。

---

① 资料来源：第六届（2014）至第九届（2017）中国社会生态农业（CSA）大会资料汇编（讨论稿）。

其中，在社区支持农业模式中，农民和消费者的共同利益推动了无中介的农业市场的复苏（Hinrichs C. C.，2003）。社区支持农业模式在中国就是在城里建立市民的合作社，从而实现市民与农民合作的有效对接（温铁军，2009）。这有利于建设可持续的生态农业，解决主流生产模式引发的食品安全问题。通过"农消对接"，农户可以获得更多比例的农作物收入，甚至可以获得可观的现金流，并重新确定农户对其生产决策的控制（徐立成和周立，2016）。同时，消费者以合理的价格获得新鲜优质的农产品以及不寻常的新消费体验（Raynolds L. T.，2012；Renard M.，2003）。这满足了城市中等收入群体对于农业生态环保、自然健康等非生产功能的需求（董欢等，2017），体现出了农业的多功能性。在此基础上，中国的社区支持农业应该借鉴国际经验，尤其需要关注几个核心问题，例如，使用不同种类的劳动力的不同特点；确保农场的食物供给遵循合适季节特性运行，生产当地本季的食物；关注社区内的消费者对于食物数量和质量的具体需求（Nost E.，2014）；在扩大发展规模的同时，选择灵活的组织管理方式（Duncan J. 和 Pascucci S.，2017）。

　　而巢状市场则能够为农民解决产品销售问题，实现农产品的高附加值，也能帮助消费者以相对较低的价格获得可信赖的高质量农产品（Chen W. 和 Scott S.，2014；叶敬忠等，2012；Chen W.，2013；Scott S. 等，2014）。而从更深的意义来看，巢状市场是对无限市场的抵抗（Shanin T.，1973）。在这个过程中，农户和消费者所构建的紧密联系，有利于将城市化的成果与乡村的建设相互连接形成有机互动，将让农村重现活力，有助于在现代化进程中实现乡村发展的功能再定位（Van der Ploeg J. D. 等，2012）。

　　农夫市集作为替代性食物体系中最为强调食物价值的组织形式，对刺激农户的优质生产积极性起到了重要作用（杨嬛和王习孟，2017）。"小农户"是中国农业经营主体的基本面[①]，并且不与中国食物体系发展站在对立面（陈锡文，2018）。孟芮溪（2011）认为，农夫市集为从事高档农产品生产的"小农户"提供了一个销售平台，也为有这类需求的消费者提供了购买途径。因此，在食物体系社会自我保护的研究中，必须以农户为重点进行相关讨论。因为9亿农民和2亿多户小农中的绝大多数人，还将在未来相当长一个时期内依托于农业和农村，以代际分工为基础的"半工半耕"家庭再生产模式也将长期存在（黄宗智，2016）。在当下及未来的中国农村发展中，依旧需要高度重视和深入挖掘这一基

---

　　① 在中国食物体系发展进程中，尽管"小农户"的提法一度被边缘化，但他们是中国经济奇迹的重要创造者（徐勇，2010），也仍长期是实践中农村发展的基本生产单位（朱启臻和芦晓春，2011；叶敬忠，2013）。习近平同志对姚洋（2017）在《北京日报》理论版上发表的小农经济文章做了重要批示，肯定了小农经济在中国长期存在的基本事实。从目前中国农村情况来看，小农经济还将长期存在。

础性制度和本源型传统（徐勇，2013；黄宗智和彭玉生，2007）。只有在传统与现代之间建立起必要的关联，才能形成具有中国特色的食品安全社会自我保护道路。

食品安全社会自我保护作为一个完整概念，是在中国食物体系转型与发展过程中通过不断丰富和深化对集体共保认识而提出的。具体而言，社会自我保护的形成涉及了生产者、消费者、政府以及中间商在内的食物体系各个主体的相互关系。它是一个包括了"个体自保"与"集体共保"向"社会共保"发展的历史进程，理论界曾经有过许多有益的讨论。

首先，食物体系若想从"个体自保"向"社会共保"转变，各个参与者的权利与义务应该厘清。现有研究多将焦点集中在监管者、供给方的权责分析之上，但消费者在食物体系中应该承担何种责任？应怎样承担？是否也可考虑从消费者至上向产销双方的平等转型？

其次，食物体系的各个参与者应尝试重构互信的关系。进而才有可能在"信任共同体"之上建立互惠关系，其中的关键是应设法度量消费者过去和现在对于其他食物体系参与者的信任情况如何，进而提出有针对性的方法，怎样维系和增进这份信任？

最后，在食物体系中参与个体自保的社会成员都存在"名—实""言—行"的分离，在食品安全实践中"说一套，做一套"。即一方面寻找自身的食品安全，另一方面在客观上忽视其他社会成员面临的食品安全危机。因此，"个体自保"远非食物体系的最优解，从名实的分离走向食品安全的实至名归就显得尤为重要。进而食品安全"社会共保"面临的问题是：谁来成为从"个体自保"向"社会共保"转变的推动者？他们应具备哪些特征？答案也许是所有率先意识到食品安全问题，并采取了实际自我保护行为，拥有时势权力的"领导者"。

至此，结合上文对多元理性的两个核心机制的分析，可以看出，农户作为食物的主要生产者，在一定的条件下，能向熟人社会、匿名市场提供优质的农产品。因此，本书基于已有的实践经验和总结，归纳出这些条件，不仅具有明显的理论意义，而且也体现了对实现食品安全的社会自我保护的深刻实践关怀。

由此，下文在第二节，通过多元理性与社会回嵌的和自然回嵌的关系，讨论并验证命题 H3.1 和命题 H3.2。在第三节，则以多重均衡（Multiple Euilibria）的方法，展望农户行动与社会自我保护的演进的理论关系。由此完成对命题 H3的讨论。

第二节　多元理性与双重回嵌

一、多案例调研方案

一家两制 B 模式的拓展路径是理解多元理性与双重回嵌相互关系的重要经验材料。下文将呈现一组以 T 生态餐厅为组织方式的一家两制农户案例，并试图从其中提炼双重回嵌机制的作用过程，如图 10 - 1 所示。

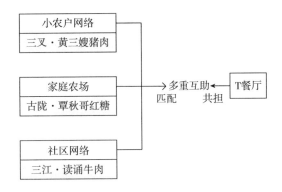

图 10 - 1　调研框架：T 餐厅构建的农户与消费市场

T 餐厅是一家位于广西的生态餐厅，它成立于 2006 年，其经营理念是餐厅通过优质食物，成为连接消费者和农户的重要载体。本书试图通过调研中获取的经验材料，通过 T 餐厅组织中的三类农户生产实践，理解农户在多元理性主导下的双重回嵌过程。它为我们提供了两个非常重要的讨论视角：第一，农户的自我认同、社会认同和市场认同，在不同的具体条件下被不断激活，构成了 B 模式不断拓展和更新的实践路径，促成 B′模式；第二，农户的多元理性与双重回嵌之间存在紧密关联。

二、双重回嵌驱动的社会自我保护

（一）覃哥的红糖

覃哥的农场位于柳州市鹿寨县平山镇古陇村。当地的发展以农业为主，光照和水热条件非常适合糖蔗生产，是柳州传统的榨区。农场四面环山，临傍水库，环境优美。农场的建筑风格相比于其他建筑，显得更现代和简练。踏入农场，首先就给人非常国际化的感觉。两旁的宣传照片能告诉来访者，这种国际化的感觉没错。多次与全球农友交流的机会，让覃哥形成了远超当地人的农业生产和农场运营理念。

第一次调研时，正好遇到雨后涨水，村民们都在田里捉鱼。覃哥和覃嫂用刚刚捞到的大草鱼招待我们做午餐。午餐之后，我们趁着天气短暂放晴，绕着农场转了一圈。他们则坐在餐厅，用药物擦拭捞鱼的时候被水草划破的一道道伤口。覃哥很幽默地笑着解释"好久没有这么兴奋了，被划破一层皮都不要紧。"

农场通过土地流转，面积超过 150 亩，分为多个区域。其中，包括超过 20 亩的甘蔗地，5 个先后建立的猪舍，1 个停放多台现代农机的房舍，1 个超过 1 亩的堆肥池以及一片用于放养土鸡的山坡。我们每次来到农场准备吃饭前，覃哥都会消失十分钟，然后，手里就拎着一两只生猛的土鸡，高高兴兴地走进厨房。农场中的堆肥场，停满了各式农机。附近的修理店根本没法维护，因为这里的农机类型太丰富了。为此，覃哥自己练就了一手修理技能，工具非常齐全。

覃哥有两个孩子。儿子还在学厨师，假期被老师推荐到学校附近的餐厅做后厨。女儿完成了美术专业的学习后，在北京的设计公司工作。现在，农场主要就是由覃哥和覃嫂两人打理，平时还会雇用两名村民做长工。长工每月的工资，已经从 10 年前的 800 元涨到了现在的 5000 元。

1. 老红糖与新红糖

10 年前，同行的研究者第一次来覃哥的农场。那时，从镇里进入古陇的道路两旁，全部都是甘蔗地。近年来，由于劳动力价格的上升远高于糖蔗收购价，很多农户都放弃了种蔗，自己专心打工，把土地都交给合作社和企业种植柑橘。所以，我们一路看过来，是柑橘种植基地，越靠近村子，有越多的稻田。

我红糖制作方法是祖传的，不需要跟外面的人学习。我年轻的时候，干过很多行业。但每到榨季，都会回家帮忙。"我总是跟老爸学习"。我便自然而然地继承了这门手艺，在十里八乡小有名气。

但覃哥潜心定气地把红糖制作提上新境界，还是很多故事交织的结果。第一个故事，一位马来西亚的华侨裔何赞能联系到了 T 餐厅的经理，希望他能帮忙联系一位做红糖的师傅，帮助华侨在大马的农场建一个红糖作坊。T 餐厅的经理机缘巧合听说了覃哥的手艺。三人见面后，覃哥决定带上自己的工具"支持"华侨。他被邀请去马来西亚，把那边的红糖作坊做起来。做了一年，到新春的时候，他就气得回来了。这里有很多原因，其中一个开玩笑的解释，是他觉得那边的人太懒。覃哥回来的时候，邀请他去的华侨还说"随时欢迎你再回到马来西亚，下次来，你可以帮忙做销售，就不用拿工具了"。

第二个故事，大马归来，更重要的原因还是覃哥觉得自己的想法和能力得到了肯定，以红糖为中心，应该能在家乡干出一番事业。覃哥的家族是做红糖的，以前本地还有很多的小榨糖厂。因为规模太小，政府不让小糖厂开工。覃哥说，"我们原来拿那种砖块式的红糖，到街上卖，铺子都被管理街道秩序的人给顶翻了"。

于是覃哥开工了，卖相很一般，但不愁没销路。覃哥生产的糖，价格很高，红糖差不多每斤卖到 10 元，相当于 3 斤白糖的价格。而当地的工厂做的红糖，大约是每斤 4 元。但很多当地的农民，还是选择覃哥的红糖，在过节的时候用来送礼。这样的选择是因为他们吃过传统的红糖。"下雨天，南风天，我家的红糖就会融化。大工厂的就不会"。但覃哥认为，当时很多人不懂糖，真正的好糖就是这样的。

转机来自刚从大马回来的新榨季。因为全球糖价波动，本地的正规糖厂开始承受不住压力，相互兼并和陆续出现的倒闭，让很多糖蔗没有办法被及时收购，政府对小糖厂的生产管理也相对放松。加上覃哥已经开始有机种植、生产的糖蔗便不再统一贩售给糖厂，它自己的有机红糖生产开始出现新的机会。

第三个故事，T 餐厅的经理知道了覃哥重新回到村里的消息，就主动联系覃哥。而经过几次讨论，覃哥决定加入 T 餐厅的供应链。而 T 餐厅则投资农场的扩建，农场的生产品种和经营能力有了很大改变，有机蔬菜和鸡、猪等禽畜都开始逐渐能够生产。

在信任建立起来的同时，餐厅通过 T 餐厅，对覃哥的初期生产给予了资金借贷，大约投入了 10 万元，支持早期的农场建设和资金周转。之后，通过从菜款中扣除的方式，覃哥用 2～3 年时间还完了这笔款项。这时，农场和餐厅已经初具规模。据他们两人回忆，T 餐厅的经理和覃哥只记录交易数量，从来不记账。价格总是由餐厅决定，而餐厅的收购价格则是根据每年的小农户会议确定。

2. 案例讨论：对 H3.1 和 H3.2 的验证

社会回嵌的过程在覃哥的案例中得到了非常清晰的凸显。第一，守信是建立和维护与市场的关系的关键。有些人就想多赚钱，而在覃哥这里就不会。T 餐厅的经理讲过一个很生动的故事。T 餐厅因为经营火爆，所以就有其他的餐厅人像间谍一样，偷偷地尾随着他们的送菜车。而找到覃哥和其他的一些生产者。而新的餐厅只是每个农户收一点食物，只是可能出的价钱更高，这就会带来贪和不贪的区别。这听起来仿佛侦探片情节，但却真实发生了。

每年底，T 餐厅都会召集所有的小农户划分具体的生产量，每家每户会根据品种的不一样，而选择不同的生产计划。生产计划是与餐厅的消费有直接关系的。由于对食物品质的生态要求是餐厅经营的"红线"。这些食物，很难短时间内找到替代供应者。有一些小农户会比计划的多种，多养一些。如果只供给餐厅，就是足够的。但若是农户爽约，那么，餐厅的损失会很大。

当时在 T 餐厅做志愿者的唐艳回忆道，在 2008 年，有一次收鸭子的经历，让餐厅被动淘汰了一批小农户。2008 年的夏季，有几家小农户都同时出鸭子，餐厅肯定要不了这么多。这个时候，小农户就要想办法（比如找亲朋好友，或者自己到市场上）就把相对原有计划多余的鸭子销售掉。一旦有过一两次，有些小农户可能就卖给外面的老板了，甚至会动到本来预定应该给餐厅的部分。

有一次，另外的老板出高价钱，说"T 餐厅给你的价格多少，我多出两块钱，你帮我按照同样质量生产就行，我整批收购"。而农户也没有通知餐厅。那天，餐厅的工作人员去到农场，按计划交接鸭子，原想着就带回餐厅了，但现场开门的时候，看见小农户就把鸭子卖给另外的老板，整批被别人截走。

当时，餐厅的鸭子就没办法供上。T 餐厅的经理只能想办法从别的合作农户那里调。一两次之后，餐厅就慢慢就觉得这个农户应该被淘汰了。因此，单凭覃哥不贪这一点，就能成为延续合作的关键。

第二，良好的沟通机制可以让餐厅和消费者更了解覃哥的生产过程，而这种了解，不仅是基于食物本身，而且可以从采访和观察中了解本人的性格。不贪心性格，是覃哥在经营和生活中体现的重要特点。同行的台湾研究者评论说，"这样就有比较干净的生产。这里的生产标准都是很严格的。这在两岸三地都是很少见的，也找不出理由是为什么"。

第三，市场认同带来直接的激励。经过将近 10 年的建设，瓦房的面积已经扩大了很多倍，红糖制作的主要场地，已经迁入新房的一楼，那里有几个大锅和过滤池。糖蔗在 12 月开始收割，一直到过新年的那段时间，都要忙着收蔗，然后榨糖。因为下雨，糖蔗的生产有所延迟。但相信年底的榨季还是会很热闹。现在，覃哥红糖已经成为非常有名的有机红糖品牌。之前先是在有机生产圈子里小范围销售。2 年前，政府帮忙正式拿到了工商注册的商标，可以正式进入门店和电子销售渠道。

自然回嵌的过程在覃哥的案例中也可以被观察到。一方面，覃哥的生产很明显地遵从绿色种养和生态循环农业的原则。大量投入劳力的背后，是他们的生活重新嵌入乡土的过程。我们能通过红糖、土猪和新鲜的应季蔬菜体会到，也能从农场的规模中体会到覃哥和覃嫂的勤奋，更能从两人的生活状态中体会到。很难想象，在农场创立之初，这里没有任何规模建筑，更别说现代机械。这里只有一间很小的砖瓦房，露天放养的鸡场以及几片菜地。正是勤劳的双手以及农耕生活本身对他的吸引力，才使农场能够历经风雨，仍能发展壮大。勤奋的确帮助夫妻二人重新通过土食材建立起与家乡土地和自然环境的新联系。

另一方面，多元经营则是建立可持续生产的要素，这个具备小农生产特色的安排，构成了覃哥农场的市场认同和间接收入来源。覃哥说，"做单一品种的农场是蛮难做成的"。所以他的农场是多元经营的。在养殖方面，包括了土猪、土鸡、鱼虾。同时，专门在后山种植糖蔗，并且加工成有机红糖。另外，覃哥还在山林里种果树，在房前屋后的稻田里种不同种类的水稻，还有一些稻香鱼，还经营应季蔬菜。包括红薯苗、空心菜、冬瓜、黄瓜、小白菜、大白菜、包菜、节瓜、南瓜、南瓜苗、西红柿、豆角、辣椒、大蒜、莴笋、葫芦、木瓜、花生、秋葵、茄子等。至少有 30 种以上。农场原来还有专门的观光和农业教育服务，但后来因为人手不够，覃哥担心影响了服务的品质，就逐渐缓了下来，专心做生产。

覃哥的多元化经营思路很清晰，"农场做的品种多一点，这样一点，那样一点。有时候这个服务能卖得动，有时候那个产品能卖得动。市场价格不一样，高价的时候多做一些，低价的时候就少卖一些，但我们多多少少都能提供。这样下来，农场的生活就还过得去"。农场的经营处于淡季，可以自然留空若干田地，恢复地力的同时，也能节约管理成本。正如苏联经济学家恰亚诺夫所说，小农户不同于企业的成本核算方式，是其经营韧性的核心体现。

从谈话和观察中，我们能看到农业的多功能性具有不同的循环链条。通过对各个链条的调整和优化所形成的双重回嵌过程，不仅能够维持农场生态的可持续，还能维持经济的可持续。在 2019 年的调研中，雨季、猪瘟和餐厅的转型，三期叠加，导致农场的运营小环境很差。但覃哥并不担心。暂时关闭几个物质循环链条就能有效降低运行成本。例如，蔬菜在雨季并不会生长得很快；而趁着猪瘟暴发之前，农场把所有的猪都卖掉了，也不需要多余的蔬菜作为猪食。这样下来，几乎没有经济损失。他说，"只是暂时少赚一些，待到土鸡上市，自然又有了收入"。

（二）杨家的读诵牛肉

读诵，是侗族语言中放养的意思。读诵牛肉强调食材，主要是放养的牛。读诵牛肉餐厅位于三江侗族自治县的县城。2018 年底，T 餐厅的经理给自己的牛肉供应商小杨提供建议，认为他可以考虑在县城开办一家牛肉店，销售自家的牛肉。受访的小杨手脚很快，3 个月后，就有了这间读诵牛肉餐厅。

餐厅的选址正对着三江最著名的茶楼，每天的消费量已经接近饱和。小杨说，自己隔 2~3 天，会在早上 5 点起来杀牛，上午 7 点能准时把牛肉带到店里。最好的牛里脊和很难售卖的牛骨，会专门留给店里。然后会按照预定的餐桌留存一部分牛肉，其余都会挂在店铺外面售卖；上午基本就能卖完。到了中午，就要迎接第一波顾客。下午能稍微休息，傍晚 5 点左右准备晚上的大菜。因为刚开店，大多数是熟人客户，所以，也要陪着聊上几句。这样忙下来，有时就到凌晨

2 点了。

1. 选择好牛

优质的食物，强调当地和当季只是表象，更实质的部分是食物应该与当地的生活方式紧密相关。小杨认为：

> 以牛肉为例，侗族有独特的循环山地耕作系统。在这个系统里，本地的黄牛因为需要参与耕作占据中心位置。在更早的时候，每家每户都养牛犁地；而随着打工浪潮的掀起，越来越多的人放弃了耕作。这才导致黄牛数量的相对减少。但相比广西的其他区域，三江的家养黄牛数量还是非常可观的。

> 而黄牛的喂养方式，也相对较为生态，没有太多的讲究，只要放在山坡上喂草就行。可以看出，选择三江的黄牛，不仅存量大、质量好，更看中了黄牛本身与当地生活方式的自然连接。

小杨在老家自己养牛，他的牛放在山坡上，据说当时远看很是壮观。但之前的储备大约只有 30 头，餐厅开了没到一个月，就基本销售光了。更多的时候，他是农村经纪人，帮助联系买卖村里的土食材，包括黄牛、土猪、土鸡、土鸭。但他与其他同行不一样，接受了 T 餐厅的选择标准。

他与 T 餐厅的经理是通过朋友的朋友介绍相识。那时，T 餐厅的牛肉不够卖了，经理就间接找到他。来往几次之后，逐渐建立信任，餐厅食客对这里的牛肉赞赏有加。T 餐厅的经理就决定抽空来调研，听一听小杨选牛的故事。

小杨一开始会在每个村建立起几个熟悉的联系人，关系主要是靠亲戚和朋友介绍，有时也会直接到村里的小卖部去问。现在关系网络固定了，直接通过微信就能知道哪个村里有人卖牛。了解到具体的消息后，就需要到现场查看，确认牛犊是否是放养的。这个要求，与很多的经纪人不一样。小杨的经验是：

> 我会观察当时的养殖环境以及牛的体态、毛色和粪便，综合判断这头牛的养殖过程。一般情况下，粪便都不会说谎。有时候第一眼看到体态健硕，毛色光亮，但看到粪便的时候，确信小农户之前喂过玉米和饲料，这头牛就不能要了。

久而久之，微信里的联络人也知道小杨的要求，若是不合适，一般都不会再推荐。

2. 选择好路

小杨很年轻，30 岁出头。在他更年轻的时候，就跟随着自己的叔父辈到福建闯荡，做石材生意，本想着回来三江成家之后也继续原来的生意，但一次意外的小工伤，让他决心谋求新的发展。

> 我十几岁，就与村中 100 多位同龄朋友去福建做学徒，主要是建材和石板的工作，一待就是十年，才回来。回来继续打石，但一次工伤，让我的脚趾严重骨折。养伤期间，我开始重新思考自己的发展方向，家里人认同我不再继续做建材

的想法，同时，当地政府号召返乡青年投身农业的政策也影响了我的选择，在此之后，我开始参加政府的培训班

到了 2017 年，小杨决定尝试把村里的优质的土食材卖出去。

第一步，建立与土地的关系，通过开设养殖场，试着养土鸡和土猪，重新回到供养自己成长的土地和社区。养殖场的地点就在小杨自家门前的山坡和谷地上。这个谷地的侗语发音很有意思，听起来很像"好捞钱"。

我们去到养殖场的时候，还在犹豫是否因为防止猪瘟的原因，不去查看。小杨果断地说，这里的猪对猪瘟是免疫的，大家随便看。我们将信将疑。但土猪生长得很好，有几头待产，还有几头活蹦乱跳。小杨解释说：

主要是因为饲养的方式很接近自然，猪的免疫系统从小就比较健全。我不希望自己的土猪像城里那些娇生惯养的孩子一样，被父母护在襁褓里。"养土猪，就像养孩子一样，你别看侗族的孩子们相对贫穷，但总有好身体，原因就是他们能在自然的环境中土生土长，免疫力被锻炼出来了。"

诀窍在于养殖的理念，越是土的就越有生命力。小杨说："最好能让猪与自然条件结合，这样它们的免疫能力才会提高。放养出去之后，土猪自己找吃的，自己选住的，自然与环境结合在一起；遇到什么病菌，也都可以自己克服。"

第二步，建立与政府的关系。小杨在养殖场期间的能力得到了村里人的认同，作为返乡青年被选作村委代表。这样他就有机会接触和理解政府的惠农与扶贫的政策。这点对他今后的发展路径很有影响。一方面，他参与了三江县第一批返乡经纪人的创业培训。虽然整体来看，这个活动的效果不明显，最后留下来的青年屈指可数。但至少小杨认为，这些培训让他开拓了眼界，也坚定了自己走优质土食材推广的道路。另一方面，他在联络农户共同合作生产的过程中，懂得如何利用政府资源，更快地推广生态种养模式。现在的读诵牛肉餐厅，也挂着"贫困户食材体验中心"的牌子。

第三步，建立与消费者的关系。口碑营销是小杨的核心行动理念。"从福建回来的时候，我就已经明白，只要自己的口碑做得好，产品的销路就没问题。"他把这种理念用到了后来的土食材经营当中。现在，跟消费者的信任建立，主要是通过餐厅。小杨回忆：

但一开始是通过真材实料。一传百，百传千，消费者都是陌生人，都没有亲戚。就在街上摆个小摊，然后把家里养的鸡拿出来卖。食客就拿去吃。他们会说，那家的挺好吃。他们传给朋友，朋友又来买。所以，我全部是做口碑的。又如，我的猪肉，当时别人卖到 15 元，我卖 18 元。但是我要求的质量比他们高很多，客人同样也会来。

坚持诚信和高质量的生态生产，即便在看似偏远、生态环境很好的少数民族

聚居山区，其实也是很难做到的。我们在镇里的集市赶集的时候，就能很容易看到琳琅满目的化学农资以及注水之后显出淡红色的牛肉。因此，基于生态食材的口碑营销，这虽在发达地区已经是一个商业常理，但与当地的小农户对比起来，还是非常进步的观念。

3. 案例讨论：对 H3.1 和 H3.2 的验证

读诵牛肉的案例，为我们从另一个视角解释了双重回嵌机制，尤其是自然回嵌的形成和发展过程以及这两类回嵌之间的相互作用关系。

读和诵这两个字，其实就蕴含和体现了传统的农耕文化。餐厅选择寻找这种当地食物，实际上是餐厅嵌入当地生活方式的过程，同时包含了社会回嵌和自然回嵌。一方面，当餐厅、当消费者在说读诵的时候，就应该开始意识到，这种消费的过程实际上已经进入了一个帮助传统农耕不断延续和更新的进程。另一方面，牛肉背后的生产、消费与再生产，意味着需要维持一整套可持续农耕系统。只要有放牛、耕作并且用牛粪堆肥，这种循环的山地农耕系统的生命就依然存在。

放牛和放养是两个概念。一种是穷养，另一种是富养。资本化的养牛场也讲放养，但放养是为了建立一个营销噱头，本质上还是资本化养殖的体现。放牛就不一样了，它其实就是一张山地农耕生活的图景，一种少数民族聚居区的农耕生活状态。老人在放牛，更多的是为了耕作，其余的牛才可以拿去市场卖。

三江的黄牛养殖是一个很自然的状态，甚至可以说是放在森林的野生状态。比如说，家里牛特别多，小农户就会放到山里面去，牛不回来人也不回来。若是每天或者隔两天，去看看牛还在不在，一般情况是找不到的。有一些家庭，还有老人帮忙看牛。那他就在放牛的地点附近搭一个小棚，架上柴火灶，在那里和牛一起住。三江的牛，就是在这个状态中生长的，人工参与养殖的程度很低，差不多就是野生的状态，这是很难得的。T 餐厅的经理说："我们也去跟过这些牛群，走路需要两三个小时，的确很难找得到。"

三江的黄牛放养，在现代化难以触及的区域进行，当地的生态环境几乎处于原生状态，也从一个侧面体现了放牛和养牛的区别。所以，读诵牛肉是指在桂北地区的侗族或者苗族农家放牛的牛肉。而且，它是当地相对来说比较纯正的土牛。他们分散养殖，一家一户可能有几头牛。这种形式就相当于最初的土鸡养殖一样，都是靠本地母鸡孵化出来的"走地鸡"。三江的纯正的本地牛已经很稀少，所以本地的母牛或多或少会跟另一个本地品种杂交。比如说，贵州的比较大一点的品种，得来新品种牛也算纯正。杂交唯一的好处就在于牛稍微长得快一点。比如，纯正的本地牛可能要两年甚至四年后才可以上市销售。那新品种可能少一年也可以卖了，但是在体型上、外形上区别不是很大不懂行是看不出的。

没有人去把这种牛都迅速市场化，因为这种牛相对于主流市场牛的成本要高。价格贵，肯定就没有大市场。"为什么你要卖 58 斤的牛肉。有的卖 30 多块钱 1 斤，甚至 20 多块钱 1 斤。"小杨说，这里面有个价格门槛。但他还是更认同 T 餐厅的海报上写的，"你不吃他，就留不住他"。这句话就很清晰地反映出了食物消费必然要嵌入的社会与自然关系。

主流的舆论很喜欢羡慕日本的和牛。但 T 餐厅的经理觉得未必那么好。在他看来，三江的牛肉很自然地能把日本和牛比下去。"和牛都是商业化甚至工业化的操作，而三江的放牛很珍贵。在市场上真的不是很轻易可以找到的。"

可见，小杨的餐厅已经将食物的收集、加工和消费过程，与食物原有社区的农耕生活紧密联系在一起。通过吃土食材的行为过程，让消费者和土食材以及背后的传统农耕生活方式重新建立起关系。由此，通过食物生产和消费，实现自然与社会的双重回嵌，重新为农耕传统和城乡发展赋予新的活力。

（三）黄三嫂家的猪肉

黄三嫂的家住在南宁市横县平马镇的三叉村，距离县城大约需要 40 分钟车程。这是一个壮族人居多的村子，交通相对闭塞，多数青壮年在横县以外打工。但优美的生态环境，恰恰给生态生产提供了必要的环境。2006 年，香港社区伙伴（PCD）来到这里，开始推广社区支持农业模式，并在这里推广有机稻米种植。黄三嫂参与其中，受益良多，并逐渐成为了村里生态种植的带头人。

村里大约有 80 亩地，她所在的家族里，大约有 7 亩地，分为 11 块，散在村子各处，因为孩子也都在外打工。所以农事主要是夫妻二人承担。黄三嫂说：

我每天管理菜园的时间大约分为两块。大约早上 5 点至中午 11 点是第一块。其中，上午 7 点需要完成新鲜蔬果的采摘；并集中其他 5 户的产品，统一称重，打包之后，记录每家的供给情况。然后，让黄三哥骑着摩托车，把它们运到镇上的快递店发货。

这些新鲜的菜品，在上午 8 点准时出发，大约用半天的时间，运到南宁 T 餐厅的后厨。其后，我们夫妻二人能抽空回家吃一碗早饭；一般是白粥和青菜。中午饭一般在 12 点开始。午休以后，开始第二块地的工作，下午 4 点会继续到菜园打理，工作到天黑，大约已经晚上 7 点。

1. 独行的土猪

黄三嫂主要供给餐厅的产品是土猪。选择土猪，最早是由 T 餐厅的志愿者帮忙联系的猪苗。一开始只有两三头，然后黄三嫂和黄三哥就让土猪自己繁殖。最多的时候，两人同时管理超过 100 头。

散养土猪的管理方式非常不一样。因为猪的脾气很难控制，围栏对它们没有效果，所以选择全部放在离家步行 20 分钟的山后面管理。在准备生产的时候，黄三哥不能靠近，母猪就非常难找到。仔细一想，每天上山不见猪，心里会不会很着急？

一开始的确是着急。前年有一只大猪，找了近1个月都没有找到。最后是其他邻居放牛的时候，看见一只小猪仔，我们一路追寻，最后在一个超过2米深的小山坳里找到了母猪和一大窝猪仔。但把它引回来又是另一个技术活。我每天担着一桶混合的猪食，到母猪窝着的那个非常远的山坳边上，诱它进食。就这样，每天把桶向回挪动一点，硬是挪了一个月，才把母猪领回原来的山上。这算是一个极端的例子，多数情况下，母猪带着小猪仔们，自己回到山里。当然，这么多年来，也有一两只猪，真是一去不回的。

怀孕的母猪，往往更喜欢独自处理"生产问题"。它们自己铺的猪圈，好像地毯一般，呈一个大圆形，非常厚实，比人铺得整齐多了。野猪独处有助于产后的恢复。但也正因为野猪生产时远离人类的习性，为保证生产的效率，黄三哥需要在挑选母猪的时候，要选择生下来不会乱翻身的那头。因为它一翻身，会压到其他猪仔，自然降低了繁殖的成功率。

公猪的管理比母猪要费心。有时候，公猪会跑到其他村里，到猪圈里去拱其他的母猪。为了从山里抓回一头公猪，需要费很大力气。抓猪的事情都是黄三哥来做，我自己可没有这么大力气。有一次，我们二人和村民们围堵一头猪，那头猪很凶，獠牙也很长，大家在追的时候，土猪突然掉头冲向我，我自己脚下一滑，裤子都摔烂了。

食物似乎有重新塑造小农与自然关系的能力。土猪养久了，黄三哥和黄三嫂的养殖经验也水涨船高。至少不会再为每天看不到的母猪们担心。似乎顺应自然的放养不仅是形式，更改变了小农原有的思考方式。

土猪的价格一般维持在25元/斤，至少养殖超过12个月。但由于投入的养殖成本很低，而且处于放养状态，因此，利润很可观。超过5年的养殖过程让黄三嫂一家盖起了三层的新房子，虽然没有正式入伙，但喜庆和富足的神态，还是洋溢在他们一家人的脸上。

土猪的故事是这次访谈原本最有趣的部分。但目前由于非洲猪瘟流行，最后的土猪都已经卖掉了。我们很遗憾，没有见到"本尊"。

2. 新鲜的蔬菜

我们访谈了另外的五位农户，了解关于蔬菜种植和管理的过程。黄三嫂从隔壁的刘圩镇嫁到这里，很快融入了大家族。一起供给T餐厅的农户与她的关系非常亲密，分别是她的婆婆和两个嫂子，还有两户住得稍远的亲戚。其中一位嫂子，还在T餐厅工作过。而另一位嫂子则为了餐厅的需求，在当年特别改造了自己的水稻田，用于蔬菜种植。黄三嫂为我们到菜园里摘豆角。即便每天打理，雨季的菜园还是一派"草盛豆苗稀"的景象。但似乎正是这样的自然条件，让豆角长势更好，也几乎没有虫眼。

依靠三叉村的 6 户小农生产，基本满足了餐厅对蔬菜的需求。主要产品涵盖了本地能够见到的应季果蔬，包括：红薯苗、空心菜、冬瓜、黄瓜、节瓜、南瓜、南瓜苗、西红柿、豆角、辣椒、大蒜、莴笋、花生、茄子以及超过 5 个品种的白菜。

农户的生产是从日常生活出发。平日自己也种、养干净的食材给自己吃。T 餐厅要干净的食材，大家就顺着自己原本的逻辑和方式，多生产一些，是很自然的。没破坏原本的村社生活与种养状况。

3. 案例讨论：对 H3.1 和 H3.2 的验证

黄三嫂的案例同样体现了双重回嵌的形成和发展过程。社会回嵌主要体现为信任合作（社会认同）、质量监管（社会认同）和直接收入提升（市场认同）三个方面。同时，自然回嵌主要体现为采用绿色技术（自我认同）以及提升间接收入（市场认同）两个方面。而回顾案例的过程，发现这两个机制相互作用的过程。

黄三嫂与 T 餐厅的经理的合作已经超过 15 年。最早，他们是在种子网络的会议上认识。黄三嫂那时因为能说比较流利的普通话，就被选为村里的会议代表。在沟通中，T 餐厅的经理对三叉村的生态环境和农民的生态自觉意识留下了比较好的印象。在几次实地调研后，T 餐厅的经理选择将黄三嫂和另外几户的农产品纳入餐厅的供应链。

这种供需关系的长期维持并不容易。在 T 餐厅的经理看来，真正能够让这段有边界的市场关系稳定下来的是"匹配"。T 餐厅的团队与黄三嫂和她背后的小农户组织之间通过无数次供需的调整、沟通与磨合，所建立的相互理解和信任。而借用 T 餐厅的经理的话说，这是小农户与有边界市场的一种"匹配"能力，餐厅的需求始终是第二位的。

"匹配"一词，体现了小农户回嵌社会关系的逻辑。而小农户严格按照餐厅提出的生态生产模式进行供给，则体现了回嵌自然关系的逻辑。黄三嫂在其中扮演了很重要的监督作用。她之前参加的社区伙伴（PCD）种子网络培训，让她能够比其他农户更先了解农业的多功能价值。

同时，黄三嫂的性格质朴、平顺、善良，这也是参与合作的农户性格的共性。黄三嫂说："赚到的够吃就行，餐厅要得多，我们没法马上生产，也不必要收其他农户不合格的东西；餐厅要得少，我们不采、不发货就行，也不吃亏。"这与传统市场营销所推崇的理性经济人格格不入，却能看出土食材生产者共有的内在特性，如包容、韧性、持久的活力以及对土地和食物的热情。

若是没有这样的性格，就不可能消化餐厅多次的需求波动，不能做到餐厅要求的匹配。当然，性格背后定然是小农户生产的优势和弹性。"船小好掉头"，当完全控制土地、劳动力和技术要素时，他们应对需求波动的韧性，实现匹配有边界市场的能力，远大于其他农业生产组织形式。

三、多元理性与双重回嵌

在实体主义的研究看来，经济学问题和所有的人类行动一样，都有必要被抽象和归纳地进行解释。波兰尼却强调，应从人类实践行动的视角重新认识理性。他试图讨论对于宏观历史的连接和微观行动之间的关系（王铭铭，2019）。这是理解多元理性主导下一家两制可能出现改变的重要的关键节点。而理解双重回嵌过程，则更加侧重于描述农户实践中所出现的三类认同对于一家两制的改变过程。

本节利用三个典型案例，进一步讨论了三类认同与理性和双重回嵌的在实践中的联系，这种联系的清晰化对于梳理从"个体自保"向"社会共保"的路径具有关键意义。在不同的理性相互融合的过程当中，需要一些新的分析视角来去理解它的变化。

首先，在讨论自我认同的过程当中，主要是基于生存理性，并最终触发自然回嵌机制。其次，在讨论社会认同的过程当中，主要是基于社会理性，并最终触发社会回嵌机制。最后，市场认同的形成源自经济理性，并同时触发自然回嵌和社会回嵌。而当我们从实践中观察这些进程的时候，就能发现，三类认同的过程，在实践进程展开之后，会在具体情形中，演进出更多的变化。

比如说，第一类情形，原先生产者就对本土的食物和生存环境有很高的期待。它在整个生产活动当中，表现出来的归属感就会很强。这种归属感并不随着对于市场的关系加深而改变。第二类情形，在市场关系反过来对本土的食物质量形成明显冲击的时候，它背后的这种政治权力也受到市场的扭曲，则当地的农户会改变的行动策略。比如，他们会增强自己对于本地食物的自我认同，增加 B 模式的生产。第三类情形，在市场的干预之下，自我认同首先被逐利的生产行为冲击，呈现出消失殆尽或者是被削弱的状态。但在食物体系双重脱嵌的背景之下，这种自我认同，重新被重拾、被发掘，它的价值是非常重要的。生存理性本身的自觉便对应了自我认同的形成。或者说，自我认同能从新角度能让我们更好地理解和把握生存理性。

我们也可以从对认同的对象去思考。之前，虽说也有多元理性主导的生产行为，但是农户生产出来的食物并不是在食品安全的理解框架之下。这种认同，实际上也不在理性的视野范围内。而在双重脱嵌的食品安全危机下，农户的思考和实践之中，在市场的发展进程中农户对食物有了重新认识。即若是没有自家的安全生产，很难在市面上买到符合自家安全标准的食物。这一方面是对自己参与生产食物的某种否定，另一方面也是对市场和经济理性的一种质疑。在这个层面上，农户对食物多元价值的认同，才会有真实分析价值。

在新自由主义主导下的现代化历史大剧中，市场总能扮演非常核心的角色。无论在哪个国家、哪个具体领域，似乎一旦与这位主角唱了反调，都不会有什么好下场。乍一看，食物市场自然是其中一例。越来越便利的物流、越来越先进的仓储、越来越大规模的生产，能让消费者忘记食物背后的诸多事实。其实，食物不只具有商品属性。它还连接着培育它的土地以及这片土地上守望着的农民、乡村、社区、道义、文化与历史传统消费者的遗忘……某种程度上与对食物市场的理解有关。

而波兰尼对于市场的洞见，有助于我们重新定义食物市场、市场深化及其具体的影响。波兰尼指出，市场需要被区分为具体的交易场所和抽象的竞争性供求机制，且两者截然不同。从历史来看，中国农户千年以来高度发达的农业贸易市场，即便历经朝代更迭，但其参与市场的历程极少出现系统性间断，而且可以肯定中国的食物市场不是随着新中国的改革开放才开始的。而现在的讨论，同样是基于我们对中国农业与食物市场化进程所取得的成就的肯定。这两个现象的定义，对应的是历史的积淀与现实的发展，两者实际上正好对应了波兰尼对市场的区分。

因此，在厘清市场内涵基础上形成的双重回嵌概念，则更像是一种理想类型。随着时代的发展，波兰尼当时的研究背景已经与现在的时代发展形成了巨大区别（王绍光，2008；符平，2009；庄孔韶，2008）。但其中蕴含的强大分析能力，还是有助于我们去理解市场深化背景下，B 模式所具有的独特意义。

第一，历史上农民参与食物市场与 1978 年之后的食物市场有本质区别。明清时期的农产品商品市场，是从乡土社会中生长出来的，是嵌入的状态，这与当下脱嵌的商品市场截然不同。社会主义时期，农户的粮食被强制性地卖给国家，这时市场逻辑和乡村社会逻辑都要服从强大国家的政治逻辑。无论是施坚雅还是波兰尼的框架，都不太适合分析那个特殊时期。反而，恰亚诺夫和舒尔茨对于农户生命力和不可分性的阐述，适合作为人民公社时期的对照分析。

施坚雅（1998）的研究为我们呈现了中国清末高度发达的食物市场，而这个市场正式基于乡村社会关系网络发展起来的，是由熟人社会的社区市场逐渐汇聚成全国市场。那时，既没有当前人们认为会威胁食品安全的化肥、农药、激素、转基因等投入品，也没有发达的交通和物流体系，信息的传递也不通畅，大多数的食物都是农民自己消费的，仅有很少部分卖给市场。

历史上中国的食物市场根植于小农生产方式，食物生产与消费的背后并不存在单一的追逐经济利益最大化的动机，而投机、仔细的算计以及激烈的竞争文化所共同构建的市场制度，同样不是当时中国食物市场扩大的理由。食物的生产更重要的是包含了食物对生产者的生存价值及其以自身为中心的熟人关系圈的社会互动价值。

1949 年，中国的城市人口只有10%，到1978 年，中国的城市人口不到20%（实际值为 17.8%），最主要的原因，是没有足够的食物供应给纯城市消费者。的确，中央和地方政府对于食物的生产、分配与管制甚至市场本身的出现和兴起都起到重要作用。但传统的熟人社会的社区市场交易，还可以视为一个嵌入社会关系的市场关系。

而现在中国的主流食物市场，则基本上只体现了食物的商品功能而忽略了其背后的社会功能和生态功能。其核心特点是与食物相关的经济行为从原本嵌入社会和自然的关系当中被剥离出来。这个剥离的过程，很明显地造成了个体行动者尤其是农户与整个社会消费需求之间的巨大裂痕。原本附着在食物之上的社会关系、历史传统、日常生活、互惠互利、风味、风俗、信任、信仰、道义、道德等全部可以被货币和逐利交易所化约。由此，伴生的困境不仅是系统性的食物安全风险，更是深刻的食物道义危机和生态环境破坏。因此，这类市场可以视为一个同时脱嵌于社会和自然的竞争性市场制度。

第二，双重回嵌状态并不代表没有市场交易行为，或者否定市场的存在意义。在波兰尼看来，嵌入状态下市场逻辑服从于社会和自然逻辑。市场的经济行为首先以社会秩序和社会互动的需要为前提。而脱嵌状态则指的是社会、自然与经济关系的逻辑倒置。脱嵌作为一种隐喻的研究定义，并不是指存在一个真实且独立于社会存在之外的完全自由的竞争性市场机制，而是市场经济主导社会关系所形成的社会市场状态。相对于之前的嵌入状态中所形成的社会经济治理机制，市场脱嵌状态或者说社会市场状态，会因其内在的"商品虚拟化"机制，而对社会秩序和自然秩序产生破坏性影响。

因此，本书所定义的双重回嵌，是指存在社会逻辑和自然逻辑重新主导市场上的食物生产、分配和消费实践。结合波兰尼的概念所提出的经济社会治理状态，这种重新支配的核心表现是需要重新建立食物生产和交换的基本逻辑，让市场逻辑重新尊重社会逻辑和自然逻辑，从而消除脱嵌带来的食品安全威胁。

第三，双重回嵌的概念适用于分析经济社会体系转型背景下，B 模式的拓展与现代市场的关系问题。引入波兰尼的框架，有助于我们完成两个方面的调整。一个是意识到脱嵌是一个理论背景问题，而做主要讨论的部分需要聚焦到 B 模式的拓展怎样实现了双重回嵌？另一个是意识到梳理 B 模式历史背景的重要性。有必要阐明中国几千年的农户经济以及近两百年来越来越大规模的市场交易，和近几十年市场逻辑占主导地位的竞争性市场制度期间存在着时间上的接续和概念上的严苛区别。

市场化的程度是判断市场逻辑是否脱嵌的关键。从市场与社会的关系角度来看，中国的食物体系开始进入既有传统生产，也有现代生产的状态，市场开始逐渐占据主导地位，并与现代生产相互结合，构成了一个强势的以资本为主导的生产模式，推进了食物体系的转型过程。

在波兰尼看来，拥有一个恰当的转型速度，是任何社会转型成功的关键。只有将转型速度与人们的适应速度相比较才能决定社会转型的真实效果。食物体系的转型也不例外，如果转型的即时成果是有害的，那么就应该马上反思。因此，在食物体系转型的进步过程中，需要将这种进步的速度变为社会能容忍的程度。

综上所述，中国现有的食物市场的关键特征是伴随市场化深入，食物的市场逻辑越发增强，对应的是食物与自然、社会关系的联系越发减弱，进而引发一系列食物市场的危机，包括信任危机、质量危机和环境危机，其核心表现就是食品安全问题。因此，本书使用双重回嵌概念，作为一家两制 B 模式拓展的讨论视角，是承接微观经验与宏观背景讨论的重要路径。

优质食物的生产和消费，应该衔接的是具体的交易市场，而这种交易市场有非常明显的特征。一方面，它不是以投机、仔细的算计或者是收益动机为主导，也不应该形成依仗激烈的竞争才能生存下去的市场格局和经营文化。另一方面，它以关系圈的形式存在，与熟人社会有着千丝万缕的联系，能通过已有的信任网络划清自己的边界，也能通过更新信任网络来缩放互动的范围。这样，B 模式所依赖的交易场域，既区别于主流经济学所定义的现代市场，也需要借助现代的工具，比如互联网和物联网技术来唤醒传统的交易方式的活力。

这种区分在讨论如何拓展影响力的问题上，同样具有重要意义。即能够说明，农户对优质食物的生产和消费行为，本质上并不是由逐利市场机制所形成。它意味着具有双重回嵌特征的食物价值，更倾向与关系而不是金钱相结合。这有助于纠偏政府和企业在理解农户生产行为的过程中长期形成的误区。

总体而言，进行理清双重回嵌对 B 模式的拓展的意义，即社会逻辑和自然逻辑对于市场逻辑的主导性，就能更精确地界定食物多元价值概念的内在逻辑、理论贡献和历史背景，也有助于更清晰地讨论食物的社会和自然价值，为食物与现代市场的衔接提供理论支撑。

据此，我们已经讨论并验证了两个子命题，即 H3.1 社会回嵌机制（具体而言，生产者和消费者之间的社会关系越紧密，社会规范对市场逻辑越能形成积极影响）以及 H3.2 自然回嵌命题，即农户对于自然环境的保护意识越明显，自然规律对市场逻辑越能形成积极影响。在实践中，这两个机制相互作用，并通过多元理性中的合理审查机制，改变农户对食物的三类认同，即自我认同、社会认同与市场认同，由此，不断推动一家两制 B 模式的拓展。

第三节　更大范围的社会自我保护的路径讨论

基于第二节的讨论，我们可以进一步讨论本书所提出的第三个命题。即当一家两制的趋势以相互依赖的行动结构出现在系统层面，便促成了食品安全社会自我保护现象。

在食品安全社会自我保护的发展过程中，需要经历"个体自保""集体共保"以及"社会共保"三个阶段。由于政府、市场和以生产者和消费者共同构成的社会主体等主要参与主体之间，存在互补失灵、协调失灵所构成的三重失灵（张丽等，2017）。这类三重失灵的存在，让社会自我保护的发展演过程非常复杂，不会一帆风顺。一方面，单个主体行动取决于对他主体行动的预期；另一方面，食品安全的公共性又阻止了深度多主体行动的达成。它们使该领域的单一主体和多主体行动在各因素推动下，呈现出一种动态的多重均衡。借鉴托达罗和史密斯（2009）多重均衡的思想，本书建立了食品安全社会自我保护阶段演进模型，模型如图 10-2 所示。

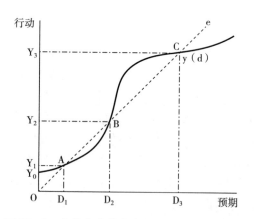

图 10-2　食品安全社会自我保护阶段演进模型

在图 10-2 中，包括生产和消费等多个阶段的实践。在理想情况下，e（45°的直线）表明各个主体的行动等于各自预期。由于经济运行的周期性、农业自然生产条件的不确定性及农户作为单一的社会行动个体和其他主体行动间的复杂互动过程等，农户的行动随预期的变化曲线呈"s"形。这一形状主要反映了农户行动正向地取决于其对于食物体系其他行动者的预期。当正向的预期增长到一定程度后，食物体系的社会自我保护运动将会出现滚雪球式发展。下文将具体讨论行动的"s"形曲线的三个阶段。

一、"个体自保"实现阶段

本阶段为预期从 0 到 D_1 阶段，y（d）从 Y_0 缓慢增长到 Y_1，是农户在生产过程的行动在开始尝试的关心自家的食品安全。其中，点 0→Y_0 表示农户预期没有其他主体采取社会自我保护行动，但仍然有数量为 Y_0 的主体在进行自我保护，例如，政府在这时也加强了食品安全监管。它是在农业生产环境不稳定、市场价格不确定的威胁下，企业和农户在市场价格的激励下采取行为，如提高对优质农产品的收购价格，推广有机生产方式等。在这一阶段已经出现了农户为自家进行的专门生产，也就是一家两制，而城市的消费者也开始追求更优质的农产品。Y_0 的存在会以各种形式可预见。例如，不同地区、不同农户之间通过互联网、报纸媒体等方式，完成生产经验和营销方式的交流等。此外，还存在以不可预见的方式对其他主体产生影响，比如互联网在食品安全知识普及过程中，显著提高了社会的食品安全意识，而乡村基础建设的完善所带来的交通可达性吸引了更多的城市居民，让他们更容易亲近乡村，由此促进相关食品的消费。于是，预期的集体行动将突破 0，实现一定程度的增值。与此同时，农户的行动随预期正向增加，并与 e 相交于，A（D_1，Y_1）这是个体自保的均衡点。

随着市场制度在包含自然和社会意义的食品领域逐步建立，单一经济理性开始主导食品交换系统。逐利行为在增加食品供给和提高流通效率的同时，也极易在信息、信任、监管不足的条件下使每个参与其中的个体陷入乔治·阿克洛夫（1970）所说逆向选择困境。

在生产环节，由于食品质量是农户的个体信息，消费者只能根据市场的平均质量出价，导致安全食品难以被识别。而为了在既有的市场价格空间中盈利，单一经济理性主导下的农户常以过量化肥和农药等资本品代替劳动投入，生产不安全食品，构成食品安全威胁的发端。

在消费环节，单一经济理性主导下的城市家庭，对食品的要求不仅要廉价，还要购买方便，品相好且口感上佳。但实际上，消费者的这类行为，既为不安全的食品创造需求，迫使安全食品退出市场，也将为不安全食品生产行为所带来的风险埋单。

双方如此反复互动的结果便是食品市场失灵。加之政府在信息不对称条件下，同样出现监管失灵的状况，最终诱发"劣食品驱逐良食品"的现象出现，食品安全事件开始集中爆发。在这样的背景下，一部分农户和城市家庭开始反思，重新发现食品内在的自然和社会价值，逐渐将单一理性拓展为多元理性，并通过多元理性主导下的实际行动，在食品交换系统中寻求家庭层面的"个体自保"。

该阶段属于奥尔森（1995）论及的小规模多主体行动。此时，参与食品安全社会自我保护的多个主体已经意识到食品安全的重要性，这种小范围的深度融合是一种联合行动，其出现的机制类似于农户一家两制的生成。总体而言，个体自保为更大范围内的食品安全社会自我保护提供了坚实的发展基础，但相对于实现食品安全社会自我保护的总体目标而言则相对独立，影响有限。初始行动者付出较高的社会成本，行动的增加数量在一定时期内，还远远小于预期的增加，食品安全社会自我保护依旧处于低水平的均衡。

二、"集体共保"实现阶段

本阶段为预期从D_1增加到D_2，y（d）行动主要依靠其多元理性中的"合理审查"机制，因此，社会行动的变化幅度较小。而当社会行动各个主体对于农户的安全生产行为支撑足够大时，就会推高农户对优质食品生产的正向预期，形成农户优质食品生产行为的自我增强（Self-reinforcing）机制，激励他向匿名市场提供优质产品。在这个阶段，政府和市场对食品安全自我保护采取的各种鼓励及支持行为，市场和企业投资的大量增加以及社会主体的自觉参与都会对食品安全社会自我保护起到重要的帮助。

需要注意的是，在此发展阶段中，必然会经历点。它是一个不稳定均衡点，也是社会行动各个主体预期与农户行为从个体自保走向集体共保的标志。即农户需要更强烈的社会认同（一般表现在市场价格和农产品利润率上），才会向匿名市场提供优质产品。

此时，需要认识到，农户能够通过多元理性的"合理审查"机制，有助于推进改变的进程。食品安全社会共保，需要懂某个群体发动的行为改变开始。这些改变多是外力促成的，但只有改变背后的心理过程，才是社会依赖的内在力量。这也正是多元理性分析的价值所在。同时，政府和舆论的推动也非常关键，细微的差别可能导致截然相反的后果，在集体共保正向的道路上，需要每单一社会行动主体的通力合作和有效实践（Wittman H.，2011）。

三、"社会共保"实现阶段

本阶段为预期维持在D_3水平，农户的生产行为，在社会各个主体的行动改变之后，同样开始发生积极的改变。尤其是在"合理审查"机制之下，开始对匿名市场供给相对安全的食物。同时，社会开始对这种现象予以关注，并通过建立创新的信息沟通平台，了解农户的食物生产过程，给出足够的价格激励。在图10－2中，C（D_3，Y_3）是高水平均衡点。此时，社会共保实现，政府、市场和社会之间实现真正的融合，新型的、更高水平的跨界合作和创新机制。在政府行动无法有效开展的场域，社会成员在信息和行动层面，实现某种程度的替代。在食品安全领域，这样的替代性显得尤其明显。食品安全社会自我保护，试图回答谁来推动食物市场再嵌入的主体问题。在食物市场的脱嵌过程中，应认识到中国的食物供给的主体是数量庞大，难以组织的小农户。

小农经营的分散性所带来的食品安全问题，让其很难被政府部门的社会动员和立法监督所触及。因此，需要建立提高优质食物供给的机制，以创新性的视角理顺政府与社会成员之间的关系，才有希望解决更深层的问题，即食物的生产质量和食物体系的可持续性问题。在模型中，C点达到平衡，这意味着食品安全社会共保机制得到初步建立，食品安全的目标也基本实现。

食物多元价值的重要性重新被重视，为食物体系的转型提供了重要新视野。对于未来的展望，我们应该容许更多元的可能性。需要看到在全球化和资本化背景之下短期内看不到以大宗跨国交易为标志的资本化的食物产销链条断裂的可能性。

第一，这种追逐利润的食物体系已经形成很久。它不只是在现代，在对应的资本主义早期萌芽阶段，就已经伴随着整个生产模式。而在资本主义发展和壮大以及升级为全球化的帝国主义的过程当中，它也并没有式微。

第二，如果突然没有工业化的食物体系支撑，那么很多人的生存都将成为问题。经济的发展是难以持续的。工业化食物体系在本质上还是服务于资本主义体系本身，为了提供廉价的服务养活更多的工人阶级提供更加廉价的劳动力。它的背后，选择的是廉价的工业化农业生产模式，而这种生产模式最后会被科技扭曲为非常破坏性的状态，尤其是对社区的社会网络和农业与自然之间的关系来说，造成的是一种深刻的破坏，多角度地呈现了工业化的食物体系的不可持续性（拉杰·帕特尔和詹森·摩尔，2018；李根蟠，2017）。

第三，所有的自然和社区主体与食物的可持续互动，都是作为一种替代性的食物体系的出现。替代的概念，一方面指的是数量上的替代，另一方面指的是质量上的替代。关键是应考虑到每一个人的食物供给存在固定的数量要求，并不可能完全由小规模的农业所养活。很多的实验证明了在局部的单产当中，有机的农业的确可以达到工业化农业的产量，能够大规模地推广。

但当大规模这个词再次出现的时候，我们要对绿色革命所伴随的规模农业本身反思，因为，农业对于生态资源的影响在规模农业中所呈现出来的这种负面性，不仅是破坏和资源上的不可持续，而且还包括了对于人类社会互动行为的一种扭曲或者是异化。劳动力和土地被抽象成为一种生产要素，涌进时代的所谓现代化的车轮当中不断前行，以至于餐桌上的食物越来越丰富，但消费者和生产者都没有办法选择自己吃什么，即没有选择权的农业。

实际上，农业本身的在地化和社区化是相互为前提，因此，有机农业本身的这种可复制性或者是替代性，体现在之前我们所谈及的质量的关系，农业生产者相互之间的连接强调或者内涵地要求了，这种质量的呈现恰恰不能以连片的、同质化的、规模化的以及单一的功能所表现出来。有质量的农业关注食物和社区的关系，它往往是一种遍地开花，花开多样的形式。而每一朵花，每一个食物和社区的关系构建都是一个生命的浇筑和成长的历程，不是一朝一夕的事情。每一个社区里面的组织具有很大的异质性，这种组织的异质性恰恰是不可复制，且极其难以推广的。但是，我们从另外一个层面去理解这种模式的可推广性和可复制性本身就存在。因为，每一朵花都有可能在不同的空间当中去绽放。尤其当回到中国的实践中，就能发现农户的 B 模式的扩展实际上正是一种强调在地化生产模式。

从社会运动和模式的形成过程来看，其中就包含了一种结构性的社会互动。其特殊之处在于，在互联网时代，在生态文明时代，我们需要通过从食物和社区的紧密互动中得到启示，有信心去畅谈一种对世界改变认识的可能性。尤其是有信心去放弃对原来传统福特工业主义，应用在农业生产中的盲目崇拜。进而，带着一种反思的情绪理解食物体系的更新与迭代。

第四节　本章小结

农户多元理性（尤其是"合理审查"机制）对其生产的影响，可以形成结构性的"集体共保"行动。于是，农户在各个自我保护运动发展的阶段，选择不同预期而形成的不同行为。各个主体之间，从缺乏融合到深度融合，从缺乏合作到有效合作的关系变化过程，正是食品安全危机从"个体自保"到"集体共保"，再到"社会共保"的过程。由此，完成了对命题 H3 的讨论：即当一家两制的趋势以相互依赖的行动结构出现在系统层面，便促成了食品安全社会自我保护现象的出现。

可以说，一个社会自我保护运动，虽然几乎所有的组织方式在微观层面都是农户和消费者自发构成的区域性活动。但这一运动依旧赋予了整个国家食物制度转型以宏观意义，因为这种区域性事件属于在中国其他地方都经常出现的自我保护行动，或者因为它们通过运动的联系和社会网络将"个体自保"的实践提升到"社会共保"，它们实际上是在国家范围内生成和运营与变革的运动。实际上，一家两制的参与者在某种程度上是相似的，农户行动有时是相同的；动员的形式也往往是相同的，各个区域之间建立的活动网络就是从这些个体实践的集合中诞生。中国的社会自我保护运动没有一个统一的组织负责，但显然没有影响共同的目标、框架和动员形式和积极行动远景。

在这个过程中，需要政府、市场和社会各界的社会成员参与食品安全社会自我保护的进程。它们的合作与协同将为实现多个主体的深度融合提供足够的正向激励和推动力，最终构建食品安全社会自我保护体系。

第五部分

总　结

第十一章 结论与讨论

> 导读：本书将农户的一家两制动机的解释框架概括为多元理性。核心问题是：理性的各个向度在什么背景下，以何种机制、受何种条件影响而相互转换和互动，以完成对农户实践生成与演进过程的"合理"解释？
>
> 本书分析了不同食物交换场域与多元理性的关联方式以及多元理性在实践中的动态变化过程。通过构建多元理性分析，设立操作化命题可以回归行动意义层面的理性定义，理解一家两制的内在机制，并讨论其发展趋势。由此，提出以多元理性为分析起点的发展中国家小规模农业和农户生产行为解释框架，为从"实践—理论—实践"的角度认识农户的生产实践提供新的理解基础。

第一节 主要结论

本书扎根于中国基本经验，提炼中国实践逻辑，讨论了在食物体系转型过程中脱嵌型的市场社会出现，导致了日益严重的食品安全威胁，中国农户在此背景下进行了一家两制的差别化生产，以多元理性为逻辑起点揭示了背后的理性选择机制。

通过对6省份农户一家两制案例的考察，发现仅从经济理性出发很难对此行为做出恰当的理解。因此，本书试图从认识论层面进行反思，聚焦农户生产中所存在的生存理性、社会理性和经济理性，重新讨论理性的概念，并由此出发理解农户一家两制动机。就此，对不同场域与三类理性动机的结构性关联以及三类理性动机之间的转换和互动过程进行分析。

一方面，"差序责任"机制是促成多元理性的宏观结构因素。"差序责任"机制的存在使农户在食物体系转型的背景下，根据具体场域中客观存在的差别和距离理性地选择差别化的生产方式。但与此同时，农户的一家两制让熟人社会与匿名市场在食物供给的质量安全上存在差距，增加了农户和消费对象之间的相互不信任。在农户进行个体自保的情况出现时，互动场域的距离反而被拉大。

另一方面，"合理审查"机制是权衡多元理性的微观判断原则。在面对不同的具体场域互动融合时，农户能主动判断其对生产行为的意义，并在三种不同类型的理性之间展开权衡，通过它们之间的相互转变，并进行互动，最终形成一种满足"合理审查"原则的行为组合。

"差序责任"与"合理审查"两者之间存在紧密的联系，对于重新认识农户的一家两制动机是不可或缺的。既不片面强调"差序责任"的作用，而忽略农户基于"合理审查"之后的多元理性的合理选择；也不是仅强调行为的合理性，以理性假设机械化地推演农户的一家两制。而是在两者的紧密互动中，既考虑"差序责任"机制对理性选择的结构性影响，又考虑农户在微观实践中，通过"合理审查"机制形成的多元的合理行为动机。本书意在以此为基础提出以多元理性为分析起点的发展中国家小规模农业和农户生产行为假定，构建符合实践逻辑的农户生产行为解释框架。

由此，本书希望这个讨论能对未来的农户行为研究有所启发，走出理论讨论中的单一理性，走向实践研究中的多元理性。在食物体系转型背景下发生的食品安全威胁，使农户呈现出一家两制的"个体自保"行为。而本书对三类理性之间转换与互动过程的讨论说明，优先确保家庭成员和熟人社会获取安全的食物只是农户不得已的暂时选择。创设食品安全自我认同、社会认同与合理价格支付的市场认同等条件，农户的多元理性同样可能支配其为匿名市场提供更安全的食品，以完成构建食品安全"社会共保"、社会共治的新尝试。

第二节　讨论与政策内涵

一、可能的创新点

本书讨论了在食物体系转型的过程中，特别是在食品安全威胁下，中国农户所进行的差别化生产及其背后的理性选择机制。由此，将中国农户生产行为实践提炼出多元理性的内在机制，在问题选择、学术观点、研究方法、分析工具、文献资料等方面均有一定突破和创新之处。

第一,创新性地提出多元理性分析框架。基于对中国食品安全问题的本土实践经验的长期调研,研究论证了包括生存理性、社会理性和经济理性在内的多元理性支配了农户的一家两制食品安全自我保护行为。多元理性的内在机制是,一方面,在"差序责任"的作用下,农户在食物体系转型中,因受到系统性的食品安全威胁,而不得已进行了内外有别的一家两制。另一方面,在"合理审查"的作用下,农户能够借助推己及人,超越"自家人"与"外人"的分隔,向匿名市场提供优质食物。因此,多元理性的分析框架在中国食物体系和食品安全研究领域,具有一定创新见解。

在论证中,本书突出强调了多元理性与新自由主义定义的理性经济人的区别。可能的区别是,理性经济人的选择是基于效用最优将农户的差别化生产视作追求利益的选择。但本书希望回归韦伯对意义层面的理性定义,强调这种差别化生产,揭示农户生产时体现(从访谈和观察中得到)出的实践意义:场域的不同,本质上就会有"人与食物的关系"的不同,出现不同类型的理性动机。为此,已经加强了对理性选择理论的文献积累,尤其是国际前沿研究中的经典理论,去反映这种"人与食物的关系"与理性的连接,突出多元理性与理性经济人的区别。

进一步来看,"合理审查"的关键过程是:其一,农户感受到市场脱嵌的压力,主要来自A模式对自然环境、社会关系和食物安全本身的破坏。而农户有条件生产和消费B模式食物。同时,多数农户的确希望能吃上B模式食物的人越多越好。其二,农户承认能力的局限。多数农户既没有能力大量生产B模式食物,也不可能在工业化农业带来的可观利润面前,迅速减少A模式的食物生产。自己能吃上也想要其他人吃上,其中难度不小。越依赖工业化农业模式,越依靠外部资本输入维持生产的农业区域,其从A模式向B模式的转型挑战越大。这体现了B模式扩张的紧迫性。在现阶段,B模式食物只能有条件地供给匿名市场,它受到客观因素制约。但供给条件的具体内容可以由农户主观能动性所改变。其三,在匿名市场中,供给动力与不同场域的不同逻辑相联系。B模式有限的供给能力,使一部分目光敏锐的农户注意到B模式食物潜在的交换价值。该价值是被转型的挑战和难度赋予的。它在不同的场域内,呈现出不同的理性行动向度。当面对熟人社会时,互惠是主要的行动逻辑;而面对匿名市场时,逐利自然会纳入农户的理解视域中。其四,推己及人与获取合理的市场收入,没有根本矛盾,两者甚至相互促进。农户的同理心是B′模式出现的道义性与正当性前提,而合理的市场价格和巨大的市场空间则带来了现实激励。用农户的话说,这何乐而不为?其五,推己及人是农户在审查中形成合理性反思的关键,它界定了合理的方向性。三类理性向度的权衡、审查与融合，被推己及人的思考所统一，体现农户在不同场域中，不断深化理解食物多重价值的过程。由此，不同理性向度能向道义的、正当的、善良的方向不断融合，并主导农户所选择的 B′ 模式的实践。最终，这类多个向度的理性融合过程正是食物市场转危为机，从脱嵌向回嵌转型的开始。一个个分散的农户通过拉近场域之间的距离，促进了系统层面的改变，推进了食品安全的"社会共保"。

第二，进一步认识食物体系概念，在理论上具有一定创新。通过回顾食物体系概念在全球研究中的发展历程，运用"脱嵌与再嵌入"理论，认为中国正在经历从"嵌入"到"脱嵌"，并尝试"再嵌入"的食物体系转型，中国的食物体系客观存在"A 模式"与"B 模式"。这为进一步分析农户的食品安全自我保护行为奠定了背景性的研究基础。

以食物为中心的经济、社会与自然可持续发展体系问题，已在全球化和现代化的进程中，呈现出开放性、复杂性、进化性、层次性、巨量性等特点，符合钱学森（1988）提出的"开放的复杂巨系统"问题的基本界定。

食物体系若要达成有效治理，必须在经济学解释的基础上实现突破。本书从"生态—社会—市场"的新角度讨论食物体系，分析双重脱嵌问题（转型背景问题），并借助一家两制由个体自保转向社会共保的实践经验（实践特征问题）。由此，分析双重回嵌路径，提炼食物体系双重嵌入机制，从根源上分析中国食物体系可持续发展的核心问题，并提出公共治理创新的解决思路（机制提炼问题）。强调双重回嵌，而非双重脱嵌，才是新时期中国食物体系治理的未来方向。

第三，为食品安全社会自我保护的政策制定提供创新性的研究支撑。农户优先确保家庭成员和熟人社会获取安全食物的一家两制是其不得已的选择。研究认为，在具备食品安全认知、社会认同与合理价格支付等条件后，农户的多元理性能支配其为匿名市场提供更优质的食物。这为国家落实《食品安全法》，加强生产源头治理，体现社会共治原则，提供研究依据。同时，也能为国家推进乡村振兴战略，实现质量兴农，促进小农户发展生态农业，与现代农业发展有机衔接，提供重要的理论参考。

二、政策内涵

通过对多元理性的研究可以发现优先确保家庭成员和熟人社会获取的安全食物，是农户不得已的选择。不应该去责怪农民以自我为中心的保护行为可能会加剧食品安全问题，本书重要的政策含义包括：

一方面，探索性地建立食品安全的社会共保机制。政府、市场和社会可以考虑从各自的优势出发，帮助将匿名市场的消费者转换成为熟人社会"自家人"

的条件，以便其与食品生产者之间建立互惠和相互信任，这同时也是有益于消费者的行为。在创设食品安全自我认同、社会认同与合理价格支付市场认同等条件之后，支配农户行为的多元理性可以在内部发生转换，"外人"也能有条件地转换为"自家人"，从而能吃上"自家饭"，完成构建食品安全社会共保的尝试。

另一方面，系统性地构建培育生态小农的体制机制。在了解市场观念对农耕文化冲击的同时，寻找与梳理潜在的应对实践，就能看出工业化农业似难以逆转，实则无限可能。这是小农生产韧性与活力的体现，也为普通农户升级为生态小农提供了可能。多元理性的分析让我们看到当外部冲击来临时，农户有能力合理地应对。这成为小农生产韧性与活力的来源，也为农户融入中国可持续发展道路做出系统性贡献提供了可能。

事实上，多元理性反思带动的场域融合过程正成为食物市场转危为机，从脱嵌向回嵌转型的开始。一家两制的变迁，让我们看到生态农业的发展，既不是天真烂漫的大道，也不是难以走通的险道。而且，市场价格不再是刺激农户提高优质供给的唯一途径。可以从三个方面思考进行完善：第一，优化市场权力秩序。通过农消对接、农夫市集、社区支持农业、公共采购计划等方式，创新市场模式，形成有边界的替代性市场。由此，分解由竞争性市场所垄断的权力结构，体现生产者和消费者的主体性。第二，创新在地生态技术。通过传统技艺与现代技术的结合，构成更新的在地知识和可持续技术体系。第三，实现食物多元价值。基于市场和技术的"再造"，构成食物的新价值。一方面，通过重建信任与提升价值，使食物的质量得到优化，进而提高农户的直接收入。另一方面，通过可持续的生产技术将在地知识转化为对环境的综合保护与对资源的综合利用，为农户带来更多间接收入。由此，调动农户的积极性和创造性，建立新的市场联结和利益分配机制。这些具体方式，有机会将一个个分散的农户看似零星的行动，通过拉近场域之间的距离，促进了系统层面的改变，推进食品安全的"社会共保"。

因此，本书的研究结论与当前中国政府在食品安全领域的两个重要的政策努力高度契合。一方面，在政府落实《食品安全法》的过程中，本书可以为加强生产源头治理，体现社会共治原则，提供重要的观察视角和理论依据。另一方面，2018年提出的乡村振兴战略明确指出需要实现质量兴农，促进小农户发展生态农业，以提高现代农业水平。本书对于农户行为的研究，可以为之提供重要的理论参考。

三、研究展望

未来的研究可以包括以下拓展方向：

第一，在理论概念与经验证据链接过程中，为对复杂的实践进行归纳与刻画，不免舍去一些讨论视角。例如，农户的非理性行为以及习惯性行为，就未以系统方式呈现在本书的讨论中。因此，可以考虑推进量化分析。充分利用问卷调查过程中同时进行的案例访谈资料，拓展并测量食品安全威胁下的农户的多元理性生产行为。

第二，本书距离完善的"案例故事研究"和"理论图景呈现"仍有一定距离。需要在下一阶段的研究中，在案例文本的形成过程、编码的抽样和标准化、编码员的主观判断以及用于比较分析的案例质量等分析过程上再下功夫。

引入社会网络分析方法。在现有的一家两制调研案例库中，有许多对于农户在熟人社会交换食物的表述。若能在下一步的补充调研中完善案例细节，则可以对农户在社交网络中的食物交换行为进行刻画，以更好地找到增加社会理性的条件，由此改变农户的生产行为，拓展其优质食物的交换范围。

第三，深化对食物体系变迁的讨论。在进一步论证多元理性与食品安全社会自我保护机制的同时，进而通过研究找到更多经过"合理审查"之后改变生产行为，愿意提供优质产品的农户案例，从中得到更详细的政策启发，推进中国的食物体系转型向可持续方向发展，让食物的生产和消费重新嵌入社会。针对食品安全社会共保机制讨论有待深化。目前，对此问题的分析只能停留在案例分析与理论推演层面，对社会共保制度建设方案则有待完善。因此，下一阶段需在案例对实践的表述能力上有所提升；在田野调研的方法上有所优化；在社会共保研究中收集更多经验证据等。这可以推进更深刻的调查研究，有利于对相关研究问题提出创新的理论洞见。

参考文献

［1］于建嵘，秦晖，张弘．农民与社会治理［J］．社会科学论坛，2015（6）：127－139.

［2］何慧丽，邱建生，高俊，温铁军．政府理性与村社理性：中国的两大"比较优势"［J］．国家行政学院学报，2014（6）：39－44.

［3］温铁军，董筱丹．村社理性：破解"三农"与"三治"困境的一个新视角［J］．中共中央党校学报，2010（4）：20－23.

［4］中国农业年鉴编辑委员会．中国农业年鉴1987［M］．北京：中国农业出版社，1987.

［5］国家统计局贸易外经统计司．中国商品交易市场统计年鉴2017［M］．北京：中国统计出版社，2017.

［6］Haswell M. ，Hunt D. Rural Households in Emerging Societies：Technology and Change in Sub－Saharan Africa［M］．Oxford：Berg Publisher Ltd. ，1991.

［7］Shanin T. Peasants and Peasant Societies［M］．London：Penguin Books Ltd. ，1984.

［8］秦晖．农民、农民学与农民社会的现代化［J］．中国经济史研究，1994（1）：129－137.

［9］熊春文．农业社会学论纲：理论、框架及前景［J］．社会学研究，2017（3）：23－47.

［10］郑杭生，汪雁．农户经济理论再议［J］．学海，2005（3）：66－75.

［11］潍坊市统计局，国家统计局潍坊调查队．潍坊统计年鉴［M］．北京：中国统计出版社，2017.

［12］朱启臻，芦晓春．论村落存在的价值［J］．南京农业大学学报（社会科学版），2011（1）：7－12.

［13］叶敬忠．没有小农的世界会好吗？——兼序《新小农阶级》中译本［J］．中国农业大学学报（社会科学版），2013（3）：12－21.

［14］黄宗智．长江三角洲小农家庭与乡村发展［M］．北京：中华书局，2000．

［15］徐勇．农民理性的扩张："中国奇迹"的创造主体分析——对既有理论的挑战及新的分析进路的提出［J］．中国社会科学，2010（1）：103－118．

［16］Popkin S. L. The Rational Peasant：The Political Economy of Rural Society in Vietnam［M］．Berkeley：University of California Press，1979．

［17］恰亚诺夫．农民经济组织［M］．北京：中央编译出版社，1996．

［18］Wallerstein I. The Modern World System. Vol. 1，Capitalist Agriculture and the Origins of the European World Economy［M］．New York：Academic Press，1974．

［19］韦伯．新教伦理与资本主义精神［M］．桂林：广西师范大学出版社，2010．

［20］Polanyi K. The Great Transformation：The Political and Economic Origins of Our Time［M］．Boston：Beacon Press，1944．

［21］王绍光．大转型：1980年代以来中国的双向运动［J］．中国社会科学，2008（1）：129－148．

［22］程漱兰．中国农村发展：理论与实践［M］．北京：中国人民大学出版社，1999．

［23］周立，潘素梅，董小瑜．从"谁来养活中国"到"怎样养活中国"——粮食属性、AB模式与发展主义时代的食物主权［J］．中国农业大学学报（社会科学版），2012（2）：20－33．

［24］徐立成，周立，潘素梅．"一家两制"：食品安全威胁下的社会自我保护［J］．中国农村经济，2013（5）：32－44．

［25］周立，方平．多元理性："一家两制"与食品安全社会自我保护的行为动因［J］．中国农业大学学报（社会科学版），2015（3）：76－84．

［26］Yan Y. Food Safety and Social Risk in Contemporary China［J］．Journal of Asian Studies，2012，71（3）：705－729．

［27］Coleman J. S. Foundations of Social Theory［M］．Cambridge，MA：Harvard University Press，1990．

［28］文军．从生存理性到社会理性选择：当代中国农民外出就业动因的社会学分析［J］．社会学研究，2001（6）：19－30．

［29］Tansey G.，Worsley A. The Food System［M］．Oxford：Routledge，2014．

［30］Friedmann H.，McMichael P. Agriculture and the State System：The rise and Decline of National Agricultures，1870 to the Present［J］．Sociologia Ruralis，

1989，29（2）：93－117.

［31］Pilcher J. M. The Oxford Handbook of Food History［M］. New York：Oxford University Press，2012.

［32］Huang J.，Yang J.，Rozelle S. China's Agriculture：Drivers of Change and Implications for China and the Rest of World［J］. Agricultural Economics，2010，41（s1）：47－55.

［33］钟甫宁. 正确认识粮食安全和农业劳动力成本问题［J］. 农业经济问题，2016（1）：4－9.

［34］周开国，杨海生，伍颖华. 食品安全监督机制研究——媒体、资本市场与政府协同治理［J］. 经济研究，2016（9）：58－72.

［35］周洁红，刘青，李凯，鄢贞. 社会共治视角下猪肉质量安全治理问题研究——基于10160个猪肉质量安全新闻的实证分析［J］. 农业经济问题，2016（12）：6－15.

［36］周应恒，王二朋. 中国食品安全监管：一个总体框架［J］. 改革，2013（4）：19－28.

［37］万宝瑞. 食物营养与安全是民生的永恒主题［J］. 求是，2015（7）：34－36.

［38］Bernstein H. Agrarian Political Economy and Modern World Capitalism：The Contributions of Food Regime Analysis［J］. Journal of Peasant Studies，2016，43（3）：611－647.

［39］Van Der Ploeg J. D. The Food Crisis，Industrialized Farming and the Imperial Regime［J］. Journal of Agrarian Change，2010，10（1）：98－106.

［40］Schiavoni C. M. The Contested Terrain of Food Sovereignty Construction：Toward a Historical，Relational and Interactive Approach［J］. The Journal of Peasant Studies，2017，44（1）：1－32.

［41］周立，潘素梅，徐立成，方平. 食品安全与一家两制［M］. 北京：中国农业大学出版社，2016.

［42］McMichael P. A Food Regime Genealogy［J］. Journal of Peasant Studies，2009，36（1）：139－169.

［43］Hanning I. B.，Bryan C. A. O.，Crandall P. G.，Ricke S. C. Food Safety and Food Security［J］. Nature Education Knowledge，2012，10（3）：9.

［44］黄宗智. 中国的隐性农业革命（1980—2010）——一个历史和比较的视野［J］. 开放时代，2016（2）：11－35.

［45］黄宗智，彭玉生. 三大历史性变迁的交汇与中国小规模农业的前景

［J］. 中国社会科学，2007（4）：74 - 88.

［46］Huang J., Yu L., Martin W., Rozelle S. Changes in Trade and Domestic Distortions Affecting China's Agriculture ［J］. Food Policy, 2009, 34 (5)：407 - 416.

［47］Pingali P. Westernization of Asian Diets and the Transformation of Food Systems: Implications for Research and Policy ［J］. Food Policy, 2007, 32 (3)：281 - 298.

［48］Fan S., Cho E. E., Rue C. Food Security and Nutrition in an Urbanizing World: A Synthesis of the 2017 Global Food Policy Report ［J］. China Agricultural Economic Review, 2017, 9 (2)：162 - 168.

［49］Thanh H. X., Anh D. N., Tacoli C. Livelihood Diversification and Rural - urban Linkages in Vietnam's Red River Delta ［M］. Washington, D. C. : International Food Policy Research Institute, 2005.

［50］黄宗智. 中国的隐性农业革命 ［M］. 北京：法律出版社，2010.

［51］叶敬忠，吴存玉. 马克思主义视角的农政问题与农政变迁 ［J］. 社会学研究，2019（2）：1 - 24.

［52］许惠娇，贺聪志，叶敬忠. "去小农化" 与 "再小农化"？——重思食品安全问题 ［J］. 农业经济问题，2017（8）：66 - 75.

［53］Brown L. R. Who Will Feed China? Wake - up Call for a Small Planet ［M］. New York：WW Norton & Company, 1995.

［54］Friedmann H. The Political Economy of Food: The Rise and Fall of the Postwar International Food Order ［J］. American Journal of Sociology, 1982, 88 (S)：248 - 286.

［55］McMichael P. The Global Restructuring of Agro - food Systems ［M］. Ithaca：Cornell University Press, 1994.

［56］Isakson S. R. Food and Finance: The Financial Transformation of Agro - food Supply Chains ［J］. Journal of Peasant Studies, 2014, 41 (5)：749 - 775.

［57］Mintz S. W. Sweetness and Power: The Place of Sugar in Modern History ［M］. London：Penguin, 1986.

［58］Goodman M. K. The Ecologies of Food Power: An Introduction to the Environment and Food Book Symposium ［J］. Sociologia Ruralis, 2014, 54 (1)：94 - 97.

［59］Lang T. Food Industrialisation and Food Power: Implications for Food Governance ［J］. Development Policy Review, 2003, 21 (5 - 6)：555 - 568.

［60］Araghi F. Food Regimes and the Production of Value: Some Methodological

Issues [J]. Journal of Peasant Studies, 2003, 30 (2): 41 – 70.

[61] Burch D., Lawrence G. Supermarket Own Brands, Supply Chains and the Transformation of the Agri – food System [J]. International Journal of Sociology of Agriculture & Food, 2005, 13 (1): 1 – 18.

[62] Tony W. The Global Food Economy: The Battle for the Future of Farming [M]. London: Zed Books, 2007.

[63] Burch D., Lawrence G. Towards a Third Food Regime: Behind the Transformation [J]. Agriculture and Human Values, 2009, 26 (4): 267 – 279.

[64] Van der Ploeg J. D. The New Peasantries: Struggles for Autonomy and Sustainability in an Era of Empire and Globalization [M]. London: Earthscan, 2009.

[65] Dixon J. From the Imperial to the Empty Calorie: How Nutrition Relations Underpin Food Regime Transitions [J]. Agriculture and Human Values, 2009, 26 (4): 321 – 333.

[66] Campbell H. R., Coombes B. L. Green Protectionism and Organic Food Exporting from New Zealand: Crisis Experiments in the Breakdown of Fordist Trade and Agricultural Policies [J]. Rural Sociology, 2010, 64 (2): 302 – 319.

[67] Raynolds L. T. Fair Trade: Social Regulation in Global Food Markets [J]. Journal of Rural Studies, 2012, 28 (3): 276 – 287.

[68] Scott S., Si Z., Schumilas T., Chen A. Contradictions in State – and Civil Society – driven Developments in China's Ecological Agriculture Sector [J]. Food Policy, 2014 (45): 158 – 166.

[69] Koç M., Sumner J., Winson A. Critical Perspectives in Food Studies [M]. Oxford: Oxford University Press, 2016.

[70] Sage C. Environment and Food [M]. London: Routledge, 2011.

[71] Bair J. Governing Global Value Chains: An Introduction [J]. Economy & Society, 2008, 37 (3): 315 – 338.

[72] 黄宗智. 小农户与大商业资本的不平等交易: 中国现代农业的特色 [J]. 开放时代, 2012 (3): 88 – 99.

[73] Dixon J. Authority, Power and Value in Contemporary Industrial Food Systems [J]. International Journal of Sociology of Agriculture and Food, 2003, 11 (1): 31 – 40.

[74] 周立. 极化的发展 [M]. 海口: 海南出版社, 2010.

[75] 王帅. 全球治理视角下的粮食贸易风险分析 [J]. 国际贸易问题, 2018 (4): 36 – 47.

［76］黄增付. 脱嵌与重嵌：村落秩序中的农业经营及治理［J］. 中国农村观察，2018（3）：51 - 64.

［77］陈义媛. 农产品经纪人与经济作物产品流通：地方市场的村庄嵌入性研究［J］. 中国农村经济，2018（12）：117 - 129.

［78］Block F. Karl Polanyi and the Writing of the Great Transformation［J］. Theory & Society, 2003, 32（3）：275 - 306.

［79］符平. "嵌入性"：两种取向及其分歧［J］. 社会学研究，2009（5）：141 - 164.

［80］布洛克，萨默斯：超越经济主义的谬误. 历史社会学的视野与方法［M］. 上海：上海人民出版社，2007.

［81］王水雄. "为市场"的权利安排 vs. "去市场化"的社会保护——也谈诺思和波兰尼之"争"［J］. 社会学研究，2015（2）：47 - 73.

［82］Zhou X. , Qiang L. , Wei Z. , He C. Embeddedness and Contractual Relationships in China's Transitional Economy［J］. American Sociological Review, 2003, 68（1）：75 - 102.

［83］张明华，温晋锋，刘增金. 行业自律、社会监管与纵向协作——基于社会共治视角的食品安全行为研究［J］. 产业经济研究，2017（1）：89 - 99.

［84］张丽，王振，齐顾波. 中国食品安全危机背景下的底层食物自保运动［J］. 经济社会体制比较，2017（2）：114 - 123.

［85］谢康，肖静华，杨楠堃，刘亚平. 社会震慑信号与价值重构——食品安全社会共治的制度分析［J］. 经济学动态，2015（10）：4 - 16.

［86］高原，王怀明. 政府食品安全规制嵌入机制的构建研究［J］. 宏观经济研究，2015（11）：39 - 46.

［87］Belesky P. , Lawrence G. Chinese State Capitalism and Neomercantilism in the Contemporary Food Regime：Contradictions, Continuity and Change［J］. Journal of Peasant Studies, 2019：1 - 23.

［88］Zhang Q. F. Class Differentiation in Rural China：Dynamics of Accumulation, Commodification and State Intervention［J］. Journal of Agrarian Change, 2015, 15（3）：338 - 365.

［89］董正华. 走向现代的小农：历史的视角与东亚的经验［M］. 北京：中国人民大学出版社，2014.

［90］马克思. 马克思恩格斯全集（第 25 卷）［M］. 北京：人民出版社，1974.

［91］马晓河，刘振中，钟钰. 农村改革 40 年：影响中国经济社会发展的五

大事件［J］. 中国人民大学学报，2018（3）：1 –15.

［92］于晓华. 以市场促进农业发展：改革开放 40 年的经验和教训［J］. 农业经济问题，2018（10）：8 –13.

［93］王帅. 粮食的"地理可获得性"与粮食安全［J］. 农业经济问题，2018（6）：38 –48.

［94］袁平，朱立志. 中国农业污染防控：环境规制缺陷与利益相关者的逆向选择［J］. 农业经济问题，2015（11）：73 –80.

［95］黄祖辉，米松华. 农业碳足迹研究——以浙江省为例［J］. 农业经济问题，2011（11）：40 –47.

［96］Cao S. , Xie G. , Zhen L. Total Embodied Energy Requirements and Its Decomposition in China's Agricultural Sector［J］. Ecological Economics，2010，69（7）：1396 –1404.

［97］唐丽霞，左停. 中国农村污染状况调查与分析——来自全国 141 个村的数据［J］. 中国农村观察，2008（1）：31 –38.

［98］Lucas C. , Jones A. , Hines C. Peak Oil and Food Security：Fuelling a Food Crisis［J］. Pacific Ecologist，2007（2）：12 –17.

［99］Heller M. C. , Keoleian G. A. Life Cycle – based Sustainability Indicators for Assessment of the U. S. Food System［R］. The Center for Sustainase Systems，2000.

［100］Neff R. A. , Parker C. L. , Kirschenmann F. L. , Jennifer T. , Lawrence R. S. Peak Oil, Food Systems, and Public Health［J］. American Journal of Public Health，2011，101（9）：1587 –1597.

［101］Hammoudi A. , Hoffmann R. , Surry Y. Food Safety Standards and Agri – food Supply Chains：An Introductory Overview［J］. European Review of Agricultural Economics，2009，36（4）：469 –478.

［102］洪银兴，郑江淮. 反哺农业的产业组织与市场组织——基于农产品价值链的分析［J］. 管理世界，2009（5）：67 –79.

［103］Li T. M. Can There be Food Sovereignty Here？［J］. Journal of Peasant Studies，2015，42（1）：205 –211.

［104］Agarwal B. Food Sovereignty, Food Security and Democratic Choice：Critical Contradictions, Difficult Conciliations［J］. Journal of Peasant Studies，2014，41（6）：1247 –1268.

［105］Borras Jr. S. M. La Vía Campesina and Its Global Campaign for Agrarian Reform［J］. Journal of Agrarian Change，2008，8（2 –3）：258 –289.

［106］McMichael P. Historicizing Food Sovereignty：A Food Regime Perspective

［J］. The Journal of Peasant Studies, 2013, 41 (20): 933 – 957.

［107］Winders B. The Vanishing Free Market: The Formation and Spread of the British and US Food Regimes ［J］. Journal of Agrarian Change, 2009, 9 (3): 315 – 344.

［108］Akerlof G. A. The Market for "Lemons": Quality Uncertainty and the Market Mechanism ［J］. Quarterly Journal of Economics, 1970, 84 (3): 488 – 500.

［109］杰夫·坦西, 泰思明·莱约特. 对未来食物的掌控: 与知识产权、生物多样性和食物保障相关的国际磋商与协定之指南 ［M］. 北京: 中国农业出版社, 2012.

［110］饶静, 许翔宇, 纪晓婷. 我国农业面源污染现状、发生机制和对策研究 ［J］. 农业经济问题, 2011 (8): 81 – 87.

［111］Fuller T. , Qingwen M. Understanding Agricultural Heritage Sites as Complex Adaptive Systems: The Challenge of Complexity ［J］. Journal of Resources and Ecology, 2013, 4 (3): 195 – 201.

［112］Ruivenkamp G. T. P. Tailor – made Biotechnologies for Endogenous Developments and the Creation of New Networks and Knowledge Means ［J］. Biotechnology and Development Monitor, 2003, 2003 (50): 14 – 16.

［113］King F. H. Farmers of Forty Centuries: Or Permanent Agriculture in China, Korea and Japan ［M］. Madison: MRS. F. H. KING, 1911.

［114］Henderson T. P. State – peasant Movement Relations and the Politics of Food Sovereignty in Mexico and Ecuador ［J］. Journal of Peasant Studies, 2017, 44 (1): 33 – 55.

［115］Friedmann H. Commentary: Food Regime Analysis and Agrarian Questions: Widening the Conversation ［J］. Journal of Peasant Studies, 2016, 43 (3): 671 – 692.

［116］黄中伟, 王宇露. 关于经济行为的社会嵌入理论研究述评 ［J］. 外国经济与管理, 2007 (12): 1 – 8.

［117］Hess M. "Spatial" Relationships? Towards a Reconceptualization of Embeddedness ［J］. Progress in Human Geography, 2004, 28 (2): 165 – 186.

［118］Granovetter M. Economic Action and Social Structure: The Problem of Embeddedness ［J］. American Journal of Sociology, 1985, 91 (3): 481 – 510.

［119］Jessop B. Regulationist and Autopoieticist Reflections on Polanyi's Account of Market Economies and the Market Society ［J］. New Political Economy, 2001, 6 (2): 213 – 232.

［120］Chen W. , Scott S. Shoppers' Perceived Embeddedness and Its Impact on Purchasing Behavior at an Organic Farmers' Market ［J］. Appetite, 2014, 83 (12)：57 - 62.

［121］Feagan R. B. , Morris D. Consumer Quest for Embeddedness：A Case Study of the Brantford Farmers' market ［J］. International Journal of Consumer Studies, 2009, 33 (3)：235 - 243.

［122］Frenzen J. K. , Davis H. L. Purchasing Behavior in Embedded Markets ［J］. Journal of Consumer Research, 1990, 17 (1)：1 - 12.

［123］Hinrichs C. C. Embeddedness and Local Food Systems：Notes on Two Types of Direct Agricultural Market ［J］. Journal of Rural Studies, 2000, 16 (3)：295 - 303.

［124］Murdoch J. , Marsden T. , Banks J. Quality, Nature, and Embeddedness：Some Theoretical Considerations in the Context of the Food Sector ［J］. Economic Geography, 2000, 76 (2)：107 - 125.

［125］王建华, 葛佳烨, 朱湄. 食品安全风险社会共治的现实困境及其治理逻辑 ［J］. 社会科学研究, 2016 (6)：111 - 117.

［126］郑杭生, 洪大用. 当代中国社会结构转型的主要内涵 ［J］. 社会学研究, 1996 (1)：58 - 63.

［127］Friedmann H. The Political Economy of Food：A Global Crisis ［J］. New Left Review, 1993 (197)：29.

［128］彭军, 乔慧, 郑风田. "一家两制" 农业生产行为的农户模型分析——基于健康和收入的视角 ［J］. 当代经济科学, 2015 (6)：78 - 91.

［129］倪国华, 郑风田, 喻志军. 通过 "纵向整合" 解决 "一家两制" 的理论与实证 ［J］. 中国人口·资源与环境, 2014 (3)：93 - 100.

［130］熊波, 石人炳. 农民工永久性迁移意愿影响因素分析——以理性选择理论为视角 ［J］. 人口与发展, 2009 (2)：20 - 26.

［131］方平, 周立. 构建食品安全社会共保机制的探索 ［J］. 中国社会科学 (内部文稿), 2018 (2)：55 - 66.

［132］Scott J. C. The Moral Economy of the Peasant：Rebellion and Subsistence in Southeast Asia ［M］. New Haven：Yale University Press, 1977.

［133］方平, 周立. 多元理性主导农户的差别化生产研究——基于6省区农户的多案例分析 ［J］. 中州学刊, 2017 (6)：27 - 33.

［134］Skinner G. W. Marketing and Social Structure in Rural China：Part Ⅲ ［J］. Journal of Asian Studies, 1964, 24 (1)：3 - 43.

［135］Anderson E. N. The Food of China ［M］. New Haven：Yale University Press，1988.

［136］Schultz T. W. Transforming Traditional Agriculture ［M］. New Haven：Yale University Press，1964.

［137］中国国家统计局. 第三次全国农业普查主要数据公报 ［R］. 北京，2017.

［138］徐勇. 中国家户制传统与农村发展道路——以俄国、印度的村社传统为参照 ［J］. 中国社会科学，2013 （8）：102 – 123.

［139］姚洋. 小农生产过时了吗 ［N］. 北京日报，2017 – 03 – 06.

［140］周应恒，胡凌啸，严斌剑. 农业经营主体和经营规模演化的国际经验分析 ［J］. 中国农村经济，2015 （9）：80 – 95.

［141］徐勇. 农民理性的扩张："中国奇迹"的创造主体分析——对既有理论的挑战及新的分析进路的提出 ［J］. 中国社会科学，2010 （1）：103 – 118.

［142］叶敬忠，豆书龙，张明皓. 小农户和现代农业发展：如何有机衔接？［J］. 中国农村经济，2018 （11）：64 – 79.

［143］陈锡文. 实施乡村振兴战略推进农业农村现代化 ［J］. 中国农业大学学报 （社会科学版），2018 （1）：5 – 12.

［144］Lin H.，Fang P.，Zhou L.，Xu L. A Relational View of Self – protection Amongst China's Food Safety Crises ［J］. Canadian Journal of Development Studies，2019，40 （1）：131 – 142.

［145］胡鹏辉，吴存玉，吴惠芳. 中国农业现代化发展道路争议评述 ［J］. 中国农业大学学报 （社会科学版），2016 （4）：57 – 65.

［146］徐立成，周立. "农消对接" 模式的兴起与食品安全信任共同体的重建 ［J］. 南京农业大学学报 （社会科学版），2016 （1）：59 – 70.

［147］Man Z.，Jin Y.，Hui Q.，Zheng F. Product Quality Asymmetry and Food Safety：Investigating the "One Farm Household，Two Production Systems" of Fruit and Vegetable Farmers in China ［J］. China Economic Review，2017 （45）：232 – 243.

［148］陈秋珍，Sumelius John. 国内外农业多功能性研究文献综述 ［J］. 中国农村观察，2007 （3）：71 – 79.

［149］韦伯. 社会学的基本概念 ［M］. 桂林：广西师范大学出版社，2013.

［150］Ringer F. Max Weber's Methodology：The Unification of the Cultural and Social Sciences ［M］. Cambridge：Harvard University Press，1997.

［151］韦伯. 经济行动与社会团体 ［M］. 桂林：广西师范大学出版

社，2011.

［152］王跃生．中国当代家庭、家户和家的"分"与"合"［J］．中国社会科学，2016（4）：91－110.

［153］彭希哲，胡湛．当代中国家庭变迁与家庭政策重构［J］．中国社会科学，2015（12）：113－132.

［154］金一虹．流动的父权：流动农民家庭的变迁［J］．中国社会科学，2010（4）：151－165.

［155］苗力田等．亚里士多德全集（第九卷）［M］．北京：中国人民大学出版社，1994.

［156］李猛．理性化及其传统：对韦伯的中国观察［J］．社会学研究，2010（5）：1－30.

［157］Becker G. S. The Economic Approach to Human Behavior［M］. Chicago：University of Chicago Press，1976.

［158］黄宗智．认识中国——走向从实践出发的社会科学［J］．中国社会科学，2005（1）：83－93.

［159］韦伯．法律社会学［M］．桂林：广西师范大学出版社，2005.

［160］黄宗智，高原．社会科学和法学应该模仿自然科学吗？［J］．开放时代，2015（2）：158－179.

［161］郑也夫．新古典经济学"理性"概念之批判［J］．社会学研究，2000（4）：7－15.

［162］韦伯．社会科学方法论［M］．北京：商务印书馆，2013.

［163］尼尔，纳斯海．卢曼社会系统理论导引［M］．台北：巨流图书公司，1998.

［164］艾云，周雪光．资本缺失条件下中国农产品市场的兴起——以一个乡镇农业市场为例［J］．中国社会科学，2013（8）：85－101.

［165］拉杰·帕特尔，詹森·摩尔．廉价的代价——资本主义、自然与星球的未来［M］．北京：中信出版社，2018.

［166］波兰尼．巨变：当代政治与经济的起源［M］．北京：社会科学文献出版社，2013.

［167］斯科特．农民的道义经济学——东南亚的反叛与生存［M］．南京：译林出版社，2007.

［168］Lemon A. " Your Eyes Are Green Like Dollars"：Counterfeit Cash, National Substance, and Currency Apartheid in 1990s Russia［J］. Cultural Anthropology，1998，13（1）：22－55.

［169］舒尔茨．改造传统农业［M］．北京：商务印书馆，2007．

［170］Handy J. "Almost Idiotic Wretchedness"：A Long History of Blaming Peasants［J］．Journal of Peasant Studies，2009，36（2）：325 – 344．

［171］温铁军．解构现代化［J］．管理世界，2005（1）：77 – 82．

［172］马克思．资本论［M］．北京：人民出版社，2004．

［173］Tichelman F.，Habib I. Marx on Indonesia and India［M］．Karl – Marx – Haus，1983．

［174］冯钢．马克思的"过渡"理论与"卡夫丁峡谷"之谜［J］．社会学研究，2018（2）：14 – 36．

［175］White B. Marx and Chayanov at the Margins：Understanding Agrarian Change in Java［J］．The Journal of Peasant Studies，2018，45（5 – 6）：1108 – 1126．

［176］Van der Ploeg J. D. Differentiation：Old Controversies，New Insights［J］．Journal of Peasant Studies，2018，45（3）：489 – 524．

［177］郭于华．"道义经济"还是"理性小农"——重读农民学经典论题［J］．读书，2002（5）：104 – 110．

［178］Long N. Development Sociology：Actor Perspectives［M］．London：Routledge，2003．

［179］陈庆德．农业社会和农民经济的人类学分析［J］．社会学研究，2001（1）：51 – 62．

［180］迈克尔·格伦菲尔．布迪厄：关键概念（原书第2版）［M］．重庆：重庆大学出版社，2018．

［181］布迪厄．实践感［M］．南京：译林出版社，2009．

［182］Duara P. Culture，Power，and the State：Rural North China，1900 – 1942［M］．Redwood City：Stanford University Press，1991．

［183］Benjamin D. Household Composition，Labor Markets，and Labor Demand：Testing for Separation in Agricultural Household Models［J］．Econometrica，1992，60（2）：287 – 322．

［184］Bowlus A. J.，Sicular T. Moving Toward Markets？Labor Allocation in Rural China［J］．Journal of Development Economics，2003，71（2）：561 – 583．

［185］Sen A. Rational Fools：A Critique of the Behavioral Foundations of Economic Theory［J］．Philosophy and Public Affairs，1977，6（4）：317 – 344．

［186］晋洪涛．家庭经济周期理性：一个农民理性分析框架的构建［J］．经济学家，2015（7）：55 – 64．

［187］郑风田．制度创新与中国农民经济行为［M］．北京：中国农业科技出版社，2000．

［188］徐勇．祖赋人权：源于血缘理性的本体建构原则［J］．中国社会科学，2018（1）：114 － 135．

［189］李金铮．求利抑或谋生：国际视域下中国近代农民经济行为的论争［J］．史学集刊，2015（3）：22 － 33．

［190］Sen A. Rationality and Freedom［M］．Cambridge：Harvard University Press，2004．

［191］Boeke J. H. Economics and Economic Policy of Dual Societies, as Exemplified by Indonesia［M］．New York：AMS Press，1978．

［192］刘金源．农民的生存伦理分析［J］．中国农村观察，2001（6）：50 － 53．

［193］王春超．中国农户就业决策行为的发生机制——基于农户家庭调查的理论与实证［J］．管理世界，2009（7）：93 － 102．

［194］Hunt D. Chayanov's Model of Peasant Household Resource Allocation［J］．The Journal of Peasant Studies，1979，6（3）：247 － 285．

［195］Mellor J. W. The Use and Productivity of Farm Family Labor in Early Stages of Agricultural Development［J］．Journal of Farm Economics，1963，45（3）：517 － 534．

［196］Shanin T. Chayanov's Message：Illuminations, Miscomprehensions, and the Contemporary［M］．Madison：The University of Wisconsin Press，1986．

［197］马斯洛．动机与人格（第三版）［M］．北京：中国人民大学出版社，2007．

［198］汪丁丁，叶航．理性的演化——关于经济学"理性主义"的对话［J］．社会科学战线，2004（2）：49 － 66．

［199］文军．生存压力与理性选择——读黄平主编的《寻求生存》［J］．二十一世纪，2001（2）：139 － 144．

［200］Blau P. M. On limitations of Rational Choice Theory for Sociology［J］．The American Sociologist，1997，28（2）：16 － 21．

［201］叶航，汪丁丁，罗卫东．作为内生偏好的利他行为及其经济学意义［J］．经济研究，2005（8）：84 － 94．

［202］陈叶烽，叶航，汪丁丁．超越经济人的社会偏好理论：一个基于实验经济学的综述［J］．南开经济研究，2012（1）：63 － 100．

［203］Habermas J. The Theory of Communicative Actionvol［M］．London：

Heinemann，1984.

［204］马歇尔·萨林斯. 文化与实践理性［M］. 上海：上海人民出版社，2002.

［205］王铭铭. 文化·经济·符号［J］. 读书，1996（11）：51 – 58.

［206］Gintis H. Solving the Puzzle of Prosociality［J］. Rationality and Society，2003，15（2）：155 – 187.

［207］阎云翔. 礼物的流动：一个中国村庄的互惠原则与社会网络［M］. 上海：上海人民出版社，2000.

［208］Akerlof G. A. Labor Contracts as Partial Gift Exchange［J］. The Quarterly Journal of Economics，1982，97（4）：543 – 569.

［209］周立. "穷人恒穷"的逻辑［J］. 天涯，2005（6）：20 – 27.

［210］黄少安，韦倩. 利他经济学研究评述［J］. 经济学动态，2008（4）：98 – 102.

［211］Bowles S.，Gintis H. A Cooperative Species：Human Reciprocity and Its Evolution［M］. Princeton：Princeton University Press，2011.

［212］Veen E. J.，Bock B. B.，Van den Berg W.，Visser A. J.，Wiskerke J. Community Gardening and Social Cohesion：Different Designs，Different Motivations［J］. Local Environment，2015（2）：1 – 17.

［213］Milinski M.，Semmann D.，Krambeck H. J. Reputation Helps Solve the "Tragedy of the Commons"［J］. Nature，2002，415（6870）：424.

［214］Hechter M.，Kanazawa S. Sociological Rational Choice Theory［J］. Annual Review of Sociology，1997（23）：191 – 214.

［215］Guth W.，Schmittberger R.，Schwarze B. An Experimental Analysis of Ultimatum Bargaining［J］. Journal of Economic Behavior & Organization，1982，3（4）：367 – 388.

［216］Lin N. Social Capital：A Theory of Social Structure and Action［M］. Cambridge：Cambridge University Press，2002.

［217］贺雪峰. 熟人社会的行动逻辑［J］. 华中师范大学学报（人文社会科学版），2004（1）：5 – 7.

［218］陈少明. 亲人、熟人与生人——社会变迁图景中的儒家伦理［J］. 开放时代，2016（5）：131 – 143.

［219］Simon H. A. A Mechanism for Social Selection and Successful Altruism［J］. Science，1990，250（4988）：1665 – 1668.

［220］Camerer C. F. Progress in Behavioral Game Theory［J］. The Journal of

Economic Perspectives, 1997, 11 (4): 167 – 188.

［221］王德福. 论熟人社会的交往逻辑［J］. 云南师范大学学报（哲学社会科学版），2013（3）：79 – 85.

［222］Fehr E., Schmidt K. M. A Theory of Fairness, Competition, and Cooperation［J］. The Quarterly Journal of Economics, 1999, 114 (3): 817 – 868.

［223］Ellis F. Peasant Economics: Farm Households in Agrarian Development［M］. Cambridge: Cambridge University Press, 1993.

［224］陈和午. 农户模型的发展与应用：文献综述［J］. 农业技术经济，2004（3）：2 – 10.

［225］钱颖一. 理解现代经济学［J］. 经济社会体制比较，2002（2）：1 – 12.

［226］林毅夫. 小农与经济理性［J］. 中国农村观察，1988（3）：31 – 33.

［227］罗必良. 提倡向农民学习——基于农民经济理性的经济学解释［J］. 农村经济，2004（8）：1 – 4.

［228］宋洪远. 经济体制与农户行为——一个理论分析框架及其对中国农户问题的应用研究［J］. 经济研究，1994（8）：22 – 28.

［229］Romer P. M. Mathiness in the Theory of Economic Growth［J］. American Economic Review, 2015, 105 (5): 89 – 93.

［230］Simon H. A. A Behavioral Model of Rational Choice［J］. The Quarterly Journal of Economics, 1955, 69 (1): 99 – 118.

［231］Hamilton D. Adam Smith and the Moral Economy of the Classroom System［J］. Journal of Curriculum Studies, 1980, 12 (4): 281 – 298.

［232］Kahneman D. New Challenges to the Rationality Assumption［J］. Journal of Institutional and Theoretical Economics, 1994, 150 (1): 18 – 36.

［233］Smith V. L. Constructivist and Ecological Rationality in Economics［J］. American Economic Review, 2003, 93 (3): 465 – 508.

［234］Roumasset J. A. Rice and Risk: Decision Making Among Low – income Farmers.［M］. Amsterdam: North Holland, 1976.

［235］Bernoulli D. Exposition of a New Theory on the Measurement of Risk. The Kelly Capital Growth Investment Criterion: Theory and Practice［J］. World Scientific, 2011 (2): 11 – 24.

［236］Kahneman D., Tversky A. Prospect Theory: An Analysis of Decisions under Risk［J］. Econometrica, 1979 (47): 313 – 327.

［237］Tversky A., Kahneman D. Advances in Prospect Theory: Cumulative Representation of Uncertainty［J］. Journal of Risk and Uncertainty, 1992, 5 (4):

297 – 323.

[238] Starmer C. Developments in Non – expected Utility Theory: The Hunt for a Descriptive Theory of Choice Under Risk [J]. Journal of Economic Literature, 2000, 38 (2): 332 – 382.

[239] Della Vigna S. Psychology and Economics: Evidence from the Field [J]. Journal of Economic Literature, 2009, 47 (2): 315 – 372.

[240] 王国成. 西方经济学理性主义的嬗变与超越 [J]. 中国社会科学, 2012 (7): 68 – 81.

[241] 叶航, 汪丁丁, 贾拥民. 科学与实证——一个基于"神经元经济学" 的综述 [J]. 经济研究, 2007 (1): 132 – 142.

[242] 汤吉军. 经济学研究的遍历性与非遍历性假设: 争论与拓展 [J]. 经济学动态, 2013 (9): 119 – 128.

[243] 汪丁丁. 行为、意义与经济学 [J]. 经济研究, 2003 (9): 14 – 20.

[244] Gode D. D. K., Sunder S. Double Auction Dynamics: Structural Effects of Non – Binding Price Controls [J]. Journal of Economic Dynamics and Control, 2004, 28 (9): 1707 – 1731.

[245] Ladley D. Zero Intelligence in Economics and Finance [J]. The Knowledge Engineering Review, 2012, 27 (2): 273 – 286.

[246] Ali M., Byerlee D. Economic Efficiency of Small Farmers in a Changing World: A Survey of Recent Evidence [J]. Journal of International Development, 1991, 3 (1): 1 – 27.

[247] Huang J., Yang J., Xu Z., Rozelle S., Li N. Agricultural Trade Liberalization and Poverty in China [J]. China Economic Review, 2007, 18 (3): 244 – 265.

[248] 布赫迪厄, 华康德. 布赫迪厄社会学面面观 [M]. 台北: 麦田城邦文化出版社, 2008.

[249] 布赫迪厄. 实践感 [M]. 南京: 译林出版社, 2012.

[250] 布赫迪厄. 实作理论纲要 [M]. 台北: 麦田出版社, 2015.

[251] 黄平. 寻求生存的冲动: 从微观角度看农民非农化活动的根源 [J]. 二十一世纪, 1996 (12): 20 – 33.

[252] Sen A. Rationality and Social Choice [J]. The American Economic Review, 1995, 85 (1): 1 – 24.

[253] 费孝通. 乡土中国 [M]. 北京: 北京大学出版社, 2012.

[254] Overton M. Agricultural Revolution in England: The Transformation of the

Agrarian Economy 1500 – 1850［M］. Cambridge：Cambridge University Press，1996.

［255］孙立平．"关系"、社会关系与社会结构［J］. 社会学研究，1996（5）：22 – 32.

［256］Gold T. B. After Comradeship：Personal Relations in China Since the Cultural Revolution［J］. The China Quarterly，1985（104）：657 – 675.

［257］萧楼．夏村社会［M］. 上海：生活·读书·新知三联书店，2010.

［258］阎云翔．差序格局与中国文化的等级观［J］. 社会学研究，2006（4）：201 – 213.

［259］阎明．"差序格局"探源［J］. 社会学研究，2016（5）：189 – 214.

［260］潘素梅，周立．"一家两制"：农户的差序责任意识与差别化生产［J］. 探索，2015（6）：143 – 149.

［261］杨宜音．关系化还是类别化：中国人"我们"概念形成的社会心理机制探讨［J］. 中国社会科学，2008（2）：148 – 159.

［262］杨美惠．礼物、关系学与国家：中国人际关系与主体性建构［M］. 南京：江苏人民出版社，2009.

［263］Blau P. M. Exchange and Power in Social Life［M］. New Brunswick：Transaction Publishers，1964.

［264］McMichael P. Rethinking "Food Security" for the New Millennium：Sage Advice［J］. Sociologia Ruralis，2014，54（1）：109 – 111.

［265］Deacon T. W. The Symbolic Species：The Co – evolution of Language and the Brain［M］. New York：WW Norton & Company，1998.

［266］叔本华．作为意志和表象的世界［M］. 北京：商务印书馆，1982.

［267］汪丁丁．读书的"捷径"［J］. 读书，2001（7）：40 – 46.

［268］Cosmides L.，Tooby J. Better than Rational：Evolutionary Psychology and the Invisible Hand［J］. The American Economic Review，1994，84（2）：327 – 332.

［269］马克思．马克思恩格斯文集（第1卷）［M］. 北京：人民出版社，2009.

［270］Hodgson G. M. How Economics Forgot History：The Problem of Historical Specificity in Social Science［M］. London：New York：Routledge，2002.

［271］翟学伟．再论"差序格局"的贡献、局限与理论遗产［J］. 中国社会科学，2009（3）：152 – 158.

［272］杨宜音．"自己人"：信任建构过程的个案研究［J］. 社会学研究，

1999（2）：40 – 54.

［273］张纯刚，齐顾波．突破差序心态重建食物信任——食品安全背景下的食物策略与食物心态［J］．北京社会科学，2015（1）：36 – 43.

［274］宋丽娜．熟人社会的性质［J］．中国农业大学学报（社会科学版），2009（2）：118 – 124.

［275］Maeda Y. , Miyahara M. Determinants of Trust in Industry, Government, and Citizen's Groups in Japan［J］. Risk Analysis：An International Journal, 2003, 23（2）：303 – 310.

［276］Yee W. M. , Yeung R. M. Trust Building in Livestock Farmers：An Exploratory Study［J］. Nutrition & Food Science, 2002, 32（4）：137 – 144.

［277］黄炎忠，罗小锋．既吃又卖：稻农的生物农药施用行为差异分析［J］．中国农村经济，2018（7）：63 – 78.

［278］Nelson E. , Tovar L. G. O. M. , Gueguen E. , Humphries S. , Landman K. , Rindermann R. S. Participatory Guarantee Systems and the Re – imagining of Mexico's Organic Sector［J］. Agriculture and Human Values, 2016, 33（2）：373 – 388.

［279］Zucker L. G. Production of Trust：Institutional Sources of Economic Structure, 1840 – 1920［J］. Research in Organizational Behavior, 1986（8）：53 – 111.

［280］Friedmann H. , McNair A. Whose Rules Rule? Contested Projects to Certify "Local Production for Distant Consumers"［J］. Journal of Agrarian Change, 2008, 8（2 – 3）：408 – 434.

［281］Feenstra G. W. Local Food Systems and Sustainable Communities［J］. American Journal of Alternative Agriculture, 1997, 12（1）：28 – 36.

［282］Hinrichs C. C. The Practice and Politics of Food System Localization［J］. Journal of Rural Studies, 2003, 19（1）：33 – 45.

［283］Barham E. Social Movements for Sustainable Agriculture in France：A Polanyian Perspective［J］. Society & Natural Resources, 1997, 10（3）：239 – 249.

［284］Jaffee D. , Howard P. H. Corporate Cooptation of Organic and Fair Trade Standards［J］. Agriculture and Human Values, 2010, 27（4）：387 – 399.

［285］Renard M. Fair Trade：Auality, Market and Conventions［J］. Journal of Rural Studies, 2003, 19（1）：87 – 96.

［286］Winter M. Embeddedness, The New Food Economy and Defensive Localism［J］. Journal of Rural Studies, 2003, 19（1）：23 – 32.

［287］李彦岩，周立．既要靠天吃饭，更要靠脸吃饭：关系圈如何促成 CSA

社区的形成——基于社会网络分析方法的案例研究 ［J］．中国农业大学学报（社会科学版），2018（4）：89－102．

［288］陈曦，谭翔，欧晓明．小农生产是保障食品安全的障碍吗？——基于参与主体之间的博弈分析 ［J］．农村经济，2018（10）：23－29．

［289］朱振亚，晏兰萍，王树进．基于生态视域的德国市民"小果菜园"探究与启示 ［J］．华中农业大学学报（社会科学版），2017（1）：78－83．

［290］Wilhelmina Q.，Joost J.，George E.，Guido R. Globalization vs. Localization：Global Food Challenges and Local Solutions ［J］．International Journal of Consumer Studies，2010，34（3）：357－366．

［291］De Jonge J.，Van Trijp H.，Goddard E.，Frewer L. Consumer Confidence in the Safety of Food in Canada and the Netherlands：The Validation of a Generic Framework ［J］．Food Quality and Preference，2008，19（5）：439－451．

［292］Petrini C. Slow Food：The Case for Taste ［M］．New York：Columbia University Press，2003．

［293］黄季焜，齐亮，陈瑞剑．技术信息知识、风险偏好与农民施用农药 ［J］．管理世界，2008（5）：71－76．

［294］王建华，李硕．基于质量兴农视角的农户安全生产行为逻辑研究：以农药施用为例 ［J］．宏观质量研究，2018（3）：119－128．

［295］Awuni J. A.，Du J. Sustainable Consumption in Chinese Cities：Green Purchasing Intentions of Young Adults Based on the Theory of Consumption Values ［J］．Sustainable Development，2016，24（2）：124－135．

［296］王建明，王俊豪．公众低碳消费模式的影响因素模型与政府管制政策——基于扎根理论的一个探索性研究 ［J］．管理世界，2011（4）：58－68．

［297］Chan R. Y. K.，Lau L. B. Y. Antecedents of Green Purchases：A Survey in China ［J］．Journal of Consumer Marketing，2000，17（4）：338－357．

［298］蒋琳莉，张露，张俊飚，王红．稻农低碳生产行为的影响机理研究——基于湖北省102户稻农的深度访谈 ［J］．中国农村观察，2018（4）：86－101．

［299］祝华军，田志宏．稻农采用低碳技术措施意愿分析——基于南方水稻产区的调查 ［J］．农业技术经济，2013（3）：62－71．

［300］陈卫平．乡村振兴战略背景下农户生产绿色转型的制度约束与政策建议——基于47位常规生产农户的深度访谈 ［J］．探索，2018（3）：136－145．

［301］唐学玉，张海鹏，李世平．农业面源污染防控的经济价值——基于安全农产品生产户视角的支付意愿分析 ［J］．中国农村经济，2012（3）：53－67．

［302］李云新，戴紫芸，丁士军．农村一二三产业融合的农户增收效应研究——基于对 345 个农户调查的 PSM 分析［J］．华中农业大学学报（社会科学版），2017（4）：37 - 44.

［303］姜长云．完善农村一二三产业融合发展的利益联结机制要拓宽视野［J］．中国发展观察，2016（2）：42 - 43.

［304］翟学伟．再论"差序格局"的贡献、局限与理论遗产［J］．中国社会科学，2009（3）：152 - 158.

［305］殷．案例研究：设计与方法［M］．重庆：重庆大学出版社，2010.

［306］King G., Keohane R. O., Verba S. Designing Social Inquiry：Scientific Inference in Qualitative Research［M］．Princeton：Princeton University Press，1994.

［307］Eisenhardt K. M. Building Theories from Case Study Research［J］．Academy of Management Review，1989，14（4）：532 - 550.

［308］刘子曦．故事与讲故事：叙事社会学何以可能——兼谈如何讲述中国故事［J］．社会学研究，2018（2）：164 - 188.

［309］姚洋．经济学的科学主义谬误［J］．读书，2006（12）：144 - 149.

［310］陆蓉，邓鸣茂．经济学研究中"数学滥用"现象及反思［J］．管理世界，2017（11）：10 - 21.

［311］毛基业，苏芳．案例研究的理论贡献——中国企业管理案例与质性研究论坛（2015）综述［J］．管理世界，2016（2）：128 - 132.

［312］Poteete A. R., Janssen M. A., Ostrom E. Working Together：Collective Action, the Commons, and Multiple Methods in Practice［M］．Princeton：Princeton University Press，2010.

［313］张静．案例分析的目标：从故事到知识［J］．中国社会科学，2018（8）：126 - 142.

［314］Eisenhardt K. M. Better Stories and Better Constructs：The Case for Rigor and Comparative Logic［J］．Academy of Management Review，1991，16（3）：620 - 627.

［315］Sandberg J., Tsoukas H. Grasping the Logic of Practice：Theorizing Through Practical Rationality［J］．Academy of Management Review，2011，36（2）：338 - 360.

［316］凯瑟琳·M. 埃森哈特，梅丽莎·E. 格瑞布纳，张丽华，何威．由案例构建理论的机会与挑战［J］．管理世界，2010（4）：125 - 130.

［317］卢晖临，李雪．如何走出个案——从个案研究到扩展个案研究［J］．中国社会科学，2007（1）：118 - 130.

［318］吕力．归纳逻辑在管理案例研究中的应用：以 AMJ 年度最佳论文为例［J］．南开管理评论，2014（1）：151－160．

［319］方平，周立．生存理性如何影响农户的差别化生产［J］．西北农林科技大学学报（社会科学版），2018（1）：124－130．

［320］加雷斯·戴尔．卡尔·波兰尼：市场的限度［M］．北京：中国社会科学出版社，2016．

［321］庄孔韶．人类学经典导读［M］．北京：中国人民大学出版社，2008．

［322］叶启政．实证的迷思：重估社会科学经验研究［M］．北京：生活·读书·新知三联书店，2018．

［323］马歇尔·萨林斯．石器时代经济学（修订译本）［M］．北京：生活·读书·新知三联书店，2019．

［324］菲利普·阿梅斯托．食物的历史——透视人类的饮食与文明［M］．新北：左岸文化，2018．

［325］施坚雅．中国农村的市场和社会结构［M］．北京：中国社会科学出版社，1998．

［326］赫伯特·西蒙．人类活动中的理性［M］．桂林：广西师范大学出版社，2016．

［327］翟学伟．关系与谋略：中国人的日常计谋［J］．社会学研究，2014（1）：82－103．

［328］Marsden T., Banks J., Bristow G. Food Supply Chain Approaches: Exploring Their Role in Rural Development［J］．Sociologia Ruralis，2000，40（4）：424－438．

［329］Si Z., Schumilas T., Scott S. Characterizing Alternative Food Networks in China［J］．Agriculture and Human Values，2015，32（2）：299－313．

［330］Woodhouse P. Beyond Industrial Agriculture? Some Questions about Farm Size，Productivity and Sustainability［J］．Journal of Agrarian Change，2010，10（3）：437－453．

［331］Papaoikonomou E., Ginieis M. Putting the Farmer's Face on Food：Governance and the Producer－consumer Relationship in Local Food Systems［J］．Agriculture & Human Values，2016，34（1）：1－15．

［332］Le Velly R., Dufeu I. Alternative Food Networks as "Market Agencements"：Exploring Their Multiple Hybridities［J］．Journal of Rural Studies，2016，43（2）：173－182．

［333］Dodds R., Holmes M., Arunsopha V., Chin N., Le T., Maung S.,

Shum M. Consumer Choice and Farmers' Markets [J]. Journal of Agricultural and Environmental Ethics, 2014, 27 (3): 397 – 416.

[334] 温铁军. CSA 模式是建设生态型农业的有效途径之一 [J]. 中国合作经济, 2009 (10): 44.

[335] 董欢, 郑晓冬, 方向明. 社区支持农业的发展: 理论基础与国际经验 [J]. 中国农村经济, 2017 (1): 82 – 92.

[336] Nost E. Scaling – up Local Foods: Commodity Practice in Community Supported Agriculture (CSA) [J]. Journal of Rural Studies, 2014 (34): 152 – 160.

[337] Duncan J., Pascucci S. Mapping the Organisational Forms of Networks of Alternative Food Networks: Lmplications for Transition [J]. Sociologia Ruralis, 2017, 57 (3): 316 – 339.

[338] 叶敬忠, 丁宝寅, 王雯. 独辟蹊径: 自发型巢状市场与农村发展 [J]. 中国农村经济, 2012 (10): 4 – 12.

[339] Chen W. Perceived Value in Community Supported Agriculture (CSA): A Preliminary Conceptualization, Measurement, and Nomological Validity [J]. British Food Journal, 2013, 115 (10): 1428 – 1453.

[340] Scott S., Si Z., Schumilas T., Chen A. Contradictions in State – and Civil Society – driven Developments in China's Ecological Agriculture Sector [J]. Food Policy, 2014, 45 (4): 158 – 166.

[341] Shanin T. The Nature and Logic of the Peasant Economy 1: A Generalisation [J]. The Journal of Peasant Studies, 1973, 1 (1): 63 – 80.

[342] Van der Ploeg J. D., Jingzhong Y., Schneider S. Rural Development Through the Construction of New, Nested, Markets: Comparative Perspectives from China, Brazil and the European Union [J]. Journal of Peasant Studies, 2012, 39 (1): 133 – 173.

[343] 杨嬛, 王习孟. 中国替代性食物体系发展与多元主体参与一个文献综述 [J]. 中国农业大学学报 (社会科学版), 2017 (2): 24 – 34.

[344] 陈锡文. 实施乡村振兴战略推进农业农村现代化 [J]. 中国农业大学学报 (社会科学版), 2018 (2): 5 – 12.

[345] 孟芮溪. 农夫市集高档农产品与消费者的直接对接 [J]. 中国合作经济, 2011 (10): 32 – 33.

[346] 黄宗智, 彭玉生. 三大历史性变迁的交汇与中国小规模农业的前景 [J]. 中国社会科学, 2007 (4): 74 – 88.

[347] 王铭铭. 人类学讲义稿 [M]. 北京: 民主与建设出版社, 2019.

［348］托达罗，史密斯．发展经济学（原书第 9 版）［M］．北京：机械工业出版社，2009.

［349］奥尔森．集体行动的逻辑［M］．上海：三联书店，1995.

［350］Wittman H. Food Sovereignty：A New Rights Framework for Food and Nature?［J］．Environment and Society，2011，2（1）：87 – 105.

［351］李根蟠．农业生命逻辑与农业的特点——农业生命逻辑丛谈之一［J］．中国农史，2017（2）：3 – 14.

附录1 农户基本信息调查表

问卷编号：　　　　　　调查日期：　　　　　　调研员：

农户生产、消费行为调查表
（调研员填写）

您好！

　　中国人民大学正在进行一项关于农户生产和消费行为的研究。您的热情参与对这次调查的顺利开展有很大帮助，这大概会占用您 30 分钟左右的时间。为便于学术研究调查期间可能会录音，但所获得的资料仅用于学术研究，您的个人信息将被完全保密，希望您能如实作答（画"√"或写上字母标号），非常感谢您的合作！

一、农户基本信息

1. 基础设施与环境条件

被访者姓名	住处到最近公路（通客车）距离/里	住处到最近主要集镇或市场距离/里	住房类型	是否有"小菜园"？	是否有"小圈舍"？	联系电话
			1＝多层楼房； 2＝砖混平房； 3＝砖石瓦房； 4＝其他			

2. 家庭成员及基本特征

个人编码顺序：1＝受访者；2＝受访者配偶；3＝父；4＝母；11＝长子；12＝长媳；13＝次子；14＝次媳；15＝三子……21＝长女；22＝次女；23＝三女……31＝长孙；32＝长孙媳；33＝次孙；34＝次孙媳……41＝长孙女；42＝次孙女；……51＝长重孙；52＝长重孙媳；……99＝其他

个人编码	姓名	性别	年龄	受教育年限	劳动能力	今年工作情况	今年非农工作投入时间	今年非农工作收入	是否"同灶吃饭"	是否消费家庭农业产出	是否共同开支	户口是否迁出
		1＝男 0＝女	岁	年	1＝重体力活 2＝轻体力活 3＝简单家务 4＝能生活自理 5＝生活不能自理	1＝在家务农 2＝在家务农和务工 3＝在家经商或其他经营 4＝外出务工或经商 5＝上学 6＝其他	月	元	1＝是 0＝否	1＝是 0＝否	1＝是 0＝否	1＝是 0＝否
1												

注：谁是户主？＿＿＿＿＿＿＿（编码或姓名）

3. 农户收入及种养概况

（1）您家去年家庭农业毛收入＿＿＿＿＿元，农业生产成本＿＿＿＿＿元；家庭务工收入＿＿＿＿＿元，其他收入＿＿＿＿＿元。

（2）您家目前有种植粮食、蔬菜或水果吗？是＿＿＿＿＿，否＿＿＿＿＿（跳过第二部分）。

（3）您家目前有养殖猪、牛、羊、鸡、鸭、鹅等食用牲畜或家禽吗？是＿＿＿＿＿，否＿＿＿＿＿（跳过第三部分）。

（4）您家在农业生产过程中，都受到哪些组织的监管？（多选）比如：A. 政府　B. 公司　C. 合作社　D. 市场　E. 其他

二、农户种植模式和产出

1. 您家的土地类型

类别	经营性土地（包括自留地、承包地等用于生产经营的土地）	补充性土地（如庭院、房前屋后空地等补充性土地）
面积		
灌溉条件		
主要作物		

2. 家庭种植和消费模式

1 = 仅自家消费（或作为饲料使用）　2 = 仅卖向市场　3 = 自家消费、市场销售两者兼有

注：按照粮食、蔬菜、水果的顺序进行详细询问，具体到每个小品种？（粮食重点关注：玉米、小麦，蔬菜重点关注：苦瓜、黄瓜、南瓜、豆角、西红柿等，水果重点关注：苹果、葡萄等。

品种1：_____

去年该品种的种植面积为_____亩，亩产_____斤，总产量_____斤，出售_____斤，出售价格是_____元/斤。

自家食用（饲料用）和出售的该产品品种、种植方式或品相是否相同？1 = 是_____　　0 = 否_____

项目	销售出路及占比	分别在哪些环节存在差别？				
		1. 品种选择	2. 农药施用	3. 肥料施用	4. 生长周期	5. 储藏或加工
		（1）各是什么品种？ （2）它们的主要差别在哪里？	（1）品名(价格、毒性、残留、禁用与否?）； （2）喷洒剂量； （3）喷洒次数； （4）喷洒方式； （5）休药期； （6）其他	（1）品名(价格、肥力差异?）； （2）施用剂量； （3）施用次数； （4）施用方式与效果； （5）其他	（1）各有多长？ （2）它们的主要差别在哪里？	（1）储藏条件； （2）是否添加药剂，如硫磺等； （3）其他
自家食用						
出售						

注：遇到有差别化生产（一地两制）的情况，一定要深入访谈（提纲如下）！

（1）当初为什么要对该品种进行差别化生产，至今有多少年了，主要原因有哪些（记录农户原话）？一地两制在作物选择上的区别在哪？哪些作物是采用 A 模式进行种植和销售的？哪些是 B 模式种植和销售？在哪些环节会有不同？

（2）你相信这种差异会带来质量安全方面的改变吗？（1 = 不相信；3 = 基本相信；5 = 完全相信）这种差别是出于食品安全考虑还是经济效益考虑？或者其他什么原因？

（3）差别化生产的产品除了供自家人食用外，还给了哪些人，为什么也会给他们提供安全的农产品，有优先序吗？您愿意为更大范围的熟人、朋友、亲戚、甚至是市场上的陌生人提供安全产品的条件是什么？

三、农户养殖模式及产出

1. 您家有养家禽、牲畜吗？是_____，否_____（跳过第三部分）。

2. 家庭养殖和消费模式：

1 = 仅自家消费　　2 = 仅卖向市场　　3 = 自家消费、市场销售两者兼有

注：按照猪、牛（奶牛）、羊、鸡、鸭、鹅、鱼、虾等顺序进行详细询问，具体到每个小品种。

品种 1：_____

去年该品种养殖了_____只（头）；平均每只（头）重_____斤；总产量_____斤，出售_____斤，出售价格是_____元/斤。

自家食用和出售的该产品的品种、养殖方式、卖相是否相同？

1 = 是_____　　　　0 = 否_____

项目	销售出路及占比	分别在哪些环节存在差别？				
		1. 品种选择	2. 饲料选择	3. 兽药施用	4. 养殖方式	5. 养殖周期
		（1）各是什么品种？ （2）它们的主要差别在哪里？	（1）纯粮草； （2）自配的配合饲料（粮食种类及配比，添加哪些药品？）； （3）成品配合饲料（品名）	（1）种类（品名）； （2）剂量； （3）次数； （4）使用方法	（1）散养； （2）稀松圈养； （3）密集圈养； （4）其他	主要差别在哪里？
自家食用						
出售						

注：遇到有差别化养殖的情况，一定要深入访谈（提纲如下）！

（1）当初为什么要对该品种进行差别化养殖，至今有多少年了，主要原因有哪些（记录农户原话）？

（2）你相信这种差异会带来质量安全方面的改变吗？（1＝不相信；3＝基本相信；5＝完全相信）

（3）差别化养殖的产品除了供自家人食用外，还给了哪些人，为什么也会给他们提供安全的农产品，有优先序吗？您愿意为更大范围的熟人、朋友、亲戚、甚至是市场上的陌生人提供安全产品的条件是什么？

品种2：_____

去年该品种养殖了_____只（头）；平均每只（头）重_____斤；总产量_____斤，出售_____斤，出售价格是_____元/斤。

自家食用和出售的该产品的品种、养殖方式、卖相是否相同？1＝是_____ 0＝否_____

项目	销售出路及占比	分别在哪些环节存在差别？				
		1. 品种选择	2. 饲料选择	3. 兽药施用	4. 养殖方式	5. 养殖周期
		（1）各是什么品种？ （2）它们的主要差别在哪里？	（1）纯粮草； （2）自配的配合饲料（粮食种类及配比，添加哪些药品?）； （3）成品配合饲料（品名）	（1）种类（品名）； （2）剂量； （3）次数； （4）使用方法	（1）散养； （2）稀松圈养； （3）密集圈养； （4）其他	主要差别在哪里？
自家食用						
出售						

注：遇到有差别化养殖的情况，一定要深入访谈（提纲如下）！

（1）当初为什么要对该品种进行差别化养殖，至今有多少年了，主要原因有哪些（记录农户原话）？

（2）你相信这种差异会带来质量安全方面的改变吗？（1＝不相信；3＝基本相信；5＝完全相信）

（3）差别化养殖的产品除了供自家人食用外，还给了哪些人，为什么也会给他们提供安全的农产品，有优先序吗？您愿意为更大范围的熟人、朋友、亲戚、甚至是市场上的陌生人提供安全产品的条件是什么？

品种3：为自家而养殖的禽畜

去年总共养殖_____种；大约_____只（头）；平均每只（头）重_____斤；总产量_____斤，对外赠送_____斤，主要赠送的对象_____。

（先让受访者列举品种，在受访者提及的品种右侧画"√"；不足的部分可进行提示；如有补充，可直接填在补充栏。）

具体养殖品种：

猪（　　）牛（　　）奶牛（　　）羊（　　）鸡（　　）鸭（　　）鹅（　　）鱼（　　）虾（　　）

其他_____

	分别在哪些环节存在差别？				
	1. 品种选择	2. 饲料选择	3. 兽药施用	4. 养殖方式	5. 养殖周期
项目	（1）各是什么品种？ （2）它们的主要差别在哪里？	（1）纯粮草； （2）自配的配合饲料（粮食种类及配比，添加哪些药品？）； （3）成品配合饲料（品名）	（1）种类（品名）； （2）剂量； （3）次数； （4）使用方法	（1）散养； （2）稀松圈养； （3）密集圈养； （4）其他	主要差别在哪里？
自家食用					

注：遇到有差别化养殖的情况，一定要深入访谈（提纲如下）。

（1）当初为什么要对该品种进行差别化养殖，至今有多少年了，主要原因有哪些（记录农户原话）？

（2）你相信这种差异会带来质量安全方面的改变吗？（1＝不相信；3＝基本相信；5＝完全相信）

（3）差别化养殖的产品除了供自家人食用外，还给了哪些人，为什么也会给他们提供安全的农产品，有优先序吗？您愿意为更大范围的熟人、朋友、亲戚，甚至是市场上的陌生人提供安全产品的条件是什么？

四、农户家庭消费情况

1. 您家主要的食品来源

来源	品种及占比												蛋	奶	油
	粮食			蔬菜			水果			肉类					
	1.	2.	3.	1.	2.	3.	1.	2.	3.	1.	2.	3.			
1. 自家种养															
2. 市场购买															
3. 邻里亲友赠送															

注：去年您家从市场上购买食物的总支出是＿＿＿＿元，占家庭食物总消费＿＿＿＿%；其中，粮食＿＿＿＿元，蔬菜＿＿＿＿元，水果＿＿＿＿元，禽蛋＿＿＿＿元，肉类＿＿＿＿元，奶（粉）＿＿＿＿元。

2. 您觉得当前食品安全问题严重吗？1 = 不严重 2 = 不太严重 3 = 比较严重 4 = 非常严重

3. 您对当前各种渠道食品安全程度的评价

安全程度（1～5：安全程度不断上升）	品种及占比												蛋	奶	油
	粮食			蔬菜			水果			肉类					
	1.	2.	3.	1.	2.	3.	1.	2.	3.	1.	2.	3.			
1. 自家种养															
2. 市场购买															
3. 邻里亲友赠送															

4. 您家有为确保家人消费安全，而生产、购买或交换安全的农产品吗？1 = 有＿＿＿＿ 0 = 没有＿＿＿＿（跳至第五部分）

5. 您家获得安全食品的主要渠道及原因

品种	获得安全食品的主要渠道及占比		自家生产的食品更安全（1～5评分）为什么（农户原话）？	安全标识认证食品更安全（1～5评分）为什么（农户原话）？	亲友赠送或熟人生产的非认证食品更安全（1～5评分）为什么（农户原话）？
	1 = 自家生产 2 = 超市、有机专柜等，购买有机、绿色、无公害等认证的食品 3 = 亲朋好友赠送，或者购买熟人的非认证放心产品				
粮食	渠道	占比 %	评分：原因：	评分：原因：	评分：原因：

续表

品种	获得安全食品的主要渠道及占比 1 = 自家生产 2 = 超市、有机专柜等，购买有机、绿色、无公害等认证的食品 3 = 亲朋好友赠送，或者购买熟人的非认证放心产品		自家生产的食品更安全（1~5评分） 为什么（农户原话）？	安全标识认证食品更安全（1~5评分） 为什么（农户原话）？	亲友赠送或熟人生产的非认证食品更安全（1~5评分） 为什么（农户原话）？
蔬菜	渠道	占比　　　　%	评分： 原因：	评分： 原因：	评分： 原因：
水果	渠道	占比　　　　%	评分： 原因：	评分： 原因：	评分： 原因：
肉类	渠道	占比　　　　%	评分： 原因：	评分： 原因：	评分： 原因：
禽蛋	渠道	占比　　　　%	评分： 原因：	评分： 原因：	评分： 原因：
牛奶	渠道	占比　　　　%	评分： 原因：	评分： 原因：	评分： 原因：

6. 您家从市场上获得主要蔬菜品种

总品种数＿＿＿＿＿＿

（先让受访者列举品种，在受访者提及的品种右侧画钩；不足的部分可进行提示；如有补充，可直接填在补充栏。）

具体品种：

白菜（　）	马铃薯（　）	青椒（　）	菜豆（　）	
菠菜（　）	韭菜（　）	黄瓜（　）	豇豆（　）	
生菜（　）	洋葱（　）	冬瓜（　）	荷兰豆（　）	
花椰菜（　）	姜（　）	西葫芦（　）	空心菜（　）	补充
绿菜花（　）	萝卜（　）	苦瓜（　）	茎用莴苣（　）	
结球甘蓝（　）	胡萝卜（　）	西瓜（　）	芦笋（　）	
大葱（　）	茄子（　）	厚皮甜瓜（　）	木耳菜（　）	
大蒜（　）	番茄（　）	佛手瓜（　）	蘑菇（　）	

该部分访谈提纲：

（1）您家当初为什么选择从该渠道获得安全食品，有什么特别契机吗？

（2）您家没有通过这种渠道（对应于没有选择的渠道）获得安全产品的农户，询问原因？（土地、资金、时间制约，抑或其他两种渠道更易得?）

（3）您家获得安全食品的渠道经历了哪些改变，为什么？以后会向哪种渠道转变呢？

五、农户认知情况

请对下列观点给予 1～5 级评分，1 = 不符合，3 = 基本符合，5 = 完全符合

编号	1. 对食品安全状况的认识	1	2	3	4	5
1－1	您觉得本村的食品安全问题很严重	□	□	□	□	□
1－2	您可以通过很多渠道了解食品安全问题	□	□	□	□	□
1－3	频繁曝光的食品安全事件，使您更加关注自家人的食品安全	□	□	□	□	□
1－4	您觉得自己和家人的健康比赚钱更重要	□	□	□	□	□
1－5	您家在种养时，会特别考虑自家的老人、孕妇、小孩的需求	□	□	□	□	□
编号	2. 对化肥、农药、兽药的认识	1	2	3	4	5
2－1	您家从事大田农业生产（或标准化养殖）主要是为了赚钱	□	□	□	□	□
2－2	您生产的大部分农产品主要在本地（县内）销售	□	□	□	□	□
2－3	您认为自家生产的农产品有比较稳定的销路	□	□	□	□	□
2－4	您家进行庭院或自留地种植所需的额外成本很小	□	□	□	□	□
2－5	您家基本不需要通过销售庭院或自留地生产的农产品以贴补家用	□	□	□	□	□
2－6	您认为使用化肥、农药、兽药等，能显著提高您的农业生产效率	□	□	□	□	□
2－7	您了解国家规定的化肥、农药、兽药残留标准	□	□	□	□	□
2－8	您认可国家规定的化肥、农药、兽药残留标准	□	□	□	□	□
2－9	您认为使用化肥、农药、兽药等，不利于食品安全	□	□	□	□	□
2－10	您很注意化肥、农药、兽药的用量	□	□	□	□	□
2－11	您认为使用农家肥生产出来的农产品更安全	□	□	□	□	□
编号	3. 对社会关系的认识	1	2	3	4	5
3－1	您认为相互馈赠安全食品，是人际交往中是互惠互利的表现	□	□	□	□	□
3－2	您需要投入很大精力去维持与邻里、亲朋的良好关系	□	□	□	□	□
3－3	您与邻里、亲朋和好友的人际关系融洽	□	□	□	□	□
编号	4. 外部监管	1	2	3	4	5
4－1	您认为政府在资金、技术、信息等方面的影响，推动了您使用更多的化肥、农药、兽药等	□	□	□	□	□
4－2	您认为政府积极引导了对农药、化肥、兽药等的合理使用	□	□	□	□	□
4－3	您认为政府相关检验检疫部门，对农产品中农药、化肥、兽药的残留进行了严格的监管	□	□	□	□	□

续表

编号	5. 都向哪些人提供安全的农产品?	1	2	3	4	5
5-1	您应该给家庭成员,提供安全的农产品	☐	☐	☐	☐	☐
5-2	您应该给三代以内的近亲,提供安全的农产品	☐	☐	☐	☐	☐
5-3	您应该给三代以外的远亲,提供安全的农产品	☐	☐	☐	☐	☐
5-4	您应该给对家庭有恩情或人情的朋友,提供安全的农产品	☐	☐	☐	☐	☐
5-5	您应该给萍水相逢的普通朋友,提供安全的农产品	☐	☐	☐	☐	☐
5-6	您应该给左邻右舍,提供安全的农产品	☐	☐	☐	☐	☐
5-7	您应该给本村范围的人,提供安全的农产品	☐	☐	☐	☐	☐
5-8	您应该给本镇范围的人,提供安全的农产品	☐	☐	☐	☐	☐
5-9	您应该给城镇的陌生人,提供安全的农产品	☐	☐	☐	☐	☐

该部分请认真访谈,提纲如下:

(1) 您家具体给哪些人提供了自家生产的安全的农产品,为什么?

(2) 为什么不给其他人(陌生人、市场)提供专门自家生产的安全的农产品呢? 在什么样的条件下(情感、利益)会给他们提供呢?

非常感谢您的配合,祝生活愉快!

附录 2 村庄基本信息调查表

村庄基本信息表

（领队填写）

受访者姓名	
联系电话	
调查员	
调查日期	2020 年　月　日

村庄基本背景

1. 地理区位信息（图片）

村庄名称	所在县、镇（乡）	地理面积与耕地面积/亩	地形及耕作条件

（1）村庄环境的观察、描绘与感受？写出田野观察中发展出的想法（主客观）。

（2）单个受访农户家庭的农地分布与房舍结构？其他细节？

（3）农产品物流方式？到县城距离？到本乡镇距离？到最近集镇距离？到最近公路（通客车）距离？

2. 人口及就业信息（图片）

户数	常住人口	务农人口	纯农业户	兼业户数	种养大户	人均收入	务工收入	其他

（1）人口和民族、族群特征？

（2）普通农户主要种养些什么？卖什么？主要购买哪些农产品？

（3）种养大户分别是哪些人？他们主要种养什么？可否访谈一下他们？

3. 当地主要产业（访谈村干部）

主要产业	农业产值占比	主要种养品种	农户自家吃的和卖向市场的农产品，生产方式是否相同？主要是哪些品种存在差异？差异的表现？出现差异的原因？

（1）当地农户是否存在差别化生产的情况？主要是哪些农产品（列出品种）？如何差别化生产？

（2）主要是哪些人在生产过程中存在差异，可否访谈到他们？

（3）当地的工资水平和就业状况：大工一天收入？小工？农业短工？活多不多？

（4）当地主要是谁在从事农业生产？农户的生计状况？

（5）当地是否处于水源地？环境污染的程度和特点？土壤质量和水质如何？

（6）当地的交通状况？常用的交通工具？到集市购买的便利程度？集市的丰富程度？有没有送上门的早餐等？

（7）当前的政府农业主导产业是哪些品种？规模如何？

（8）有哪些具体的企业/科研单位/NGO 入驻，并参与农业发展？经营模式和管理特征如何？他们与政府的关系变迁经过是怎样的？当地农户如何看待？并参与其中？

附录3 农户生产行为补充调研 访问提纲

一、总体调研目标

跟踪了解地区农户的食品安全一家两制自我保护变化情况。

调研问卷的重点信息，包括受访者的姓名、联系方式、家庭结构、熟人社会网络、差别化生产和消费的情况、原因和变化。

在实际调研过程中，这些关键内容还可能需要补充记录受访者的原话，并在案例中将原话呈现。

二、调研访谈问题

1. 近一年的差别化生产和消费的情况？（基于已有问卷完成补充与更新）

2. 进行差别化生产和消费行为（及其变化）的原因？

3. 在熟人社会的食物生产和消费情况？（从行为原因、种植品种、交换频率、人与人的关系及变化这四个方面进行说明）

三、农户生产情况

1. 您的姓名、联系方式（手机和微信）、家庭基本情况（结构、年龄、工作）、工作和生活经历？

2. 您家去年家庭农业毛收入？其中，农业生产成本（主要投入）？家庭务工收入？其他收入？主要开支？

3. 哪些作物是采用市场模式进行种植和销售的？哪些是 B 模式食物种植和销售？

种植	白菜、马铃薯、青椒、菜豆、菠菜、韭菜、黄瓜、豇豆、生菜、洋葱、冬瓜、荷兰豆、花椰菜、姜、西葫芦、空心菜、绿菜花、萝卜、苦瓜、茎用莴苣、结球甘蓝、胡萝卜、西瓜、芦笋、大葱、茄子、厚皮甜瓜、木耳菜、大蒜、番茄、佛手瓜、蘑菇或其他？
养殖	猪、牛、羊、鸡、鸭、鹅、鱼等食用牲畜或家禽？
其他	采集？或者捕猎？

4. 该类品种的种植面积为？平均亩产？总产量？总品种数？

5. 该类品种的销售对象？是市场销售？还是对外赠送？主要赠送和分享的对象？差别化生产的产品除了供自家人食用外，还给了哪些人？为什么也会给他们提供安全的农产品，有优先序吗？您愿意为更大范围的熟人、朋友、亲戚、甚至是市场上的陌生人提供安全产品的条件是什么？

自家人	父母、孩子？直系亲属
有条件的自家人	朋友？客户？餐厅？ 具体认可的条件？
外人	匿名市场？

6. 当初为什么要对该品种进行差别化生产？有哪些具体的动机？为了家人吃上安全食物？社会关系？获利？还是多种原因都有？至今有多少年了？主要原因有哪些（记录农户原话）？这些动机，现在有改变吗？

7. B 模式食物生活方式给您带来的变化？你相信这种差异会带来质量安全方面的改变吗？（1 = 不相信；3 = 基本相信；5 = 完全相信）？这种差别是出于食品安全考虑还是经济效益考虑？或者其他什么原因？

8. B 模式食物与供给市场的食物，分别在哪些环节存在差别？

品种选择	(1) 各是什么品种？(2) 它们的主要差别在哪里？(3) 本地品种的特殊优势？比如口味、品相、文化寓意？
农药施用	(1) 品名（价格、毒性、残留、禁用与否?）；(2) 喷洒剂量；(3) 喷洒次数；(4) 喷洒方式；(5) 休药期；(6) 其他？
肥料施用	(1) 品名（价格、肥力差异?）；(2) 施用剂量；(3) 施用次数；(4) 施用方式与效果；(5) 其他
饲料施用	(1) 纯粮草；(2) 自配的配合饲料（粮食种类及配比，添加哪些药品?）；(3) 成品配合饲料（品名）？
兽药施用	(1) 种类（品名）；(2) 剂量；(3) 次数；(4) 使用方法？
种养方式	(1) 散养；(2) 稀松圈养；(3) 密集圈养；(4) 小菜园；(5) 其他？
生长周期	(1) 各有多长？(2) 它们的主要差别在哪里？
储藏或加工	(1) 储藏条件；(2) 是否添加药剂，如硫磺等；(3) 其他特殊说明？
运输	(1) 中间商，关系网络是如何建立的？(2) 是否有改变？
销售	(1) 具体对象？(2) 参与者的背景？(3) 变化情况？

9. 自家家庭食品的主要来源？其中，粮食、蔬菜、水果、禽蛋、肉类、奶（粉）等？自家种养、市场购买和亲友赠送的品种和占比？

10. 您觉得食品安全问题严重吗？当前和过去某个时刻？

11. 您对当前各种渠道食品安全程度的评价？自家种养、市场购买和亲友赠送？您家获得安全食品的渠道经历了哪些改变，为什么？以后会向哪种渠道转变呢？

农户、市场和消费者的关系问题 1

主题	操作定义测量具体问题
信任合作	1. 农户与消费者合作的组织结构？目标群体？是否有品牌设计？ 2. 在 B 模式食物的生产、消费过程中，是否促进了熟人之间的关系？ 3. B 模式食物背后的人文价值？ 4. 参与者是否有熟人网络？具体的网络怎样建立的？里程碑事件？运行情况如何？ 5. B 模式食物的相关教育或理念传播需要投入什么？投入程度、过程和经验？ 6. 对食物合作的品牌的设计过程和成本可以怎样策划？参与者的具体行动是什么？ 7. 农户之间的分工是怎样形成和发展的？现在的具体执行过程如何？怎么影响其他的农户行动？ 8. 牵头组织的农户需要有哪些具体工作？ 9. 农户与消费者关系网是否有边界？这个边界是怎样呈现出动态变化的？ 10. 应对自然灾害的方式？

续表

主题	操作定义测量具体问题
质量监督	1. B 模式食物如何和界定？或者，农户如何看待"自家人吃自家饭"？ 2. 每个区域，每个季节能供应的 B 模式食物类型有哪些？数量是多少？ 3. 怎么界定 B 模式食物的治理标准？过程如何？是否有互联网技术的介入？ 4. 参与者如何形成共同的行为标准？ 5. 如何保证大部分 B 模式食物是来自有机的种养方式？ 6. 生产、保存、发货和验货的流程，如何进行？是否有具体时间表？参与其中的农户、消费者和组织方怎么样协调配合？ 7. 选择进行 B 模式食物的动力和契机是什么？之后，这些对这些动力的理解是否有改变？
直接激励（收入）	1. B 模式食物（包括种植和养殖），在提供什么条件下，才容易提高供给品类、数量和频率？ 2. B 模式食物生产对于参与者的收益增加的作用？ 3. 参与者之间的利益连接机制？参与者承担了什么价值链条设计内容？是否存在消费者投资农场建设的情况？（需要讲好故事，识别关键的点是风险共担，利益共享） 4. B 模式食物的定价方式是什么（非低价使用或人情赠送）？共同定价、确定产量/分工、付款的做法/经验，整个过程发展的历史阶段？ 5. 农户面临的难题是熟人市场采购数量小？采购方式分散？而且供应不稳定？ 6. 农户之间，农户与消费者如何划分利益？多久结算一次？怎样结算？是否存在预付款形式？

农户、市场和消费者的关系问题 2

主题	操作定义测量具体问题
绿色技术	1. B 模式食物生产与传统生产方式的关系？辩证的还是绝对的？ 2. 传统生产技术保留相对丰富的区域，如何应对工业化食物体系（或者生活方式）的冲击？ 3. 何以保留或创新 B 模式食物（或与之相关）的种养加工方式？ 4. 生产者和消费者的关系网络对生产技术的优化过程？ 5. 如何通过在地技术，重新塑造与自然关系的联系？ 6. 农户参与生产的个人经历如何？具体实践点和细节。 7. 在地技术的形成过程。

续表

主题	操作定义测量具体问题
间接激励（价值）	1. B 模式食物背后的生态价值？ 2. 村庄或家庭的生活环境的改善？带来的附加和间接收入如何？ 3. B 模式食物，对参与者生产生活方式有什么影响？ 4. 参与者怎么去发掘和扩展 B 模式所带来的积极影响？ 5. 农户是从日常生活出发？平日自己也种、养干净的食材，给自己吃。"土生"要干净的食材，他们就顺着自己原本的逻辑/方式，多生产一些？ 6. 农户生产中是否感觉到获得了消费者和市场的尊重？而他们的行为，也是对自然、村庄和当地社会关系的尊重？这种尊重是怎样得到体现的？ 7. 农户是否形成了自己的生产、生活、生态、生命理念？比如，怎么看待天地良心？自给自足？两山理论？市场激励？可持续？B 模式食物？教育？ 8. 消费者关心小农户生产方式，及其背后的传统农耕文化的重要体现？ 9. 怎样看待"自家人吃自家饭"？"有条件的外人吃自家饭"？怎样建立这样的条件？为什么给（或不给）其他人（陌生人、匿名市场）提供专门自家生产的 B 模式食物呢？是否有明显的标准和界限？这些界限是怎样形成的？在什么样的条件下（如利益、情感、道义、尊重与获得感）就会给他们提供呢？